中国水利教育协会
高等学校水利类专业教学指导委员会　共同组织

全国水利行业"十三五"规划教材（普通高等教育）

水 电 站

主　编　王瑞骏

副主编　张晓宏　宋志强　许增光

U0238067

中国水利水电出版社
www.waterpub.com.cn
·北京·

内 容 提 要

本教材以大中型水电站为研究对象，重点介绍水电站的基本概念、基本知识及基本设计原理。本教材内容包括：绪论，水力发电的基本原理及水电站的基本型式，水轮机的类型、组成部件及工作原理，水轮机的特性及选型设计，水电站的无压进水及引水建筑物，水电站的有压进水及引水建筑物，水电站的水锤及调节保证计算，调压室，水电站厂房，水电工程发展展望。

本教材主要作为水利水电工程专业的水电站课程教学用书，也可供其他相近专业学生及有关科研和工程技术人员参考使用。

图书在版编目（ＣＩＰ）数据

水电站 / 王瑞骏主编. -- 北京 : 中国水利水电出
版社，2017.12
全国水利行业"十三五"规划教材. 普通高等教育
ISBN 978-7-5170-6005-5

Ⅰ．①水… Ⅱ．①王… Ⅲ．①水力发电站－高等学校
－教材 Ⅳ．①TV74

中国版本图书馆CIP数据核字(2018)第021509号

书　　名	全国水利行业"十三五"规划教材（普通高等教育） **水电站** SHUIDIANZHAN
作　　者	主　编　王瑞骏 副主编　张晓宏　宋志强　许增光
出版发行	中国水利水电出版社 （北京市海淀区玉渊潭南路 1 号 D 座　100038） 网址：www. waterpub. com. cn E-mail：sales@waterpub. com. cn 电话：(010) 68367658（营销中心）
经　　售	北京科水图书销售中心（零售） 电话：(010) 88383994、63202643、68545874 全国各地新华书店和相关出版物销售网点
排　　版	中国水利水电出版社微机排版中心
印　　刷	北京瑞斯通印务发展有限公司
规　　格	184mm×260mm　16 开本　15.75 印张　373 千字
版　　次	2017 年 12 月第 1 版　2017 年 12 月第 1 次印刷
印　　数	0001—3000 册
定　　价	**36.00 元**

前言

本教材是按照中国水利教育协会《关于公布全国水利行业"十三五"规划教材名单的通知》（水教协〔2016〕16号）要求而编写的一本全国水利行业"十三五"规划教材（普通高等教育）。

长期以来，我们结合水电站课程教学实践，围绕该课程开展了一系列教学研究和教学改革等工作。随着水电工程建设事业的进一步发展，我们深感编写一本能更好适应水电工程新发展、更好满足提升水电站课程教学质量新要求的《水电站》教材，不仅是必要的，而且具有现实的紧迫性。结合多年教学经验，我们在充分调研的基础上，确定了编写本教材的主要指导思想：①力求教材内容的新颖性和实用性；②力求教材内容编排的易读性和连贯性。

基于上述指导思想，本教材以大中型水电站为研究对象，重点介绍水电站的基本概念、基本知识及基本设计原理。内容包括：绪论；第1章 水力发电的基本原理及水电站的基本型式；第2章 水轮机的类型、组成部件及工作原理；第3章 水轮机的特性及选型设计；第4章 水电站的无压进水及引水建筑物；第5章 水电站的有压进水及引水建筑物；第6章 水电站的水锤及调节保证计算；第7章 调压室；第8章 水电站厂房；第9章 水电工程发展展望。为便于学生课后复习及进一步深入学习，在每章最后还编排了复习思考题及参考文献，部分章还编排了作业题。

本教材的绪论、第1章、第4章和第9章由王瑞骏编写，第6章和第7章由张晓宏编写，第2章和第3章由宋志强编写，第5章和第8章由许增光编写。全书由王瑞骏统稿。

在本教材编写过程中，编者主要参考和借鉴了西安理工大学金钟元教授和三峡大学（原葛洲坝水电工程学院）伏义淑教授合编的《水电站》教材以及金钟元教授主编的《水力机械（第二版）》教材，同时还参考了河海大学刘启钊教授和胡明教授主编的《水电站（第4版）》等兄弟院校的类似教材，并尽可能广泛地查阅和引用了最新的有关文献资料。因此，本教材的编写主要得益于前人大量的辛勤工作，前人相关的工作成果是本教材编写的基础。为此，编者在此向所有其工作成果被本教材所引用的专家和学者一并表示诚挚的敬意和谢意！虽然本教材在每章最后均列出了相应的主要参考文献，并按参考文献编号在文内做了相应夹注，但参考文献及文内夹注仍难免存在疏漏或不当之处，在此，希望有关专家和学者予以谅解！

尽管编者投入了大量精力期望确保本教材的编写质量，但由于水平所限，因此其中难免存在一些不足或缺陷，欢迎各位读者批评指正！

西安理工大学

王瑞骏　张晓宏　宋志强　许增光

2017 年 11 月

目录

绪　　论

0.1　水　力　资　源　概　况

水能（包括水的势能、压能和动能）是江河上广泛存在的一次能源，人类通过兴建水电站可以将其转化为二次能源即电能。由于这种电能来源于水能，因此常称之为水电。长期以来，水能作为一种优质能源而一直被人们所青睐，对其进行深度且合理有效地开发利用也已成为世界范围内许多国家能源建设的重中之重。从资源利用角度来说，常将可被人们开发利用的水能称为水力资源（或水能资源）。

0.1.1　水力资源蕴藏状况

据统计[1]，世界河流水力资源理论蕴藏总量（按年发电量计）约为43.39万亿kW·h，其中技术可开发量约为15.63万亿kW·h，占理论蕴藏量的36%。但由于受到地理、气候、经济及技术等因素的影响，世界范围内各大洲及各国的水力资源分布并不均匀。据统计[1]，水力资源理论蕴藏量在全世界总的理论蕴藏量中占比较高的大洲依次为亚洲（45%）、北美洲、南美洲（均为18%）和非洲（10%）等，水力资源中技术可开发量最高的前5个国家依次为中国（24740亿kW·h，不含港澳台地区）、俄罗斯（16700亿kW·h）、巴西（13000亿kW·h）、加拿大（9810亿kW·h）和印度（6600亿kW·h）。

根据2003年我国水力资源复查成果，我国水力资源总量位居世界第一，我国大陆地区水力资源理论蕴藏量在10MW及以上的河流有3886条；我国水力资源理论蕴藏量、技术可开发量及经济可开发量见表0.1[1]。

表0.1　　　　　　　　　　　我国水力资源复查成果表

理论蕴藏量		技术可开发量		经济可开发量	
装机容量/MW	年发电量/(亿 kW·h)	装机容量/MW	年发电量/(亿 kW·h)	装机容量/MW	年发电量/(亿 kW·h)
694400	60829	541640	24740	401795	17534

注　表中数据统计范围为我国大陆地区理论蕴藏量在10MW及以上的河流以及这些河流上单站装机容量在0.5MW及以上的水电站，不包括我国港、澳、台地区。

我国水力资源呈现以下主要特点[1]：

（1）水力资源总量居世界首位，但人均资源量并不丰富。虽然我国水力资源总量居世界首位，但我国人口总量远超水力资源量相对较多的其他国家，由此导致我国人均水力资源量相对较小。

（2）水力资源时间分布不均。我国位于亚欧大陆的东南部，具有明显的季风气候特点。因此，大多数河流年内、年际径流分布不均，丰、枯季节流量相差悬殊。

（3）水力资源空间分布不均。我国各地区的地形及降水量差异较大，因而形成水力资源在地区分布上的不均衡。经济相对落后的西部 12 个省（自治区、直辖市）的水力资源占全国总量的 80% 以上，特别是西南地区 5 个省（自治区、直辖市）就占全国总量的 2/3，而经济发达、用电负荷集中的东部 11 个省（自治区、直辖市）仅占全国总量的约 5%。而且，我国水力资源富集于金沙江、雅砻江、大渡河、澜沧江、乌江、长江上游、南盘江红水河、黄河上游、湖南西部、福建、浙江、江西、东北、黄河北干流以及怒江等水电基地，其总装机容量约占全国技术可开发总量的 50%。

0.1.2　水力资源开发状况

人类开发利用水能已有几千年的历史。从我国古代的都江堰引水灌溉工程到古罗马的城市供水系统，均是通过修渠建坝实现对水力资源的有效开发和合理利用。在工业化特别是电被发明以后，利用水力发电造福人类，更是成为人类文明的象征。到 20 世纪初期，建设大型水电工程已成为经济和社会进步的同义词[1]。

据统计[1]，到 20 世纪末，世界上有 24 个国家（如巴西、挪威等）90% 的电力来自水电，有 55 个国家（如加拿大、瑞士、瑞典等）依靠水电为其提供 50% 以上的电力。世界上经济发达国家水电开发起步较早，于 20 世纪 70 年代达到高峰。截至 2012 年年底[1]，全世界水电总装机容量约为 11 亿 kW，水电年发电量约为 3.67 万亿 kW·h，占技术可开发量的约 23.5%。其中，发达国家均已基本实现了对水力资源的较充分开发。截至 2012 年年底[1]，技术开发度（年发电量与技术可开发量之比，下同）相对较高的国家依次为挪威（71.5%）、日本（70.3%）、美国（61%）、瑞典（60.6%）等。

我国拥有丰富的水力资源，这为我国大力发展水电奠定了良好的资源条件。随着科学技术的不断进步，水力发电在工程建设、设备制造和输配电等方面的技术水平也日趋完善，这为我国大力发展水电奠定了良好的技术条件。新中国成立 60 多年来，我国的水电事业有了长足的发展，取得了令人瞩目的成就。据统计[1]，截至 2012 年年底，我国水电总装机容量（含抽水蓄能电站）达到 2.489 亿 kW，水电年发电量（含抽水蓄能电站）达到 8641 亿 kW·h，水电总装机容量和年发电量均位居世界第一。但是，就开发程度而言，我国水力资源的技术开发度仅为 31.9%[1]，远低于西方发达国家。因此，未来我国水电还有很大的发展潜力。

0.2　水力发电的特点

随着科学技术的不断进步，人们在不断探索更为科学有效的发电方式。目前，主要的发电方式有：火力发电、水力发电、风力发电及核能发电等。与其他发电方式相比较，水力发电主要具有以下特点[1-5]：

1. 不耗燃料，成本低廉

众所周知，火力发电需要大量消耗煤炭等化石燃料，而化石燃料的形成需要数万甚至数亿年的历史，而其储量相对于开采速度也是十分有限的。水力发电利用的是大自然赐予人类的水力资源，而水力资源是可再生的。另外，火电的单位成本远高于水电，而且水电与风电和核电相比也具有明显的成本优势，因此相比较而言，水电成本是相对低廉的。

2．水火互济，调峰灵活

水力发电的核心设备水轮机可以通过导叶迅速改变流量进而实现对水轮机出力的灵活调节。因此，在电力系统中，若根据负荷需要，让水电承担调峰任务，让火电承担基荷任务，那么通过水火互济就可以大大提高电力系统的供电效率。

3．综合利用，多方得益

大中型水电站除发电功能外，一般还具有防洪、灌溉、供水、航运、旅游等综合效益，即通过一次工程建设不仅可以实现水力发电、提供清洁电能，而且可以在防御洪水灾害、调蓄利用水资源、提高电站上游河道航运能力及旅游开发等方面发挥重要作用。

4．环境优美，能源洁净

当前，全球经济利用化石能源造成的环境污染问题突出，依靠开采和使用化石能源难以持续，生态系统的承载空间日益缩小。而水力发电作为技术成熟的清洁可再生能源发电方式，已被国际社会所广泛认同，世界各国都把优先发展水电等清洁能源作为保障能源安全、应对气候变化、减少温室气体排放和保护环境的重要应对措施。

水电站建成以后，可以有效提升当地的环境质量，水库可作为旅游资源进行开发，而且对空气不产生任何污染，因此与火电相比，水电为一种清洁能源。虽然风电也为清洁能源，但由于风力发电很大程度上取决于天气，具有较大不稳定性，因此限制了其环保优势的充分发挥。

5．水力资源只能就地开发

水力资源的开发受到地形地质、水文气象、施工条件等诸多因素的影响，通常需要通过技术经济综合比较，选择在适宜的地点就地开发，在一定意义上这构成了水力资源开发的局限性。

6．建设周期较长，一次性投资较大

大中型水电工程由于工程规模相对较大，涉及技术经济等方面问题较多且较为复杂，因而从前期工作直到工程竣工投入运行往往需要数年甚至数十年，建设周期相对较长；同时，水电工程的建筑物通常需要在短时期内一次性施工完成，机电和金属结构等设备也需要集中采购并进行安装，因此工程的一次性投资往往相对较大。

7．存在水库淹没及移民、影响生态环境等问题

大中型水电工程往往需要建设高坝大库，因此往往或多或少会涉及水库淹没及移民问题。另外，在工程施工过程中难免对生态环境产生一定的影响，需要采取措施尽量减轻这种影响。

0.3 水电工程基本建设程序

按照有关规定，我国水电工程的基本建设程序一般分为：前期工作、工程筹建、工程施工、工程竣工验收及后评价等阶段。各阶段的主要工作内容如下[6]：

1．前期工作阶段

大中型水电工程由拟建工程的业主单位，通过招标或议标方式选择有资质的工程设计单位，依据经审批的江河流域综合利用规划及河流（或河段）水电开发规划，编制工程预

可行性研究报告。预可行性研究报告经批准后，即可列入国家或地区中长期发展规划，并可据此开始工程筹建，且作为编制工程可行性研究报告的依据。可行性研究报告经上级主管部分审查批准后，即可列入国家或地区年度计划，并作为报批开工报告或领取施工许可证以及编制招标文件的依据。在编制工程可行性研究报告的同时，业主还需要委托有资质的单位，编制环境影响评价、水土保持方案、建设征地及移民等项目专题报告。

2. 工程筹建阶段

工程筹建是在前期工作的基础上，为工程正式开工进行筹建准备。此阶段的主要工作内容包括：①建设管理单位的筹建；②对外交通工程建设；③四通一平（即通水、通电、交通、通信和场地平整）工作；④施工占地拆迁和必要的临建工程建设；⑤进行招标设计、编制招标文件和其他有关准备工作。

3. 工程施工阶段

一般分为施工准备期和主体工程施工期两个阶段。前者主要包括导流工程施工、施工道路、施工支洞及部分地基开挖等，后者则为工程主体建筑物全面施工建设。在此阶段，配合工程施工，相应进行工程施工详图设计或技施设计（技术设计和施工图设计）。

4. 工程竣工验收及后评价

一般可按下闸蓄水前验收和竣工验收两步来进行。工程验收通常由上级主管部门组织，并在其委托的、有资格的单位进行工程安全鉴定和质量鉴定等基础上进行。竣工验收合格的项目即从基本建设转入生产运行。一般重大工程经过一段时间的生产运营后，还要进行一次系统的项目后评价，主要针对项目建设过程、项目效益、项目影响等问题进行评价，通过后评价，以达到总结经验、研究问题、吸取教训、提出建议、改进工作及不断提高项目决策水平和投资效果的目的。

参 考 文 献

[1] 李菊根. 水力发电实用手册 [M]. 北京：中国电力出版社，2014.

[2] 沈磊. 我国水力发电效益的定量分析 [J]. 水力发电，2000 (4).

[3] 李向宇. 论水力发电与其他发电方式的比较优势 [J]. 能源环境，2014 (6).

[4] 杨国建. 浅析水力发电的比较优势 [J]. 企业技术开发，2016，35 (2).

[5] 汤鑫华. 论水力发电的比较优势 [J]. 中国科技论坛. 2011 (10).

[6] 李珍照. 中国水利百科全书. 水工建筑物分册 [M]. 北京：中国电力出版社，2004.

第1章 水力发电的基本原理及水电站的基本型式

1.1 水力发电的基本原理

河道中的水流在地心吸力的作用下，由高处向低处运动，从而将水流的势能转变为动能，这样水流就具有做功的能力，其高差越大，流量越多，做功的能力就越大。以一天然河段为例，如图1.1所示[1]，假设河段长度为$L(\mathrm{m})$，河段上游断面1-1处的水位为$Z_1(\mathrm{m})$，下游断面2-2处的水位为$Z_2(\mathrm{m})$，河道的坡降为i，则该河段水面落差（或水头）为$H_{1\text{-}2}(\mathrm{m})$。

天然河段水能计算的基本原理如下[1]：

设在$T(\mathrm{s})$时段内有$\overline{W}(\mathrm{m}^3)$的水量通过断面1-1和2-2，则水体$\overline{W}$在该河段所具有的能量$E_{1\text{-}2}$为

$$E_{1\text{-}2}=\gamma\overline{W}H_{1\text{-}2}(\mathrm{N\cdot m}) \tag{1.1}$$

式中：γ为水的重度，$\gamma\approx9810\mathrm{N/m^3}$。

在物理上，把力在单位时间内所做的功称为功率。在水电工程中，将功率通常称为出力，用N表示。则该河段的平均出力$N_{1\text{-}2}$为

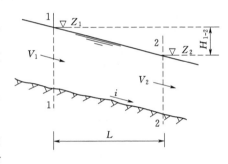

图1.1 河段水能示意图

$$N_{1\text{-}2}=\gamma\left(\frac{\overline{W}}{t}\right)H_{1\text{-}2}=\gamma QH_{1\text{-}2}(\mathrm{N\cdot m/s}) \tag{1.2}$$

式中：$Q=\dfrac{\overline{W}}{t}$为在时段$t(\mathrm{s})$内通过河段的平均流量，$\mathrm{m^3/s}$。

在水电工程中，出力N通常以$\mathrm{kW}(1\mathrm{W}=1\mathrm{J/s}=1\mathrm{N\cdot m/s})$为单位，则

$$N_{1\text{-}2}=9.81QH_{1\text{-}2}(\mathrm{kW}) \tag{1.3}$$

相应的发电量（以$\mathrm{kW\cdot h}$为单位）为

$$E_{1\text{-}2}=9.81QH_{1\text{-}2}\left(\frac{t}{3600}\right)=0.0027\overline{W}H_{1\text{-}2}(\mathrm{kW\cdot h}) \tag{1.4}$$

上述的天然河段水能$N_{1\text{-}2}(E_{1\text{-}2})$在未被利用以前，主要分散消耗在水流对河床的淘刷、挟带泥沙和相互的撞击上。

若在河道上通过修建大坝来集中落差并形成水库，并通过引水建筑物和水轮发电机组引水发电，即通过建设水电站进行水力发电时，则其出力和发电量可按以下方法进行计算[1]：

考虑引水道的水头损失和水轮机及发电机的效率后，水电站的出力和发电量可分别按式（1.5）和式（1.6）计算：

$$N = 9.81 QH\eta (\text{kW}) \tag{1.5}$$

$$E = 0.0027 \overline{W} H\eta (\text{kW} \cdot \text{h}) \tag{1.6}$$

式中：H 为水电站的工作水头，它等于水电站的毛水头 H_m（水电站上、下游水位之差）减去引水道的水头损失 h_w，即 $H = H_m - h_w$；Q 为水轮机的引用流量；η 为水轮发电机组的效率。

η 等于水轮机效率 η_T 和发电机效率 η_f 的乘积，即 $\eta = \eta_T \eta_f$。对大中型机组，一般 $\eta_T = 0.85 \sim 0.90$，$\eta_f = 0.95 \sim 0.98$。

在进行水电站出力的初步估算时，也可采用以下简化公式：

$$N = KQH (\text{kW}) \tag{1.7}$$

式中：K 为水电站的出力系数，大型水电站一般可取 $K = 8.0 \sim 8.5$，中型水电站一般可取 $K = 7.0 \sim 7.5$，小型水电站一般可取 $K = 6.0 \sim 6.5$。

从式（1.5）和式（1.6）可以看出，水电站的出力和发电量主要取决于水电站的工作水头 H 和水轮机的引用流量 Q。实际上，水电站通常也主要是围绕这两个水能参数来进行开发的。水电站进行水力发电的基本原理如图 1.2 所示。

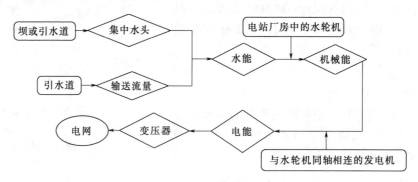

图 1.2　水力发电基本原理图

从图 1.2 可以看出，水电站通常由以下两个基本要素构成：

（1）设备要素。在水电站工程中，通常需要安装各种机电设备，其中核心设备为水轮机。设备是水电站能量转换及其控制的主体，具体实施能量的转换、输送及其控制等。

（2）建筑物要素。在水电站工程中，建筑物一般包括挡水、泄水、输水及水电站厂房等。建筑物是水力发电的载体，由其实现对水能的积聚与输送、设备的安置等。

1.2　水电站的特征参数

1.2.1　水库特征水位及特征库容[1,2]

由于天然来水量的不均匀性和水电站引用流量等综合利用水量的经常变化，因此水电站的水库水位和相应的库容也是随时间而变化的，一般用其特征值来表示这种变化特性。水库的特征水位及特征库容如图 1.3 所示[1]。

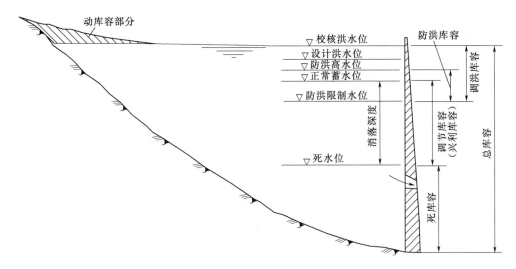

图 1.3 水库特征水位及特征库容示意图

1.2.1.1 死水位与死库容

死水位是指水库在正常运用情况下，允许的最低消落水位。死水位以下的水库容积称为死库容，一般死库容中的水量是不利用的。

1.2.1.2 正常蓄水位与调节库容

正常蓄水位（又称正常高水位）是指水库在正常运用情况下，为满足设计兴利要求而在开始供水时应蓄到的最高水位。死水位至正常蓄水位之间的库容称为调节库容（又称兴利库容）。正常蓄水位与死水位之间的高差，称为水库消落深度。通常用库容系数 β（调节库容与平均年入库水量的比值）来表示水库的兴利调节能力，当年水量变差系数 C_v 值较小、年内水量分配较均匀时，$\beta>30\%$ 就可进行多年调节；当 $\beta=8\%\sim30\%$ 时，一般可进行年调节。当水库具有枯水日来水量的 $20\%\sim25\%$ 的调节库容时，一般就可进行日调节。

1.2.1.3 防洪限制水位

防洪限制水位是指水库在汛期允许兴利蓄水的最高水位。它是水库在汛期防洪运用时的起调水位。

1.2.1.4 防洪高水位与防洪库容

当遇到下游防护对象的设计洪水时，水库为控制下泄流量而拦蓄洪水，在坝前达到的最高水位称为防洪高水位。防洪限制水位至防洪高水位之间的库容称为防洪库容。

1.2.1.5 设计洪水位

水库在遇到大坝设计洪水时，在坝前达到的最高水位称为设计洪水位。

1.2.1.6 校核洪水位与调洪库容和总库容

水库在遇到大坝校核洪水时，在坝前达到的最高水位称为校核洪水位。防洪限制水位至校核洪水位之间的库容称为调洪库容。校核洪水位以下的全部库容称为水库的总库容。

图 1.3 所示的库尾动库容部分，是由上游回水曲线所形成的，由于其容积很小，一般可不考虑，只在研究水库淹没问题时才考虑其影响。

1.2.2　水电站的特征水头与特征流量[1]

随着水库的调节和水电站负荷的变化，水电站的水头和流量也是随时间而变化的，通常也用特征值来表示这种变化特性。

1.2.2.1　水电站的特征水头

水电站的特征水头包括最大水头 H_{max}、最小水头 H_{min} 和加权平均水头 H_{av}。H_{max}、H_{min} 和 H_{av} 均可由水能计算确定。其中，加权平均水头 H_{av} 是水电站出现次数最多、历时最长的水头，一般可由式（1.8）或式（1.9）确定。

$$H_{av} = \frac{\sum H_i t_i N_i}{\sum t_i N_i} \tag{1.8}$$

$$H_{av} = \frac{\sum H_i t_i}{\sum t_i} \tag{1.9}$$

式中：t_i、N_i 分别为与水头 H_i 相应的持续时间和出力。

1.2.2.2　水电站的特征流量

水电站的特征流量包括最大引用流量 Q_{max}、平均引用流量 Q_{av} 和最小引用流量 Q_{min}。这些均可根据水轮机的特性和水电站的工作出力来确定。

1.2.3　水电站的动能参数[1]

水电站的动能参数是表征水电站的动能规模、运行可靠程度和工程效益的指标。

1.2.3.1　水电站的设计保证率与保证出力

水电站的设计保证率是指水电站正常发电的保证程度，一般用正常发电总时段与计算期总时段比值的百分数来表示。它是根据电力系统中水电容量的比重、水库调节性能、水电站规模及其在电力系统中的作用等因素而选定的，初步可参照表1.1选用[1]。

表 1.1　　　　　　　　　　　水 电 站 设 计 保 证 率

电力系统中水电容量的比重/%	<25	25~50	>50
水电站设计保证率/%	80~90	90~95	95~98

水电站的保证出力是指水电站相应于设计保证率的枯水时段发电的平均出力。保证出力应根据径流调节计算结果所绘制的出力保证率曲线，按选定的设计保证率进行确定。

1.2.3.2　水电站的装机容量

水电站的装机容量是指水电站内全部机组额定容量（铭牌出力）的总和。如丹江口水电站有 6 台机组，每台机组的单机额定容量为 150MW，则该电站的装机容量为 900MW。

1.2.3.3　水电站的多年平均发电量

水电站的多年平均发电量是指水电站各年发电量的平均值。计算时先将应用的水文系列分为若干时段（可以是日、旬或月，视水库的调节性能和设计的需要而定），然后按照天然来水和用水进行水库调节计算和水能计算，得出逐年的发电量，再求其平均值便可得出多年平均发电量。

1.2.3.4　水电站的装机年利用小时数

将水电站的多年平均发电量除以装机容量便可得出水电站的装机年利用小时数。它相当于全部装机满载运行时的多年平均小时数，是反映水电站机组利用程度的一个指标。

1.2.4 水电站的经济指标[1]

1.2.4.1 水电站的总投资

水电站的总投资是指水电站在勘测、设计、施工安装过程中所投入资金的总和，它包括水工建筑物、水电站建筑物和机电设备的投资。

1.2.4.2 水电站的单位投资

常用单位千瓦投资和单位电能投资来表示水电站投资的经济性与合理性。单位千瓦投资是指平均每 1kW 的装机容量所需要的投资，它可由总投资除以装机容量求得；单位电能投资是指平均一年中每发 1kW·h 电所需要的投资，它可由总投资除以多年平均发电量求得。

1.2.4.3 水电站的年运行费用

水电站的年运行费用是指水电站在运行过程中每年所必须付出的各种费用的总和，它包括建筑物和设备每年所提存的折旧费、大修费和经常支出的生产、行政管理费及人员工资等。

1.2.4.4 水电站的年效益

水电站的年效益是指水电站每年售电总收入扣除年运行费用后所获得的净收益。

1.2.5 水电站的工程规模

水电站的工程规模应依据《防洪标准》（GB 50201—2014）和《水利水电工程等级划分及洪水标准》（SL 252—2017）等国家和行业现行的有关标准来确定。依据上述标准，对以发电为主的水电站枢纽工程，其工程规模可根据水库总库容和水电站装机容量按表1.2 确定[3,4]。

表 1.2　　　　　　　　　以发电为主的水电站枢纽工程的工程规模划分

工程等别	工程规模	水库总库容 /10^8m³	水电站装机容量 /MW
Ⅰ	大（1）型	≥10	≥1200
Ⅱ	大（2）型	<10，≥1.0	<1200，≥300
Ⅲ	中型	<1.0，≥0.1	<300，≥50
Ⅳ	小（1）型	<0.1，≥0.01	<50，≥10
Ⅴ	小（2）型	<0.01，≥0.001	<10

1.3 水电站的基本型式

水电站开发水力资源的方式受到所开发河段地形、地质、水文等条件的制约，为此，各个水电站都需要因地制宜，选择与上述条件相适应的开发方式，由此导致不同水电站在建筑物布置型式上难免存在一定的差异，但也存在一定的共性。按照水电站建筑物布置特征的不同，一般可将水电站划分为坝式、河床式和引水式这三种典型布置型式。

1.3.1 坝式水电站[1,5]

坝式水电站建筑物的基本布置特征是坝体与电站厂房结合在一起做整体布置，电站水头的大部分或全部由坝所集中。这种型式的水电站大都修建在流量较大、坡降较小的山谷河段上。按厂房与坝体相对位置关系的不同，坝式水电站又可分为坝后式、挑越式、厂房顶溢流式及坝内式等四种型式，其中后三种均是在坝址处河谷相对狭窄、泄水建筑物布置受限等条件下，将表孔泄水坝段与厂房坝段相结合而形成的坝后式水电站的演变型式。

1. 坝后式水电站

电站厂房布置在非溢流坝段下游侧，引水管道穿过坝体引水发电，坝体与厂房之间设有伸缩缝，厂房不承受由坝体传来的荷载。如丹江口、东江等水电站均采用这种型式。丹江口水电站的枢纽布置如图 1.4 所示[5]，厂房坝段横剖面如图 1.5 所示[5]。坝后式水电站厂房不受泄水影响，厂内运行条件良好，在大中型水电站中应用最多。一般适用于坝址处河谷相对开阔、电站厂房坝段与泄水坝段沿坝轴线可错开布置的水电站。

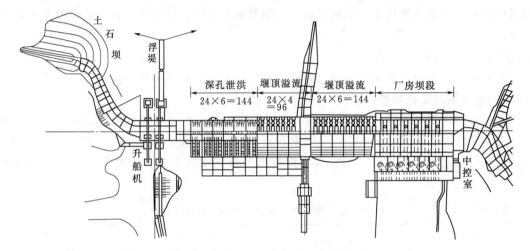

图 1.4　丹江口（坝后式）水电站枢纽布置图（单位：m）

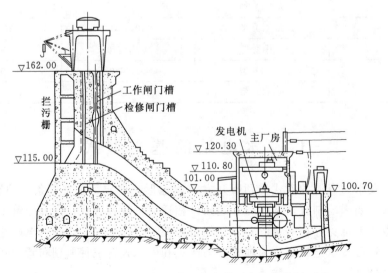

图 1.5　丹江口（坝后式）水电站厂房坝段横剖面图

2. 挑越式水电站

电站厂房布置在表孔溢流坝段下游侧，厂房外墙采用全封闭形式，坝体与厂房之间设有伸缩缝，厂房不承受由坝体传来的荷载。如贵州乌江渡水电站即采用这种型式，其厂房坝段横剖面如图1.6所示[5]。由于厂房外墙采用全封闭型式，因此厂房内部运行条件相对较差，目前在实际工程中采用较少。

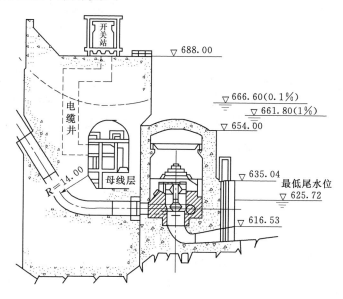

图1.6　乌江渡（挑越式）水电站厂房坝段横剖面图

3. 厂房顶溢流式水电站

电站厂房也布置在表孔溢流坝段下游侧，厂房屋顶与表孔挑流鼻坎结合为一体进行布置，厂房外墙采用全封闭形式，坝体与厂房之间设有伸缩缝，厂房不承受由坝体传来的荷载。如浙江新安江水电站即采用这种型式，其厂房坝段横剖面如图1.7（a）所示[5]。由于厂房外墙采用全封闭型式，再加之汛期泄洪时兼做表孔挑流鼻坎的厂房屋顶存在脉动水压力等荷载作用，因此厂房内部的运行条件相对更差，目前在实际工程中很少采用。

4. 坝内式水电站

电站厂房布置在坝体内部，布置厂房的坝段顶部通常布置有泄水表孔。如江西上饶江、湖南凤滩等水电站均采用这种型式。江西上饶江水电站厂房坝段横剖面如图1.7（b）所示[5]。由于厂房位于坝内，再加之汛期厂房上部表孔泄水运行，因此厂房内部的运行条件也相对较差，目前在实际工程中也很少采用。

1.3.2　河床式水电站[1]

河床式水电站建筑物的基本布置特征有：①坝相对较低，主要利用大流量进行发电，因而一般是低水头大流量的水电站；②厂房结构也起挡水作用，是挡水建筑物的一个组成部分；③一般均布置在河谷开阔的平原河段，以保证首部枢纽纵向布置的长度。

在河道的中、下游，河道坡降比较平缓，河床也相对开阔，在这些河段上用低坝开发的水电站，往往由于水头较低，通常可采用河床式水电站布置型式。河床式水电站虽然利用水头不高，但引用流量却往往很大，因此这种水电站仍然可能会有很大的工作出力。如

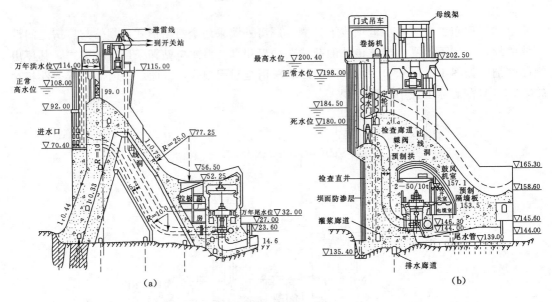

图 1.7　厂房顶溢流式和坝内式水电站厂房坝段横剖面图（单位：m）

(a) 浙江新安江（厂房顶溢流式）水电站厂房；(b) 江西上饶江（坝内式）水电站厂房

位于长江三峡末端河段上宜昌市境内的葛洲坝水电站，坝址处江面宽度约 2000m，坝址处河道被两个天然的小岛（葛洲坝和西坝）分割成大江、二江和三江，这种地形条件对工程导截流十分有利，但坝址又位于宜昌市内，不允许修建高坝，所以就采用了河床式水电站这种布置型式。葛洲坝水电站的枢纽布置如图 1.8 所示[1]，葛洲坝二江水电站厂房坝段横剖面如图 1.9 所示[1]。

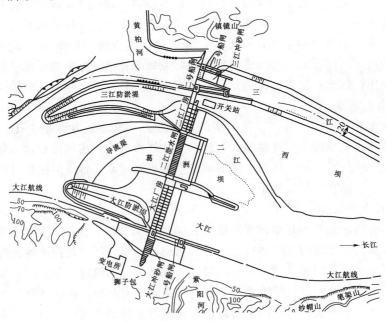

图 1.8　葛洲坝（河床式）水电站枢纽布置图

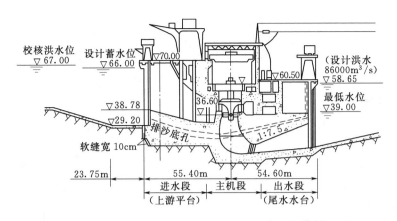

图 1.9　葛洲坝二江（河床式）水电站厂房坝段横剖面图

1.3.3　引水式水电站[1,5]

在山区河道上修建水电站时，一般可以利用河道转弯大、坡降陡等有利的地形条件，运用"截弯取直"原理，在河道转弯段的上游某处修建一低坝或无坝进水口，然后通过引水道（如明渠、隧洞、管道等）引水并集中落差，将水引至转弯段的下游某处，因此这种水电站被称为引水式水电站。在采用跨流域调水方式修建水电站时，一般也采用这种水电站型式。引水式水电站建筑物的基本布置特征为引水道较长（坝相应较低），水电站水头的全部（无坝引水）或大部分（有坝引水）由引水道集中。按引水道中水流流态的不同，引水式水电站又可分为有压引水式水电站和无压引水式水电站两种型式。

1.3.3.1　有压引水式水电站

若在低坝（或水闸）雍水之后，采用有压引水道（如有压隧洞、压力管道）引水并集中落差时，这种水电站称为有压引水式水电站。当有压引水道较长时，为了减小其中的水锤压力和改善机组运行条件，还需在靠近厂房处设置调压室。

图 1.10[5]为有压引水式水电站总体布置示意图。该水电站运用"截弯取直"原理，在河道一转弯段的上游修建了一座坝高较小的拱坝，在坝上游右岸边布置了一个塔式有压进水口，然后通过有压隧洞引水至位于河道转弯段下游岸边的厂房附近的山坡顶部，再通过 3 条顺坡敷设的压力管道将水引给电站厂房内的 3 台水轮发电机组。由于有压隧洞较长，该水电站在靠近厂房处的有压隧洞末段设置了调压室。

1.3.3.2　无压引水式水电站

采用无压引水道（如渠道、无压隧洞）用明流的方式引水并集中落差的水电站称为无压引水式水电站。图 1.11[5]为无压引水式水电站总体布置示意图。该水电站也运用"截弯取直"原理，在河道一转弯段的上游修建了一座闸坝（水闸）以雍高水位，使水由设在左岸边的无压进水口流入渠道，由于河流中泥沙较多，在渠首还设置了沉沙池以清除有害泥沙；渠道以较缓的坡降（一般为 1/1000～1/3000）沿山坡等高线修建，并在渠道末端将过流断面加深加宽以形成压力前池，这样便在压力前池水位与位于河道转弯段下游岸边的厂房下游的河道水位之间集中了较大的落差；压力前池处设置有给压力管道供水的有压进水口，进水口以后再通过顺坡敷设的压力管道将水引给电站厂房内的水轮发电机组。该水电站由于按日调节功能要求进行设计，因此在压力前池附近还修建有日调节池，用来进

图 1.10　有压引水式水电站总体布置示意图

1—水库；2—闸门室；3—塔式进水口；4—大坝；5—泄水道；6—调压室；
7—有压隧洞；8—压力管道；9—电站厂房；10—尾水渠

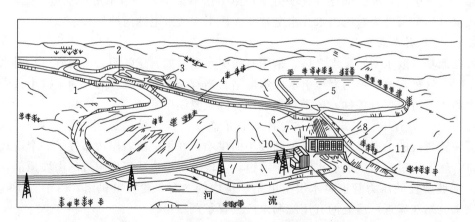

图 1.11　无压引水式水电站总体布置示意图

1—闸坝；2—无压进水口；3—沉沙池；4—引水渠道；5—日调节池；6—压力前池；7—压力管道；
8—电站厂房；9—尾水渠；10—配电所；11—泄水道

行水电站用水的日调节。需要指出的是，无压引水式水电站一般均为小型水电站，且大多不具有日调节功能，因此一般也无图 1.11 所示的日调节池。

1.4　水电站的组成建筑物

根据 1.3 节关于水电站基本型式的讨论结果可以看出，水电站一般由以下七类建筑物组成[5]：

（1）挡水建筑物。用以拦截河流，集中落差并形成水库，如大坝或水闸等。

（2）泄水建筑物。用以宣泄洪水或放空水库等，如坝身泄水孔、溢洪道及泄洪隧洞等。

（3）水电站进水建筑物。用以将发电用水引进引水道，如有压或无压进水口。

（4）水电站引水及尾水建筑物：引水建筑物用于输送发电用水，尾水建筑物用于将发电用过的水（尾水）排入下游河道。引水式水电站的引水建筑物（引水道）还兼有集中落差、形成水头的作用。常用的引水及尾水建筑物有渠道、隧洞、管道等，有时也采用渡槽、涵洞、倒虹吸等交叉建筑物。

（5）水电站平水建筑物。用以平稳由于水电站负荷变化而在引水或尾水建筑物中所造成的流量及压力的变化，如有压引水道中的调压室、无压引水道中的压力前池等。水电站的进水建筑物、引水和尾水建筑物以及平水建筑物一般又统称为水电站输水系统。

（6）发电、变电和配电建筑物（厂房枢纽建筑物）。包括安装水轮发电机组及其控制、辅助设备的电站厂房、安装变压器的变压器场及安装高压配电装置的高压开关站。它们常集中在一起进行布置，因此又统称为厂房枢纽建筑物。

（7）其他建筑物。如过船、过木、过鱼、拦沙、冲沙等建筑物。

本教材重点介绍水电站的特有建筑物，即水电站进水建筑物、引水及尾水建筑物、平水建筑物和厂房枢纽建筑物。其他建筑物则在《水工建筑物》教材中介绍。

复 习 思 考 题

1．试述水电站水力发电的基本原理，水电站的基本构成要素。

2．试述水电站的特征水头与特征流量。

3．试述水电站装机容量、多年平均发电量及装机年利用小时数的概念。

4．试述水电站的总投资、单位千瓦投资、单位电能投资、年运行费用及年效益的概念。

5．试述水电站的基本型式，各种型式的建筑物布置特征及其适用条件。

6．试述水电站的组成建筑物。

参 考 文 献

[1] 金钟元，伏义淑．水电站 [M]．北京：中国水利水电出版社，1994．

[2] 顾圣平，田富强，徐得潜．水资源规划及利用 [M]．北京：中国水利水电出版社，2009．

[3] GB 50201—2014 防洪标准 [S]．北京：中国计划出版社，2015．

[4] SL 252—2017 水利水电工程等级划分及洪水标准 [S]．北京：中国水利水电出版社，2017．

[5] 刘启钊，胡明．水电站 [M]．4 版．北京：中国水利水电出版社，2010．

[6] 李仲奎，马吉明，张明．水力发电建筑物 [M]．北京：清华大学出版社，2007．

第 2 章　水轮机的类型、组成部件及工作原理

2.1　水轮机的主要类型及型号

2.1.1　水轮机的主要类型[1-4]

　　水轮机是将水流能量转变为旋转机械能的一种水力机械，水轮机通过主轴带动发电机又将旋转机械能转变为电能。水轮机与发电机由主轴连接为一整体称为水轮发电机组，简称机组，是水电站的主要设备之一。

　　水流的能量即水能包括动能和势能，而势能又包括位置势能和压力势能。由于不同水电站进行水能开发的基本条件各不相同，往往需采用不同类型的水轮机，由此使得水轮机种类很多。根据水轮机对水能的转换特征的不同，可将其分为反击式和冲击式两大类。其中，每一大类水轮机又可根据其转轮区内水流的流动特征和转轮结构特征的不同而分成多种不同型式，现分述如下。

2.1.1.1　反击式水轮机

　　反击式水轮机转轮区内水流保持连续有压流动，在转轮空间曲面型叶片的约束下，连续不断地改变流速的大小和流动方向，因而水流对转轮叶片产生反作用力，并形成旋转力矩驱动转轮旋转做功。水流通过转轮后，其动能和势能均大部分被转换为旋转机械能。

　　反击式水轮机按转轮区内水流相对于水轮机主轴流动方向的不同，可分为混流式、轴流式、斜流式和贯流式四种。此外，根据转轮叶片是否可以转动，轴流式、斜流式和贯流式又可分为定桨式和转桨式。

1. 混流式水轮机

　　如图 2.1 所示，水流从四周径向进入转轮而后近似轴向流出转轮，故称为混流式水轮机。其发明者为美国工程师弗朗西斯（Francis），故又称为弗朗西斯水轮机。混流式水轮机结构简单，运行稳定且效率高，应用水头范围广（约 20～700m），是现代应用最广泛的一种水轮机。目前最高水头已应用到 734m，在奥地利豪依斯林（Hausling）水电站。最大单机容量已达 716MW，在美国大古力（Grand Coulee）水电站。我国三峡水电站混流式水轮机单机容量为 700MW，建设中的向家坝水电站和白鹤滩水电站分别采用了单机容量为 800MW 和 1000MW 的混流式机组。

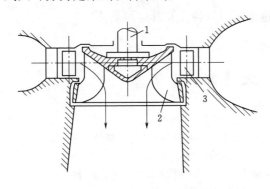

图 2.1　混流式水轮机
1—主轴；2—叶片；3—导叶

16

2. 轴流式水轮机

如图 2.2 所示，水流在离开导叶，进入转轮之前已经变成了轴向流动，在转轮区内水流保持轴向流动，称为轴流式水轮机。轴流式水轮机主要应用于中低水头、大流量水电站，按其转轮叶片运行时能否转动可分为定桨式和转桨式两种。

轴流定桨式水轮机在运行时叶片是固定不动的，因而其结构简单，但水头和流量变化时，其效率相差较大，即偏离设计工况运行时，其效率会急剧下降。因此主要用于出力变化不大，水头和流量比较稳定的水电站，其应用水头范围一般为 3~50m。

轴流转桨式水轮机在运行时转轮叶片可以根据水头和流量的变化进行转动，以保证在不同的工作状况下都能保持较高的效率。但是其结构较复杂，造价较高，一般用于水头和出力均有较大变幅的大中型水电站，其应用水头范围可达 3~80m。目前最高水头已应用到 88.4m，在意大利那姆比亚水电站。目前，轴流转桨式水轮机最大单机容量为200MW，在福建水口水电站；最大转轮直径为 11.3m，在湖北葛洲坝水电站，其单机容量为 170MW。

3. 斜流式水轮机

如图 2.3 所示，水流在转轮区内沿着与主轴成某一角度（45°~60°）的方向流动。斜流式水轮机的叶片大多做成可转动的型式，高效区较宽。适用水头为 40~200m。斜流式水轮机的倾斜桨叶操作机构特别复杂，加工工艺要求和造价均较高，目前应用还不普遍。

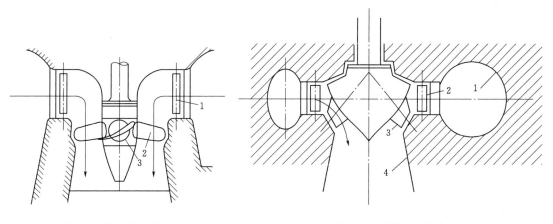

图 2.2　轴流式水轮机
1—导叶；2—叶片；3—轮毂

图 2.3　斜流式水轮机
1—蜗壳；2—导叶；3—叶片；4—尾水管

4. 贯流式水轮机

当轴流式水轮机的主轴装置成水平或者倾斜，而且不设置蜗壳，使水流直贯转轮，这种水轮机称为贯流式水轮机，转轮叶片有固定和可转动两种。此外，根据发电机装置情况的不同，可以分为全贯流式和半贯流式。

当发电机转子直接安装在转轮叶片外缘时称为全贯流式水轮机（图 2.4），其转轮外缘线速度较大，旋转密封困难，目前很少采用。

当发电机转子采用轴伸式、竖井式或灯泡式布置时，称为半贯流式水轮机，如图 2.5~图2.7 所示。其中灯泡贯流式机组应用较为广泛，其特点是将发电机装置在灯泡形的密封机壳内并与水轮机直接联接，结构紧凑，稳定性好，效率高。

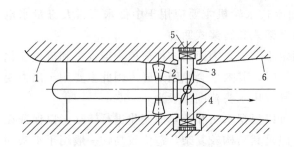

图 2.4 全贯流式水轮机（纵剖面图）
1—进水管；2—导叶；3—叶片；4—发电机转子；
5—发电机定子；6—尾水管

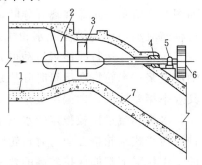

图 2.5 轴伸贯流式水轮机（纵剖面图）
1—进水管；2—固定导叶；3—叶片；4—止水套；
5—轴承座；6—增速装置；7—尾水管

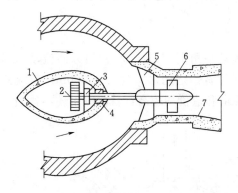

图 2.6 竖井贯流式水轮机（水平剖面图）
1—竖井；2—增速装置；3—轴承座；4—止水套；
5—固定导叶；6—叶片；7—尾水管

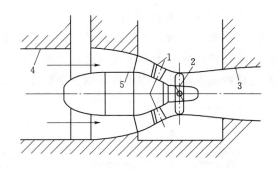

图 2.7 灯泡贯流式水轮机（纵剖面图）
1—导叶；2—叶片；3—尾水管；
4—进水管；5—灯泡体

贯流式水轮机的适用水头为 1～25m。主要应用于低水头、大流量水电站，由于其卧轴布置及流道型式简单，土建工程量小，施工简便，在开发平原地区河道和沿海地区潮汐等水力资源中得到了广泛应用。目前，我国自行研制的最大灯泡贯流式水轮机直径 7m，单机容量 50MW。

2.1.1.2 冲击式水轮机

冲击式水斗水轮机主要由喷嘴和转轮组成，通过喷嘴把来自压力钢管的高压水流变成高速的自由射流，射向始终处于大气中的转轮使之旋转做功。射流在冲击转轮整个过程中，水流压力基本保持大气压力，但转轮出口水流的流速和动能大为减小。显然，冲击式水轮机仅利用了水流的动能。由于水流只冲击部分轮叶，不是整周进水，因而其过流量较小。

根据水流冲击转轮方式的不同，冲击式水轮机又分为水斗式、斜击式和双击式水轮机。水斗式水轮机是目前应用最广泛的一种冲击式水轮机，如图 2.8 所示，它适用高水头、小流量的情况，现代大型水斗式水轮机的水头应用范围约为 300～1700m，最高水头已达到 1767m，在奥地利莱赛克（Reissek）水电站。

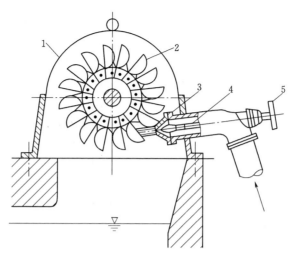

图 2.8 水斗式水轮机

1—机壳；2—轮叶；3—喷嘴；4—喷针；5—控制机构

斜击式水轮机（图2.9）和双击式水轮机（图2.10）结构简单，便于制造，过流量较大，但效率较低，一般用于中小型水电站。

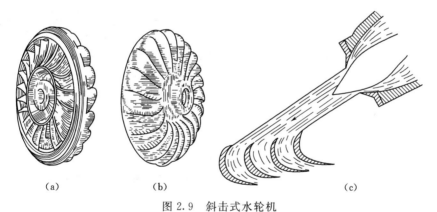

（a）　　　　　　（b）　　　　　　　　　　　　（c）

图 2.9 斜击式水轮机

（a）转轮进口侧；（b）转轮出口侧；（c）射流冲击轮叶

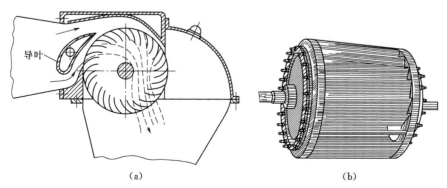

（a）　　　　　　　　　　　　　　（b）

图 2.10 双击式水轮机

（a）整体结构；（b）转轮

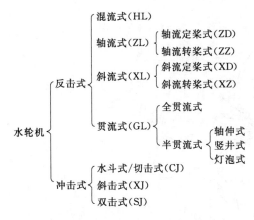

图 2.11 水轮机的主要类型

2.1.1.3 水轮机类型汇总

综上所述,将各种类型的水轮机归纳汇总如图 2.11 所示。

上述各种水轮机中,对于同一类型的水轮机,由于其适用水头和流量的不同,其转轮被设计成不同的几何形状。把转轮直径不同但几何形状相似的水轮机归纳起来,组成一个系列,即称为"轮系"。

在生产管理上,按额定出力及转轮直径的大小将水轮机划分为大、中、小型,见表 2.1[2]。大、中、小型水轮机的划分界限是相对的,它随着水电设备生产能力的发展而变更。

表 2.1 水轮机的大、中、小型

类型	转轮直径/m		额定出力 /kW
	混流式	轴流式	
大型	>2.25	>3.0	>30000
中型	2.25~1.0	3.0~1.2	<30000
小型	<1.0	<1.2	<10000

此外,按照水轮机布置方式的不同,机组装置形式可分为立式和卧式两种。一般大中型机组都布置成立式,水轮机主轴和发电机主轴的中心线在同一铅垂线上,两轴通过法兰盘用螺栓刚性连接。这样可以使发电机安装在较高的位置而不易受潮,机组的传动效率最高且安装、拆卸及维护管理也方便,水电站厂房占地面积小,易于布置。

2.1.2 水轮机的型号及标称直径[1-4]

根据我国《水轮机、蓄能泵和水泵水轮机型号编制方法》(GB/T 28528—2012)规定[5],水轮机的型号由三部分组成,每一部分用短横线隔开,如图 2.12 和表 2.2 所示。

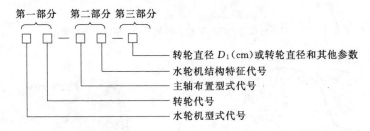

图 2.12 水轮机型号排列顺序规定

第一部分由两个汉语拼音字母和阿拉伯数字组成。拼音字母表示水轮机型式,阿拉伯数字表示转轮型号,入型谱(水轮机系列型谱见表 3.1～表 3.5)的转轮型号为比转速数值(比转速将在第 3.3 节中讲述),未入型谱的转轮型号为各单位自己的编号,旧型号为模型转轮的编号。水泵水轮机在水轮机型式代表符号后加"B"表示,可逆式水轮机在水轮机型式代表符号后加"N"表示。

表 2.2   水轮机型号编制规则

第一部分			第二部分				第三部分
水轮机型式		注释	立轴布置型式		水轮机结构特征		
型式	符号		型式	符号	特征	符号	
混流式	HL	采用水轮机比转速或转轮代号表示。当用比转速代号表示时，其代号统一由归口单位编制，用阿拉伯数字表示，当用转轮代号表示时，可由制造厂自行编号	立式	L	金属蜗壳	J	转轮标称直径（cm）或转轮标称直径和其他参数组合
轴流定桨式	ZD		卧式	W	混凝土蜗壳	H	
轴流转桨式	ZZ		其他主轴非垂直布置型式	W	全贯流式	Q	
轴流调桨式	ZT				灯泡式	P	
斜流式	XL				竖井式	S	
贯流定桨式	GD				轴伸式	Z	
贯流转桨式	GZ				罐式	G	
贯流调桨式	GT				虹吸式	X	
冲击（水斗）式	CJ				明槽式	M	
斜击式	XJ				有压明槽式	My	
双击式	SJ						

第二部分的两个汉语拼音字母分别表示水轮机主轴的装置型式和结构特征。

第三部分是水轮机的标称直径（以 cm 为单位）或其他必要的指标组成。对水斗式水轮机该部分表示为：转轮标称直径（cm）/每个转轮上的喷嘴数目×设计射流直径；对于双击式水轮机该部分表示为：转轮标称直径（cm）/转轮宽度（cm）。

各种型式水轮机转轮标称直径（简称转轮直径，常用 D_1 表示）(图 2.13)的规定如下：

(1) 对混流式水轮机是指其转轮叶片进水边最大直径。

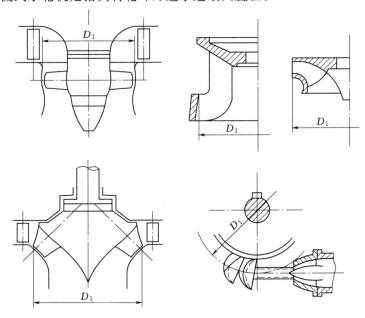

图 2.13 各型水轮机的转轮标称直径示意图

（2）对轴流式、斜流式和贯流式水轮机是指与转轮叶片轴线相交处的转轮室内径。

（3）对冲击式水轮机是指转轮与射流中心线相切处的节圆直径。

反击式水轮机的转轮标称直径 D_1 的尺寸系列规定见表 2.3。

表 2.3　　　　　　　　　反击式水轮机转轮标称直径系列　　　　　　单位：cm

25	30	35	(40)	42	50	60	71	(80)	84
100	120	140	160	180	200	225	250	275	300
800	850	900	950	1000					

注　表中括号内的数字仅适用于轴流式水轮机。

水轮机型号示例：

（1）HL220 - LJ - 550 表示混流式水轮机，转轮型号（比转速）为 220，立轴，金属蜗壳，转轮标称直径 550cm。

（2）ZZ560 - LH - 800 表示轴流转桨式水轮机，转轮型号为 560，立轴，混凝土蜗壳，转轮标称直径为 800cm。

（3）XLB245 - LJ - 250 表示转轮型号为 245 的斜流式水泵水轮机，立轴，金属蜗壳，转轮直径为 250cm。

（4）GD600 - WP - 300 表示转轮型号为 600 的贯流定桨式水轮机，卧轴，灯泡式引水，转轮直径为 300cm。

（5）2CJ20 - W - 120/2×10 表示转轮型号为 20 的水斗式水轮机，一根轴上装有 2 个转轮，卧轴，转轮直径为 120cm，每个转轮具有 2 个喷嘴，设计射流直径为 10cm。

（6）SJ115 - W - 40/20 表示转轮型号为 115 的双击式水轮机，卧轴，转轮直径为 40cm，转轮宽度为 20cm。

2.2　水轮机的主要组成部件

2.2.1　反击式水轮机的主要组成部件[1-4]

2.2.1.1　混流式水轮机

图 2.14 是大型混流式水轮机的结构图。来自压力钢管的水流经过蜗壳、座环、导叶、转轮及尾水管排入下游。通常将上述部件称为水轮机的过流部件。过流部件是水轮机进行能量转换的主体（其核心是转轮），它们直接影响水轮机运行效率的高低和运行性能的好坏。

1. 蜗壳

蜗壳是一个形如蜗牛的壳体，其作用是使水流产生圆周运动并引导水流均匀地、轴对称地进入座环。其详细讲述见 2.3 节。

2. 座环

座环（图 2.15）位于导叶的周围，由上、下碟形环和中间若干立柱组成。上、下碟形环的外缘与蜗壳连接，水流通过蜗壳，流经立柱、导叶均匀地从四周径向进入转轮。立柱断面为翼形以减少水力损失，与导叶很像，但不能转动，所以也称为固定导叶。固定导叶的数目通常为活动导叶的一半。

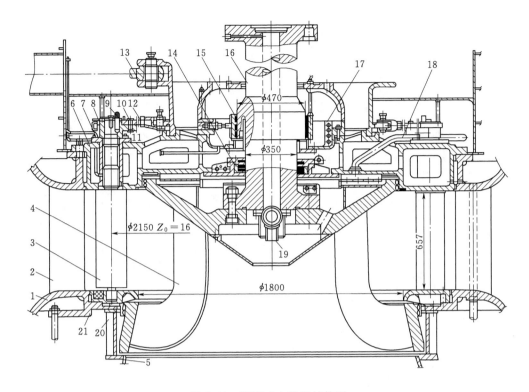

图 2.14 混流式水轮机结构图

1—蜗壳；2—座环；3—导叶；4—转轮；5—尾水管；6—顶盖；7—上轴套；8—连接板；9—分半键；
10—剪断销；11—拐臂；12—连杆；13—控制环；14—密封装置；15—导轴承；16—主轴；
17—油冷却器；18—顶盖排水管；19—补气装置；20—基础环；21—底环

座环的作用是支撑水轮发电机组及蜗壳上部部分混凝土的重量，并将巨大的荷载通过支柱传递给厂房基础，座环必须有足够的强度和刚度。

3. 导水机构

导水机构是由导叶及其转动机构（包括转臂、连杆和控制环等）所组成，而控制环的转动是由油压接力器来操作的，如图 2.16 所示。

导叶沿圆周均匀分布在座环和转轮之间的

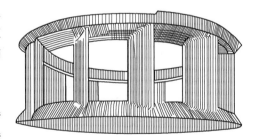

图 2.15 整体座环

环形空间内，其上、下端轴颈分别支撑在顶盖和底环内的轴套上，能绕本身轴线转动。为了减小水力损失，导叶的断面形状设计为翼形，导叶也称为活动导叶，以区别于固定导叶。

导水机构的主要作用是形成与改变进入转轮的水流速度矩并按照电力系统所需的功率调节水轮机流量。表征流量调节过程中的导叶所处位置的特征参数是导叶开度 a_0，单位为 mm。导叶开度 a_0 为任意两个相邻导叶间的最短距离。导叶最大开度 a_{0max} 相当于导叶位于径向位置时的开度，如图 2.17 中虚线所示。水轮机在 a_{0max} 开度下工作时水力损失很大，所以在实际运行时，导叶允许的最大开度 a_{0max} 应根据水轮机的效率变化和限制出力

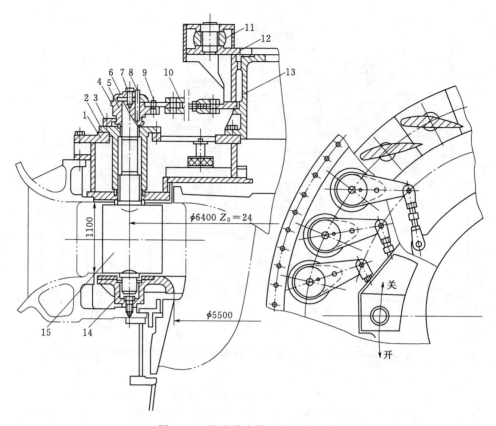

图 2.16　混流式水轮机的导水机构

1—顶盖；2—套筒；3—止推压板；4—连接板；5—转臂；6—端盖；7—调节螺钉；8—分半键；
9—剪断销；10—连杆；11—推拉杆；12—控制环；13—支座；14—底环；15—导叶

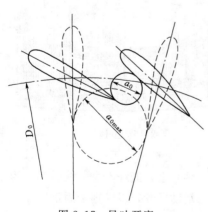

图 2.17　导叶开度

来确定。最小开度即导叶关闭位置，切断水流使水轮机停止运行。

导叶的转动是通过其转动机构来实现的。如图 2.16 所示，每个导叶轴的上端通过水轮机的顶盖与转臂相固定，转臂通过连接板，剪断销和连杆与控制环相连接。导叶操作机构的传动原理如图 2.18 所示，当接力器中的油压活塞移动时，则推拉杆带动控制环转动，使导叶的开度 a_0 亦随之发生变化。剪断销的作用是当个别导叶被杂物卡住而不能关闭时，该导叶上的剪断销被剪断，从而使被卡的导叶脱离操作机构的控制，而其余的导叶仍能正常关闭。

导叶的主要几何参数如下：

（1）导叶数 Z_0。一般与转轮直径有关，当转轮直径 $D_1=1.0\sim2.25\text{m}$ 时，$Z_0=16$；当 $D_1=2.5\sim8.5\text{m}$ 时，$Z_0=24$。

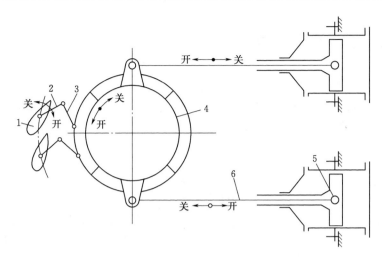

图 2.18　导叶操作机构传动原理图

1—导叶；2—拐臂；3—连杆；4—控制环；5—接力器活塞；6—推拉杆

（2）导叶相对高度 b_0/D_1。它主要与水轮机型式有关。适用水头越高的水轮机，b_0/D_1 越小。一般对于混流式水轮机，$b_0/D_1=0.1\sim0.39$；对于轴流式水轮机，$b_0/D_1=0.35\sim0.45$。

（3）导叶轴分布圆直径 D_0。它应满足导叶在最大开度时不碰到固定导叶及转轮，一般 $D_0=(1.13\sim1.16)D_1$。

4. 转轮

混流式水轮机的转轮由上冠、叶片、下环、止漏环及泄水锥组成，如图 2.19 所示。

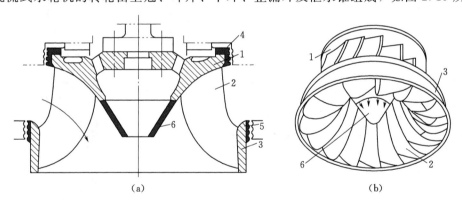

（a）　　　　　　　　　　　（b）

图 2.19　混流式水轮机的转轮

1—上冠；2—叶片；3—下环；4、5—止漏环；6—泄水锥

上冠的外形为曲面圆台体，上端用法兰盘与主轴连接，下端固定着泄水锥，用以引导径向水流平顺地过渡成轴向流动，以消除径向水流的撞击和漩涡。

转轮叶片是沿圆周均匀分布的固定于上冠和下环之间的若干个扭曲面体，其进水边扭曲度较小，而出水边扭曲度较大，其断面形状为翼形。叶片的数目通常在 12～21 片之间。

止漏环也称迷宫环，由固定部分和转动部分组成，在转轮上冠和下环的边缘处均匀安装着止漏环的转动部分，它与相对应的固定部分之间形成一系列忽大忽小的空间或迷宫状的直角转弯，以增加渗径，加大阻力，从而减小渗漏损失。

5. 尾水管

尾水管的作用是将通过转轮的水流排入下游并回收转轮出口水流的部分能量，详见 2.4 节。

2.2.1.2 轴流式水轮机

图 2.20 为轴流转桨式水轮机的结构图，可以看出，除转轮（包括转轮的流道、叶片及转桨机构）和转轮室外，其他部分均与混流式水轮机相类似。

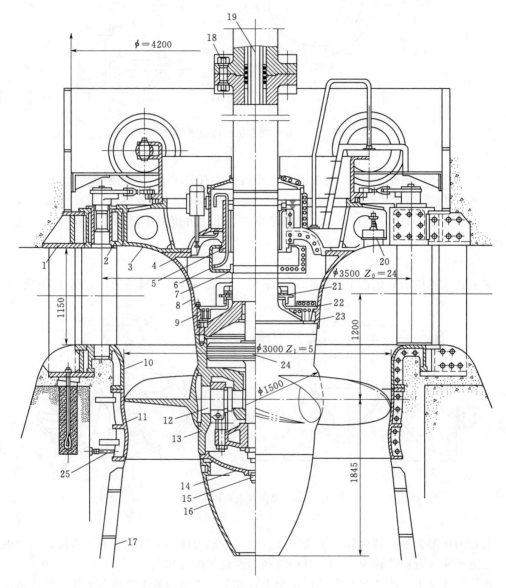

图 2.20 轴流转桨式水轮机结构图

1—座环；2—顶环；3—顶盖；4—轴承座；5—导轴承；6—升油管；7—转动油盆；8—支承盖；9—橡皮密封环；
10—底环；11—转轮室；12—叶片；13—轮毂；14—轮毂端盖；15—放油阀；16—泄水锥；17—尾水管里衬；
18—主轴连接螺栓；19—操作油管；20—真空破坏阀；21—炭精密封；22、23—梳齿形止漏环；
24—转轮接力器；25—千斤顶

轴流式水轮机的转轮主要由叶片和轮毂组成，轮毂的上部通过螺栓与主轴连接，下部与泄水锥连接。叶片（或称桨叶）是沿轮毂四周径向均匀分布的略有扭曲的翼形曲面体，其内侧弧线短，曲度和厚度较大，外侧弧线长，较薄而平整。叶片数一般为4～8片。

转桨式转轮叶片用球面法兰与轮毂连接，其转动机构安装在轮毂内，使叶片能够在一定范围内转动，以保持最优位置。其传动原理如图2.21所示，当活塞上方的油压发生改变时，活塞上、下移动，从而带动连杆和转臂使叶片1移动。叶片的转动与导叶的转动在调速器的控制下协联动作，以达到最优的运行工况。叶片转动的角度称为叶片的转角，通常以 φ 表示，并规定最优工况时的转角 $\varphi=0°$ 为起算位置，如图2.22所示。当 $\varphi>0°$ 时，叶片的斜度增加，叶片向开启方向转动；当 $<0°$ 时，叶片的斜度减小，叶片向关闭方向转动。叶片由"负"到"正"的转角范围一般为 $-15°\sim+20°$。

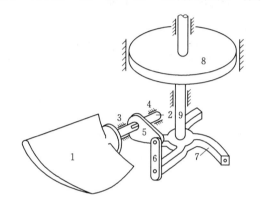

图2.21　叶片转动操作机构示意图
1—叶片；2—枢轴；3、4—轴承；5—转臂；6—连杆；
7—操作架；8—转轮接力器活塞；9—活塞杆

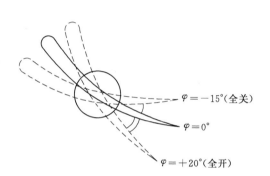

图2.22　叶片的安放角

定桨式转轮的叶片固定在轮毂上，叶片的转角 φ 始终固定在设计工况时的最优位置。

转轮的外围是转轮室，由于室壁经常受到很大的脉动水压力，所以内壁镶有钢板里衬，并用锚筋固定在外围混凝土中，下部与尾水管直锥段的钢板里衬相连接。

2.2.1.3　斜流式水轮机

斜流式水轮机除了转轮和转轮室之外，其他部分如蜗壳、座环、导水机构和尾水管等也都与混流式水轮机和高水头轴流式水轮机相同。如图2.23所示，斜流式水轮机转轮包括叶片、轮毂及其中的叶片转动机构。轮毂的外表面绝大部分为球面，叶片的转动轴线与水轮机的主轴中心线呈 $45°\sim60°$ 的锥角，叶片数介于混流式和轴流式之间，约为8～12片。

斜流式水轮机的叶片可以转动并和导叶保持协联动作。叶片的转动机构目前常用的有两种形式：一种是与轴流转桨式类似的活塞式接力器的操作机构，结构复杂，应用较少；另一种是利用刮板接力器或环形接力器带动操作盘转动，然后通过滑块、转臂带动叶片转动，这种结构简单，目前应用较多，但接力器油路密封要求较高。

斜流式水轮机转轮室的内壁也做成球面并镶以钢板，以保证与叶片外缘之间有最小的间隙（一般为 $0.001\sim0.0015D_1$），减小渗漏损失。但要注意防止转轮由于轴向水推力和温度变化等所引起的轴向位移，使叶片与转轮室相碰。可以装设轴向位移信号继电保护装置，以便在轴向位移超出允许值时可自动紧急停机。

斜流式水轮机比轴流式水轮机更能适应较高的水头和较大幅度的水头变化，而比起混流式水轮机更能适应负荷的变化，并保持有较宽广的高效区。

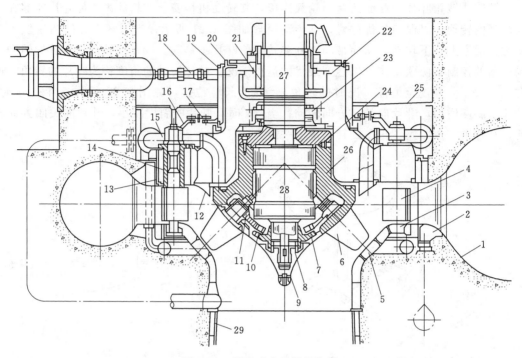

图 2.23　斜流式水轮机结构图

1—蜗壳；2—座环；3—底环；4—导叶；5—转轮室；6—叶片；7—操作盘；8—下端盘；9—泄水锥；
10—滑块；11—转臂；12—顶盖；13—顶环；14—轴套；15—水压平衡管；16—拐臂；17—连杆；
18—推拉杆；19—控制环；20—支撑架；21—导轴承；22—油盆；23—主轴密封；24—键；
25—盖板；26—轮毂；27—主轴；28—刮板接力器；29—尾水管

2.2.1.4　灯泡贯流式水轮机

图 2.24 是典型的灯泡贯流式水轮机组的结构图。这种水轮机是一种无蜗壳、无弯肘形尾水管的卧轴布置的轴流式水轮机。与主轴直接连接的发电机装在前面的灯泡形壳体内，壳体由前支柱和环形固定导叶所支撑，其中在顶部一个前支柱中间做成空心，在内部布置有检修进人孔、管路通道和电缆通道。导叶呈斜向圆锥形布置，由控制环和导叶转动机构操作其改变开度。叶片有定桨和转桨两种型式，叶片的形状及其转动操作机构与轴流转桨式相似，叶片数常为 4 片。机组的转动部分由径向导轴承 6、7 支撑，并用推力轴承 8 限制轴向位移。

灯泡形壳体可放在转轮的进水侧或尾水侧。当水头低时，灯泡体放在进水侧的机组效率较高；当水头高时，灯泡体放在尾水侧的机组强度和运行稳定性较好。

当水轮发电机组的容量较大时发电机的尺寸会很大，尤其当水头越低转速越小时更为突出，这会导致灯泡壳体的尺寸过大而使流道水力损失增加甚至难以布置。为此，常在水轮机轴与发电机轴之间用齿轮增速器来传动，使发电机的转速提高到水轮机转速的 5～10 倍，从而缩小发电机尺寸，减小灯泡体直径，改善流道的过流条件。但这种增速机构结构

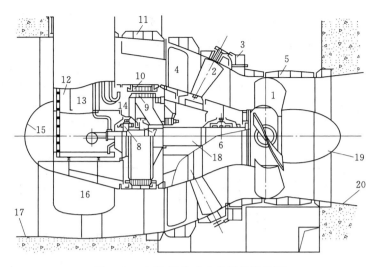

图 2.24　灯泡贯流式水轮机组结构图

1—叶片；2—导叶；3—控制环；4—后支柱（固定导叶）；5—转轮室；6—水轮机导轴承；7—发电机导轴承；
8—发电机推力轴承；9—发电机转子；10—发电机定子；11—检修进人孔；12—管路通道；
13—前支柱内的进人孔；14—电缆出线孔；15—灯泡性壳体；16—前支柱；17—进水管；
18—主轴；19—泄水锥；20—尾水管

复杂，加工工艺要求较高，传动效率一般较低，因此目前仅用于小型贯流式机组。

2.2.2　水斗式水轮机的主要组成部件[1-4]

图 2.25 是双喷嘴水斗式水轮机的结构图。来自压力管道 1 的高压水流，经喷嘴 3 形成高速射流冲击转轮 6 做功，然后经尾水槽 9 排入下游。

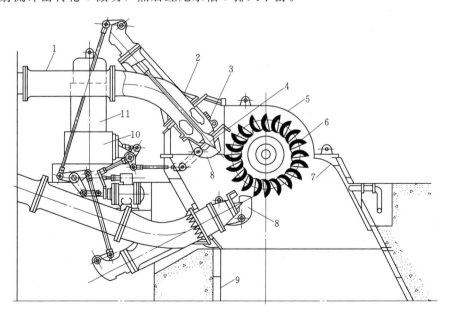

图 2.25　双喷嘴水斗式水轮机结构图

1—压力管道；2—喷嘴管；3—喷嘴；4—喷针；5—机壳；6—转轮；
7—导流板；8—折流板；9—尾水槽；10—接力器；11—调速器

水斗式水轮机的转轮由轮盘和沿轮盘圆周均匀分布的叶片所组成，因叶片的形状很像水斗而得名（图 2.26）。水斗由两个半勺形的内表面和略带倾斜的出水边组成，中间由分水刃分开，射流中心线与分水刃重合。为了避免前一水斗妨碍射流冲击后面的工作水斗，在斗叶的尖端有一缺口，缺口的大小根据射流直径确定。为了增强斗叶的强度和刚度，在水斗背面加有横肋和纵肋。大中型机组的水斗与轮盘常采用整体铸造或焊接连接。

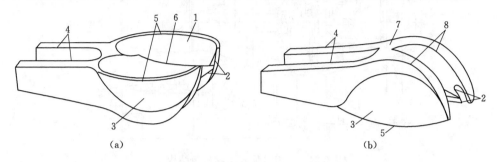

图 2.26　水斗式水轮机的转轮轮叶

1—内表面；2—缺口；3—背面；4—水斗柄；5—出水边；
6—分水刃；7—横肋；8—纵肋

水斗式水轮机的流量调节由喷针 4 和喷嘴 3 构成的针阀来实现。当喷针移动时，喷嘴出口的环形过流断面面积随之改变，当喷针移动到最前时，能起到截断水流的作用。喷针的移动由接力器 10 及其传动机构来控制。

喷嘴口外边装置了可以转动的折流板 8。在机组突然丢弃全部负荷时，首先启动折流板，在 1～2 秒内使射流全部偏离转轮，以避免转轮飞逸机组转速升高超出允许值，然后将喷针缓慢地移至全关位置，以避免喷针的快速移动导致压力钢管内产生过高的水锤压力。

对一定水头和容量的机组，增加喷嘴数目可以提高机组的转速，减小机组尺寸，降低机组造价。有时又在一根轴上装设两个或多个转轮，以提高单机出力。大中型水斗式水轮机多采用立式布置，这样便于装设多个喷嘴，也可以使厂房面积缩小。中小型水斗式水轮机通常采用卧式布置，这样可简化结构、降低造价，便于安装和维护。

2.3　反击式水轮机的蜗壳

2.3.1　蜗壳设计的基本要求[2]

对大中型反击式水轮机，为了使压力管道引来的水流能够以较小的水力损失、均匀轴对称地进入转轮，在压力管道末端和座环周围之间设置了蜗壳，其断面由进口向末端逐渐减小，形成蜗牛壳的样子，故而得名。为了提高水轮机的效率及其运行的安全稳定性，通常对蜗壳设计提出如下基本要求：

（1）过流表面应光滑平顺，水力损失小。

（2）保证水流均匀、轴对称地进入导水机构。

（3）水流在进入导水机构前应具有一定的环量，以保证在主要的运行工况下水流能以较小的冲角进入固定导叶和活动导叶，减小导水机构的水力损失。

（4）具有合理的断面形状和尺寸，以降低厂房投资及便于导水机构的接力器和传动机构的布置。

（5）具有必要的强度及合适的材料，以保证结构上的可靠性和抵抗水流的冲刷。

2.3.2　蜗壳的类型及主要参数选择[1-3]

2.3.2.1　蜗壳的类型

蜗壳根据材料可分为混凝土蜗壳和金属蜗壳两种。当水轮机的最大工作水头在40m以下时，为了节约钢材，多采用钢筋混凝土浇制的蜗壳，简称为混凝土蜗壳，考虑到施工模板制作的方便，断面形状多采用梯形。由于断面可以沿轴向上或向下延伸，在断面面积相等的情况下，它与圆形断面相比具有较小的径向尺寸，对于减小厂房尺寸和基建投资较为有利。混凝土蜗壳特别适用于低水头大流量的轴流式水轮机。当采用钢板衬砌及混凝土预应力等措施后，混凝土蜗壳的适用水头可大于40m，目前最大用到80m。

当水轮机的最大工作水头在40m以上时，蜗壳通常是由钢板焊接或由钢铸造而成，统称为金属蜗壳，为了改善蜗壳的受力状态，金属蜗壳的断面形状均采用圆形断面。这种蜗壳多适用于中高水头的混流式水轮机。金属蜗壳按其制造方法又可分为焊接、铸焊和铸造三种类型。金属蜗壳的结构型式取决于水轮机的水头和尺寸，对于尺寸较大的中、低水头混流式水轮机一般都采用钢板焊接结构（图2.27）。钢板的厚度根据蜗壳断面受力的不同而不同，由进口断面向末端逐渐减小。当蜗壳承受的内水压力过大时（$D_1 < 3m$的高水头混流式水轮机），蜗壳的钢板过厚，在成型和焊接上难以保证质量，可采用铸焊接或铸造结构。图2.28即为分成四块的铸钢蜗壳。

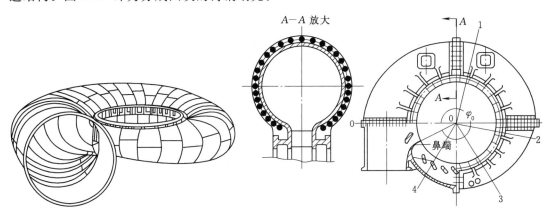

图 2.27　钢板焊接蜗壳

图 2.28　分成四块的铸钢蜗壳

0～4—蜗壳5个断面的平面位置（与图2.30相对应）

铸造蜗壳刚度较大，能承受一定外压力，故常作为水轮机的支承并在其上面直接布置导水机构及其传动装置。铸造蜗壳一般不全部埋入混凝土。焊接蜗壳的刚度较小，常埋入混凝土，在其上半圆周铺设一定厚度的软垫层，或在其内部按最大工作水头充压的情况下浇注混凝土，以减小金属蜗壳和外围混凝土间力的传递。

2.3.2.2　蜗壳的断面型式

金属蜗壳的断面形状为圆形，沿座环圆周焊接在上、下蝶形边上如图2.29所示，图

中 α 一般为 55°。在蜗壳末端由于其断面过小不能和蝶形边相接，因此采用椭圆断面，如图 2.30 中的 3、4 断面。图 2.30 中绘出了 5 个不同断面的形状，其中断面 0 为进口断面。该 5 个断面的平面位置如图 2.28 所示。

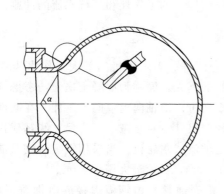

图 2.29　金属蜗壳与有蝶形边座环的连接　　　图 2.30　金属蜗壳的断面形状

蜗壳的进口断面为经过转轮中心线与引水道中心线垂直的过水断面，如图 2.28 和图 2.33 中的 0-0 断面。

混凝土蜗壳梯形断面的形式有四种，如图 2.31 所示。图 2.31 (a)、图 2.31 (b)（$m=$

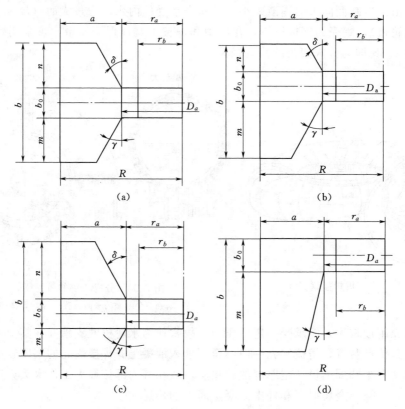

(a)　　　　　　　　　　　　　　(b)

(c)　　　　　　　　　　　　　　(d)

图 2.31　混凝土蜗壳的进口断面形状

(a) $m=n$；(b) $m>n$；(c) $m<n$；(d) $n=0$

n，$m>n$）是两种常用的型式，其优点是便于布置导水机构接力器及其传动机构和降低水轮机层的地面高程，缩短主轴长度。当尾水管高度较小，地基岩体开挖困难时，可采用图 2.31 (c) $m<n$ 的形式。图 2.31 (d) $n=0$ 的平顶蜗壳虽可以减小厂房下部混凝土量，但断面过度下伸对水流进入导水机构不利，故很少采用。

混凝土蜗壳进口断面形状的选择应满足下列条件：

（1）δ 一般为 $20°\sim30°$，常取 $\delta=30°$。

（2）当 $n=0$ 时，$r=10°\sim15°$，$b/a=1.5\sim1.7$，可达 2.0。

（3）当 $m>n$ 时，$r=10°\sim20°$，$(b-n)/a=1.2\sim1.7$，可达 1.85。

（4）当 $m\leqslant n$ 时，$r=20°\sim35°$，$(b-m)/a=1.2\sim1.7$，可达 1.85。

混凝土蜗壳进口断面形状确定后，其中间断面形状可由各断面的顶角点和底角点的变化规律确定。通常采用直线变化规律如图 2.32 (a) 中的 AB、CD 虚线，设计施工较为方便，也可采用抛物线变化规律如图 2.32 (b) 中的 EF、GH 虚线，以获得较好的水力条件。

2.3.2.3 蜗壳的包角

与蜗壳末端连接在一起的那一个特殊固定导叶的出水边称为蜗壳的鼻端。从蜗壳的鼻端至蜗壳进口断面 0-0 之间的夹角称为蜗壳的包角，常用 φ_0 表示，如图 2.28 和图 2.33 所示。

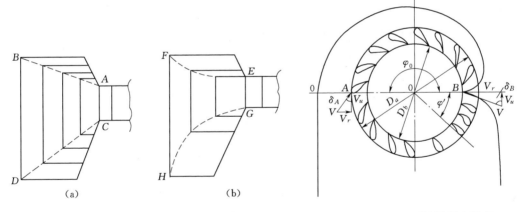

图 2.32　混凝土蜗壳的断面变化规律　　　　图 2.33　$\varphi=180°$ 的混凝土蜗壳

对于金属蜗壳，由于其过流量较小，蜗壳的外形尺寸对厂房造价影响不大，为了获得良好的水力性能并考虑到加工工艺条件限制，一般采用 $\varphi_0=345°$。

对于混凝土蜗壳，由于其过流量较大，其外形尺寸常成为厂房大小的控制尺寸，直接影响厂房土建投资，通常采用 $\varphi_0=180°\sim270°$。这种包角的蜗壳有一大部分水流未进入蜗形流道，从而缩小了蜗壳的进口断面尺寸。在非蜗形流道部分，水流直接从引水道进入座环和导叶，形成了导水机构的非对称入流，加重了导叶的负担，对转轮工作不利，因此将鼻端上游 1/4 圆周内的固定导叶加密并做成适于环流的曲线形状，如图 2.33 所示。

2.3.2.4 蜗壳进口断面平均流速 V_c

当蜗壳的进口断面形状和包角 φ_0 确定后，蜗壳进口断面的平均流速选得大些，可以得到较小的蜗壳断面尺寸，但水力损失增大。V_c 值可根据水轮机设计水头 H_r 从图 2.34 中的经验曲线查取。一般情况下可取中间值，对金属蜗壳和有钢板里衬的混凝土蜗壳可取上限值；当布置上不受限制时，也可取下限制，但 V_c 不应小于引水道中的流速。

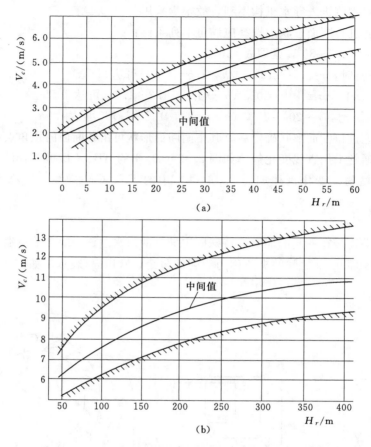

图 2.34　蜗壳进口端面平均流速曲线
（a）适用水头小于 60m 的情况；（b）适用水头 50～400m 的情况

2.3.3　蜗壳的水力计算[2]

蜗壳水力计算的目的是确定蜗壳各断面的几何形状和尺寸，并绘制蜗壳平面和断面单线图。这是水电站厂房布置设计中的一项重要工作。蜗壳水力计算是在已知水轮机设计水头 H_r 及其相应的最大引用流量 Q_{max}、导叶高度 b_0，座环固定导叶外径 D_a 和内径 D_b 及选定蜗壳进口断面形状、包角 φ_0 和平均流速 V_c 的情况下进行的。根据这些已知参数可以求出进口断面的尺寸，但其他断面尺寸的计算尚需依据水流在蜗壳中的运动规律才能进行。

2.3.3.1　蜗壳中水流运动

水流进入蜗壳以后，受到蜗壳内壁约束而形成一种旋转流动，使水流在进入座环之前就具有一定的环量，从而使水流平顺地以较小的撞击损失进入固定导叶和活动导叶。水流在蜗壳中的速度可以分解为径向分速度 v_r 和圆周分速度 v_u，如图 2.35 所示，在进入座环时，按照均匀轴对称入流的要求，在座环进口四周各点处的水流径向分速度 V_r 应为一常

数，其值为

$$V_r = \frac{Q_{\max}}{\pi D_a b_0} = \text{常数} \qquad (2.1)$$

对于圆周分速度 V_u 沿径向的变化规律，应用中有两种不同的假定：

（1）任一断面上沿径向各点的水流速度矩等于一个常数：

$$V_u r = K \qquad (2.2)$$

式中：r 为考察点位置的半径；K 为常数，蜗壳内任一点的 K 相等，通常称其为蜗壳常数。

（2）任一断面上沿径向各点的水流圆周分速度等于一个常数：

$$V_u = C \qquad (2.3)$$

式中：C 为常数，显然 $C = V_c$。

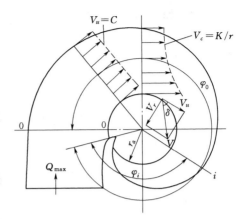

图 2.35 蜗壳中的水流运动

采用式（2.2）假定时，可使导水机构进口的水流环量分布满足均匀、轴对称的要求。而采用式（2.3）假定设计的蜗壳在其尾部流速较小，断面尺寸较大，有利于减小水头损失，并便于加工制造，但不能保证进入导水机构的水流环量的对称性。

在水电站设计时，蜗壳尺寸最终应采用水轮机制造厂家提供的数据。在初步设计估算时，建议采用式（2.3）假定，因为其水力计算方法简单，而计算结果与式（2.2）假定的计算结果很接近，能够满足厂房初步设计的精度要求。

2.3.3.2 金属蜗壳的水力计算

（1）对于任一断面，为了保证流量均匀地进入导水机构，则通过任一断面 i 的流量应为

$$Q_i = Q_{\max} \frac{\varphi_i}{360°} \qquad (2.4)$$

式中：φ_i 为从蜗壳鼻端至断面 i 的包角，如图 2.35 所示。

近似取断面 i 的过水面积为一个紧靠在固定导叶外侧的完整的圆形断面面积，如图 2.36 所示（图中 $r_a = D_a/2$，$r_b = D_b/2$）。

则根据式（2.3）、式（2.4）可得该断面的尺寸：

断面半径 $\qquad \rho_i = \sqrt{\dfrac{Q_i}{\pi V_c}} = \sqrt{\dfrac{Q_{\max} \varphi_i}{360° \pi V_c}} \qquad (2.5)$

断面中心距 $\qquad a_i = r_a + \rho_i \qquad (2.6)$

断面外半径 $\qquad R_i = r_a + 2\rho_i \qquad (2.7)$

（2）对于进口断面，将 $\varphi_i = \varphi_0$ 代入式（2.4）～式（2.7）即可求出进口断面的 Q_0、ρ_0、a_0 和 R_0 的值。

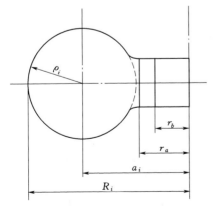

图 2.36 金属蜗壳的水力计算

利用式（2.4）～式（2.7），根据计算要求，取

35

若干个 φ_i 断面计算，便可绘制出蜗壳断面单线图（图 2.30）和平面单线图（图 2.37）。在蜗壳尾部需要按等面积法将其近似修正成相应的椭圆形断面的尺寸。

2.3.3.3　混凝土蜗壳的水力计算

混凝土蜗壳的水力计算采用半图解法较为方便，如图 2.38 所示。其计算方法及步骤如下：

（1）根据式（2.4）计算蜗壳进口断面的面积：

$$F_0 = \frac{Q_0}{V_c} = \frac{Q_{max}\varphi_0}{360°V_c} \tag{2.8}$$

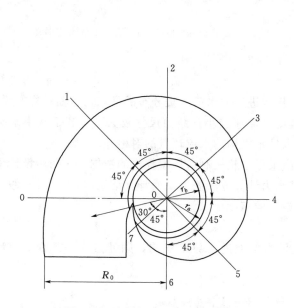

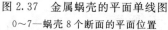

图 2.37　金属蜗壳的平面单线图

0～7—蜗壳 8 个断面的平面位置

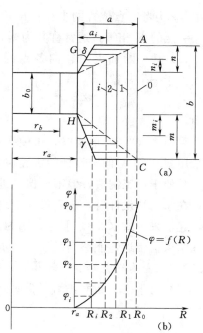

图 2.38　混凝土蜗壳的水力计算

根据选定的蜗壳进口断面形状，即可求出面积为 F_0 的断面尺寸，如图 2.38（a）中的 a、b、m、n 及 R_0。

（2）确定中间断面的顶角点、底角点变化规律，如图 2.38（a）所示，若采用直线变化规律，则 AG、CH 直线的方程为：

对 AG 直线：

$$n_i = k_1 a_i \tag{2.9}$$

对 CH 直线：

$$m_i = k_2 a_i \tag{2.10}$$

式中：k_1、k_2 为系数，可由进口断面尺寸确定，$k_1 = n/a$、$k_2 = m/a$。

（3）绘制 $\varphi = F(R)$ 辅助曲线。在进口断面内做出若干个中间断面，如图 2.38（a）中的 $0,1,2,\cdots,i$ 断面，其外半径为 R_i（$i=1,2,\cdots$）。由于 $a_i = R_i - r_a$，因此结合式（2.9）、式（2.10）可求出对应的每一个 R_i 的中间断面的尺寸 a_i、n_i、m_i 及 $b_i = b_0 + n_i +$

m_i，从而求出个中间断面的面积

$$F_i = a_i b_i - \frac{1}{2} m_i^2 \tan\gamma - \frac{1}{2} n_i^2 \tan\delta \ (i = 1, 2, 3, \cdots)$$
(2.11)

又根据式（2.3）、式（2.4）及式（2.8）可得各中间断面面积 F_i 与其包角 φ_i 的关系为

$$\varphi_i = \frac{\varphi_0}{F_0} F_i \ (i = 1, 2, 3, \cdots) \quad (2.12)$$

将对应每一个 R_i 求出 φ_i 值点绘制于图 2.38（b），并光滑连成曲线，即得到 $\varphi = F(R)$ 辅助曲线。

（4）根据计算需要，选定若干个 φ_i（一般每隔 15°、30°或 45°取一个）由图 2.38 查

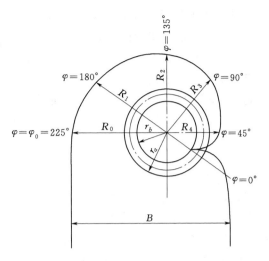

图 2.39 混凝土蜗壳的平面单线图

出相应的 R_i 及其断面尺寸，便可绘制出蜗壳断面单线图，如图 2.38（a），以及蜗壳平面单线图，如图 2.39 所示。在绘制平面单线图时，其进口宽度 B 一般取 $B = R_0 + D_1$，D_1 是转轮直径，其鼻端附近的非蜗形流道曲面边界一般由模型试验研究确定。

2.4 反击式水轮机的尾水管

尾水管是反击式水轮机的重要过流部件，其型式和尺寸在很大程度上影响到水电站下部土建工程的投资和水轮机运行的效率及稳定性。因此，合理地选择尾水管的型式和尺寸，在水电站的设计中具有重要意义。

2.4.1 尾水管的作用[2-3]

图 2.40 给出了有、无尾水管的两台水轮机的水能利用情况。两台水轮机的转轮型号、直径 D_1、流量 Q 以及上、下游水位均完全相同，其中一台无尾水管，一台有尾水管，尾水管出口淹没深度取为零。转轮出口水流的速度为 v_2，则水流离开转轮时尚存一部分未被利用的能量。如图 2.40 所示，在进口水能相同的条件（$H_1 + p_a/\gamma$）下（H_1 为转轮进

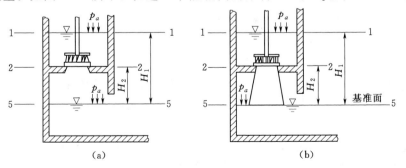

图 2.40 尾水管作用分析简图
(a) 无尾水管；(b) 装置直锥形尾水管

口相对基准面 5-5 的静水头；p_a 为大气压力；γ 为水的重度），转轮所利用的有效水能直接取决于其出口的能量损失 E_2。E_2 越小，转轮效率越高。

（1）当水轮机不设置尾水管时，如图 2.40（a）所示，水流自转轮流出后即进入大气并自由落入下游水面，此时转轮出口 2-2 断面的相对压力 p_2 为大气压 p_a，则无尾水管的水轮机转轮出口 2-2 断面处的单位能量 E_{2A} 为

$$E_{2A}=\frac{p_a}{\gamma}+H_2+h_{v_2} \tag{2.13}$$

$$h_{v_2}=\frac{\alpha_2 v_2^2}{2g}$$

式中：γ 为水的重度；H_2 为转轮出口 2-2 断面到下游水面 5-5 的位置高度；h_{v_2} 为转轮出口水流动能；α_2 为转轮出口 2-2 断面的断面动能不均匀系数；v_2 为断面平均流速。

（2）当水轮机装装设圆锥形尾水管并保持封闭，如图 2.40（b）所示，此时，转轮出口 2-2 断面即尾水管进口的相对压力 p_2 不再是大气压 p_a，则装有尾水管的水轮机转轮出口 2-2 断面的单位能量 E_{2B} 为

$$E_{2B}=\frac{p_2}{\gamma}+H_2+h_{v_2} \tag{2.14}$$

p_2 值可由 2-2 断面与尾水管出口 5-5 断面的伯努利方程求得

$$\frac{p_2}{\gamma}+H_2+h_{v_2}=\frac{p_a}{\gamma}+h_{v_5}+\Delta h_{2-5} \tag{2.15}$$

$$h_{v_5}=\frac{\alpha_5 v_5^2}{2g}$$

式中：h_{v_5} 为尾水管出口水流动能；α_5 为尾水管出口 5-5 断面的断面动能不均匀系数；v_5 为尾水管出口 5-5 断面的流速；Δh_{2-5} 为 2-2 断面到 5-5 断面的水头损失。

由此可得

$$\frac{p_2}{\gamma}=\frac{p_a}{\gamma}-H_2-(h_{v_2}-h_{v_5}-\Delta h_{2-5}) \tag{2.16}$$

将式（2.16）代入式（2.14）可得

$$E_{2B}=\frac{p_a}{\gamma}+h_{v_5}+\Delta h_{2-5} \tag{2.17}$$

将式（2.13）与式（2.17）相减，即可得到装设尾水管后水轮机转轮单位能量损失的减小值，即转轮从水中多获得的单位能量值为

$$\Delta E=E_{2A}-E_{2B}=H_2+(h_{v_2}-h_{v_5}-\Delta h_{2-5}) \tag{2.18}$$

式（2.18）表明，装设尾水管后，水轮机转轮利用的能量增加了 ΔE。ΔE 值即为尾水管所回收的转轮出口的水能，它包括转轮出口至下游水位的位置水头 H_2 和转轮出口的部分动能。

比较式（2.18）与式（2.16）可得，$\Delta E=(p_a-p_2)/\gamma$。这说明尾水管回收转轮出口水能的途径是使转轮出口 2-2 断面出现压力降低，形成真空，增大转轮的利用水头。因此，常将式（2.18）中的 H_2 项称为静力真空，它表示尾水管利用转轮出口至下游水位的静水头所产生的真空值；而将 $(h_{v_2}-h_{v_5}-\Delta h_{2-5})$ 项称为动力真空，它表示尾水管利用其

逐渐扩散的断面使水流动能减小所产生的真空值。

综述所述，尾水管的作用可以归纳为：

（1）汇集并引导转轮出口水流排往下游。

（2）当 $H_2 > 0$ 时，以静力真空的方式利用了这一高度水流所具有的位能。

（3）以动力真空的方式回收转轮出口水流的部分动能。

由于尾水管所产生的静力真空 H_2 主要取决于水轮机的安装高程，与尾水管的性能无直接关系，所以衡量尾水管性能的好坏的指标主要是看它对转轮出口水流动能的回收利用程度，常用尾水管动能恢复系数 η_ω 来表征：

$$\eta_\omega = \frac{h_{v_2} - h_{v_5} - \Delta h_{2-5}}{h_{v_2}} \tag{2.19}$$

尾水管动能恢复系数 η_ω 表示尾水管回收转轮出口水流动能的相对值，如果尾水管出口面积无穷大，则 $v_5 = 0$，并假定其内部总水力损失为 $\Delta h_{2-5} = 0$，则 $\eta_\omega = 100\%$，表示尾水管全部回收了转轮出口水流的动能。实际情况下，η_ω 约为 80% 左右。

尾水管的总水能损失为其出口动能损失和内部水力损失之和，即

$$\sum h = h_{v_5} + \Delta h_{2-5} = \xi_\omega h_{v_2} \tag{2.20}$$

式中：$\sum h$、ξ_ω 为尾水管的总水能损失及其系数。

将式（2.20）代入式（2.19）可得尾水管动能恢复系数 η_ω 的另一种表示形式：

$$\eta_\omega = 1 - \xi_\omega \tag{2.21}$$

对于不同形式的水轮机，由于其转轮出口 h_{v_2} 的大小不同，即使尾水管的性能相同，其回收的动能的绝对值大小也不同。例如，对于低水头轴流式水轮机，其 h_{v_2} 值可以达到总水头 H 的 40%；而对于高水头混流式水轮机，其 h_{v_2} 值有时还不到总水头 H 的 1%。由此可见，尾水管性能的好坏对于低水头水轮机是极其重要的，直接影响水轮机的效率；而对于高水头水轮机，从保证机组效率的角度看，它的影响不大。

2.4.2 尾水管型式及主要尺寸的确定[2-3]

目前尾水管最常用的有直锥形、弯锥形和弯肘形三种型式，如图 2.40～图 2.42 所示。

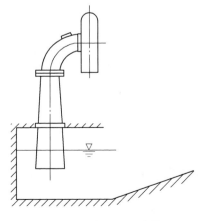

图 2.41　弯锥形尾水管

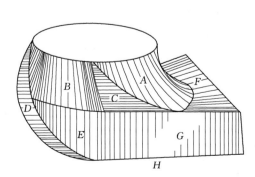

图 2.42　标准混凝土肘管的透视图

其中直锥形尾水管结构简单，性能最好（η_w 可达 $80\%\sim85\%$），但其下部开挖工程量较大，因此一般用于小型水轮机。弯锥形尾水管是一种常用于小型卧式水轮机中的一种尾水管，转弯段水力损失较大，所以其性能较差，η_w 约为 $40\%\sim60\%$。弯肘形尾水管不但可以减小尾水管开挖深度，而且具有良好的水力性能，η_w 可达 $75\%\sim80\%$，除贯流式机组外几乎所有的大中型水轮机均采用这种型式的尾水管。

弯肘形尾水管由进口直锥段、中间肘管段和出口扩散段三部分组成。现将各部分型式和尺寸的选择分述如下：

1. 进口直锥段

进口直锥段是一段垂直的圆锥形扩散管，D_3 为直锥段的进口直径，对于混流式水轮机由于直锥段与基础环相连，可取 D_3 等于转轮出口直径 D_2；对于轴流转桨式水轮机直锥管与转轮室里衬相连接，可取 $D_3=0.973D_1$。锥管的单边扩散角 θ 最优值：对于混流式水轮机可取 $\theta=7°\sim9°$；对轴流转桨式水轮机可取 $\theta=8°\sim10°$；h_3 为直锥管段的高度，增大 h_3 可以减小肘管的入口流速以减小水头损失。为了防止旋转水流和涡带脉动压力对管壁的破坏，一般在混凝土内壁做钢板里衬。

2. 中间弯肘段（肘管）

中间弯肘段常称为肘管，它是一段 90°转弯的变截面弯管，进口断面为圆形，出口断面为矩形。水流在肘管中由于转弯受到离心力作用，使得压力和流速的分布很不均匀，而在转弯后流向水平段时又形成了扩散，因而在肘管中产生了较大的水力损失。由于肘管中水流运动和断面变化的复杂性，目前尚无法采用理论计算的办法来完成肘管断面形状和尺寸设计，通常只能经过反复试验后才能找到一些性能良好的肘管型式。工程中多采用混凝土浇筑的肘管，为了施工模板制作的方便，它是由许多几何面组成的，如图 2.42 所示；这些几何面分别为：圆环面 A、斜圆锥面 B、斜平面 C、水平圆柱面 D、垂直圆柱面 E、水平面 F、垂直面 G 和底部水平面 H。

由于肘管的形状太复杂，肘管内一般不设金属里衬。当水头大于 150m 或尾水管内平均流速大于 6m/s 时，为防止高速水流、高含沙量水流对肘管内部混凝土的冲刷和磨蚀，一般应设金属里衬。为便于里衬钢板成形，肘管形状常为由进口的圆形经椭圆过渡到出口的矩形。

3. 出口扩散段

出口扩散段是一段水平放置断面为矩形的扩散管，其出口宽度一般与肘管出口宽度相等，顶板向上倾斜，仰角 α 一般取 $10°\sim13°$。长度 $L_2=L-L_1=(2\sim3)D_1$；底板呈水平。当出口宽度较大时，可按结构要求加设中间支墩，如图 2.43 所示。出口扩散段内通常不加金属里衬。

4. 尾水管的高度与水平长度

尾水管的总高度 h 和总长度 L 是影响尾水管性能的重要因素。总高度 h 是导叶底环平面至尾水管底板的高度。由于肘管尺寸是经反复试验确定并不允许轻易变更，h_1 和 h_2 由转轮结构确定，所以增大尾水管高度通常是指增大直锥管的高度 h_3。增大尾水管的高度 h，对减小水力损失和提高 η_w 是有利的，特别是对大流量轴流式水轮机更为显著。对混流式水轮机，增大尾水管的高度有利于降低尾水管真空涡带对机组运行稳定性的影响。

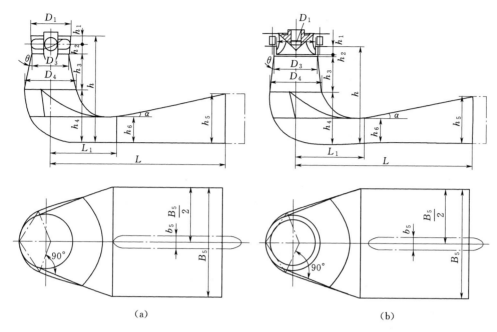

图 2.43 弯肘形尾水管
(a) 轴流式水轮机尾水管；(b) 混流式水轮机尾水管

但过分增大尾水管的高度，会加深厂房的开挖，增加土建投资。根据实践经验，尾水管高度 h 应满足如下要求：对转桨式水轮机，$h \geqslant 2.3D_1$，最低不得小于 $2.0D_1$；对低比转速混流式水轮机（$D_1 > D_2$）取 $h \geqslant 2.2D_1$；对于高比转速混流式水轮机（$D_1 < D_2$）取 $h \geqslant 2.6D_1$，为保证机组运行稳定性最低不得小于 $2.3D_1$。

尾水管的总长度 L 是指从机组中心到尾水管出口断面的水平距离，增长 L 会使尾水管出口断面增大，从而可减小出口流速以提高 η_w，但过分增长 L 会导致尾水管内部水力损失及厂房尺寸增大。通常取 $L = (3.5 \sim 4.5)D_1$。

5. 推荐的尾水管尺寸

对于图 2.43 所示的混流式和轴流式水轮机尾水管现已有定型化资料可供初步设计时选用，在一般情况下，其尺寸可根据表 2.4 确定[2]。图 2.43 中的 h_1 和 h_2 可按转轮型号从结构确定。在实际水电站设计设计时，应采用水轮机制造厂家提供的尺寸。

表 2.4　　　　　　　　　　　　　　　　推荐的尾水管尺寸表

h/D_1	L/D_1	B_5/D_1	D_4/D_1	h_4/D_1	h_6/D_1	L_1/D_1	h_5/D_1	肘形型式	适用范围
2.2	4.5	1.808	1.10	1.10	0.574	0.94	1.30	金属里衬肘管 $h_4/D_1=1.1$	混流式 $D_1 > D_2$
2.3	4.5	2.420	1.20	1.20	0.600	1.62	1.27	标准混凝土肘管	轴流式
2.6	4.5	2.720	1.35	1.35	0.675	1.82	1.22	标准混凝土肘管	混流式 $D_1 \leqslant D_2$

表 2.4 所列的标准混凝土肘管型式如图 2.44 所示，图中各线性尺寸列于表 2.5，图中和表中所列数据都是当 $h_4 = D_4 = 1000\text{mm}$ 时的数据，应用时需要乘以选定的 h_4（或与之相等的 D_4）。

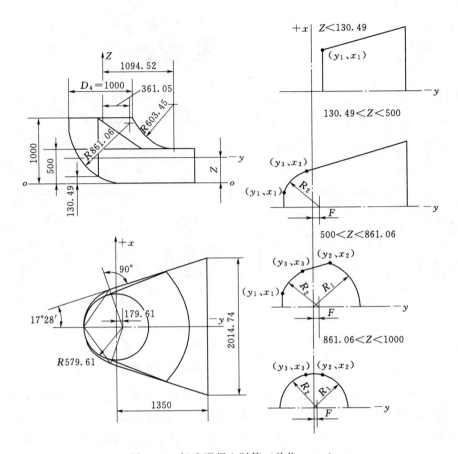

图 2.44   标准混凝土肘管（单位：mm）

表 2.5 标准混凝土肘管尺寸表 单位：mm

Z	y_1	x_1	y_2	x_2	y_1	x_1	R_1	R_2	F
50.00	−71.90	605.20							
100.00	41.70	569.45							
150.00	124.56	542.45			94.36	552.89		579.61	79.61
200.00	190.69	512.72			94.36	552.89		579.61	79.61
250.00	245.60	479.77			94.36	552.89		579.61	79.61
300.00	292.12	444.70			94.36	552.89		579.61	79.61
350.00	331.94	408.13			94.36	552.89		579.61	79.61
400.00	366.17	370.44			94.36	552.89		579.61	79.61
450.00	395.57	331.91			94.36	552.89		579.61	79.61
500.00	420.65	292.72	−732.66	813.12	94.36	552.89	1094.52	579.61	79.61
550.00	441.86	251.18	−457.96	720.84	99.93	545.79	854.01	571.65	71.65
600.00	459.48	209.85	−344.72	679.36	105.50	537.70	761.82	563.69	63.69
650.00	473.74	168.80	−258.78	646.48	111.07	530.10	696.36	555.73	55.73

Z	y_1	x_1	y_2	x_2	y_1	x_1	R_1	R_2	F
700.00	484.81	128.09	-187.07	618.07	122.22	522.51	645.71	547.77	47.77
750.00	492.81	87.76	-124.36	592.50	127.79	514.92	605.41	539.80	39.80
800.00	497.84	47.86	-67.85	568.80	127.79	507.32	572.92	531.84	31.84
850.00	499.94	8.00	-15.75	546.65	133.36	499.73	546.87	523.88	23.88
900.00	500.00	0.00	33.40	525.33	138.93	492.13	526.40	515.92	15.92
950.00	500.00	0.00	81.50	504.36	144.50	484.54	510.90	507.96	7.96
1000.00	50.00	0.00	150.07	476.95	150.07	476.95	500.00	500.00	0.00

2.4.3 尾水管局部尺寸变动

在水电站厂房设计中，由于地形、地质的原因和为了使厂房布置得更加紧凑合理，在不过分影响尾水管性能指标的前提下，按照要求允许对所选出的尾水管做适当的变动，有些尺寸的变动需要（如高度 h 小于推荐的下限值）经过水轮机制造厂家的同意，并需要通过充分的论证或试验研究后才可确定。常见的尺寸变动形式和允许的变动范围有以下几种：

（1）当厂房底部岩石开挖受到限制时，一般不采取减小尾水管的高度 h，而是将尾水管出口扩散段底板向上倾斜，如图 2.45（a）所示，其倾斜角 β 一般不超过 $6°\sim12°$（高水头水轮机可取上限值）。试验证明，这种变动对尾水管性能影响不大。

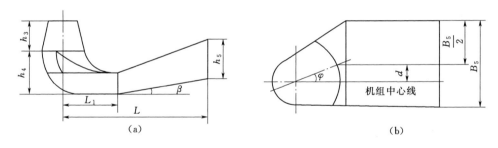

图 2.45 尾水管的局部尺寸变动

（2）对大中型反击式水轮机，由于蜗壳的尺寸很大，厂房机组段的长度很大程度上取决于蜗壳的宽度。而蜗壳的宽度在机组中心线两边是不对称的，若采用对称的尾水管则可能增大厂房机组段的长度。此时，常采用不对称布置的尾水管，即将出口扩散段的中心线向蜗壳进口侧偏心布置，如图 2.45（b）所示。偏心距 d 由厂房布置确定，偏移后肘管的水平长度 L_1 和各断面的形状保持不变，只是水平出水段的中心线转动了一个角度 φ 及其两侧的长度变得不等了。

（3）在地下式水电站中，为了保持岩石的稳定，常将尾水管水平扩散段的断面做成高而窄的形状。例如，将 $h=2.6D_1$ 的标准尾水管变成 $h=3.5D_1$、$B_5=(1.5\sim2.0)D_1$ 的高窄形状时，经验表明，其性能指标和运动稳定性未受到影响，也不会增大电站的土建投资。

（4）在地下式水电站中，为了适应地形、地质条件及厂房布置的需要，常需要采用超长度的尾水管（目前国内最大取到 $L=108D_1$），此时需要对转轮出口真空度大小及机组的抬机可能性进行充分的理论论证或试验研究。从国内已建成的长尾水管运行状况看，部分机组的尾水管效率有所下降，但机组运行稳定性未受影响。

2.5　水轮机的基本工作原理

2.5.1　水轮机的工作参数[2]

水轮机的工作状况（简称工况）及其工作性能常用水头、流量、转速、出力和效率等工作参数来描述。关于这些参数的基本意义分述如下。

2.5.1.1　水头

水轮机的水头，也称工作水头、净水头，是指单位重量的水体通过水轮机时的能量减少值，常用 H 表示，单位 m。如图 2.46 所示，水头 H 为水轮机进口断面 A-A 和出口断面 B-B 的单位重量水体的能量之差。可写成

$$H=E_A-E_B=\left(Z_A+\frac{P_A}{\gamma}+\frac{\alpha_A v_A^2}{2g}\right)-\left(Z_B+\frac{P_B}{\gamma}+\frac{\alpha_B v_B^2}{2g}\right) \tag{2.22}$$

$$\gamma=\rho g\approx 9810\text{N/m}^3=9.81\text{kN/m}^3$$

式中：E 为单位重量水体的能量，m；Z 为相对某一基准的位置高度，m；P 为相对压力，N/m^2 或 Pa；γ 为水的重度；ρ 为水的密度；g 为重力加速度；α 为断面动能不均匀系数；v 为断面平均流速；下标 A 或 B 者分别表示 A、B 两点的相应参数。

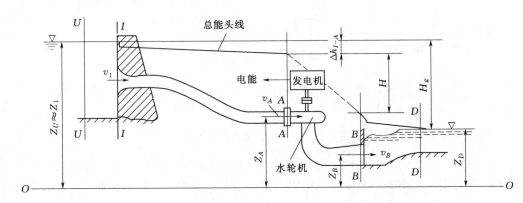

图 2.46　水电站水轮发电机组装置原理图

与水轮机水头 H 密切相关的是水电站毛水头 H_g，当忽略上、下游 U-U、D-D 断面处的大气压差异和行进流速差异时，$H_g=E_U-E_D=Z_U-Z_D$，即为上、下游的水位差。因此，H_g 也常称为水电站静水头。由于断面 U-U、A-A 和断面 B-B、D-D 之间的伯努利方程为

$$E_U=E_A+\Delta h_{U\text{-}A} \tag{2.23}$$

$$E_B=E_D+\Delta h_{B\text{-}D} \tag{2.24}$$

式中：Δh_{U-A} 为断面 $U-U$ 至断面 $A-A$ 的总水头损失，m；Δh_{B-D} 为断面 $B-B$ 至断面 $D-D$ 的总水头损失，m。

由于断面 $U-U$ 至断面 $I-I$ 行进流速水头损失很小，可忽略，因此 Δh_{U-A} 可取为 Δh_{I-A}。

将式（2.23）和式（2.24）代入式（2.22）得

$$H = H_g - \Delta h_{I-A} - \Delta h_{B-D} \tag{2.25}$$

在实际计算中，可忽略式（2.25）中的 Δh_{B-D} 项，即相当于把水轮机的出口断面改取在有一定距离的下游 $D-D$ 断面处。此时水轮机的水头 H 可表示为

$$H = H_g - \Delta h_{I-A} \tag{2.26}$$

式中：Δh_{I-A} 为包括进口局部水头损失在内的引水道总水头损失，m。

式（2.26）表明，水轮机的工作水头即等于水电站毛水头扣除压力引水系统中水头损失后的净水头，这也就是水轮机利用的有效水头。

水轮机水头随着水电站上、下游水位的变化而变化。为此，常用下列 4 个特征水头来表征水轮机的运行范围和工作特性。这些特征水头由水能计算确定。

（1）最大水头 H_{max}，是允许水轮机运行的最大净水头。它对水轮机结构的强度设计有决定性的影响。

（2）最小水头 H_{min}，是保证水轮机安全、稳定运行的最小净水头。

（3）平均水头 H_{av}，是在一定期间内（视水库调节性能而定），所有可能出现水轮机水头的加权平均值，是水轮机在其附近运行时间最长的净水头。

（4）设计水头 H_r，是水轮机发出额定出力时所需要的最小净水头。

2.5.1.2 流量

水轮机的流量是指单位时间内通过水轮机的水体体积，常用 Q 表示，单位为 m^3/s。在设计水头 H_r 下，水轮机以额定转速、额定出力运行时所对应的过水流量称为设计流量（也称额定流量）Q_r。设计流量是水轮机发出额定出力时所需要的最大流量。

2.5.1.3 转速

水轮机的转速是水轮机转轮在单位时间内的旋转周数，常用 n 表示，单位为 r/min。

对于大中型水轮发电机组，水轮机主轴与发电机主轴用法兰直接刚性连接，所以水轮机转速必须与发电机的标准同步转速相等，必须满足下列关系式：

$$f = \frac{nP}{60}(\text{Hz}) \tag{2.27}$$

式中：f 为电网规定的电流频率，Hz，我国电网 $f=50$Hz；P 为发电机磁极对数。

由此可得，机组转速与发电机磁极对数的关系式为

$$n = \frac{3000}{P}(\text{r/min}) \tag{2.28}$$

表 2.6 为不同磁极对数的发电机标准同步转速[2]，对于主轴直接连接的水轮发电机组，发电机的同步转速也就是该机组及其水轮机的额定转速 n_r。

表 2.6　　　　　　　　　　　　磁极对数与同步转速关系表

磁极对数	3	4	5	6	7	8	9
同步转速 $n/(\text{r/min})$	1000	750	600	500	428.6	375	333.3
磁极对数 P	10	12	14	16	18	20	22
同步转速 $n/(\text{r/min})$	300	250	214.3	187.5	166.7	150	136.4
磁极对数	24	26	28	30	32	34	36
同步转速 $n/(\text{r/min})$	125	115.4	107.1	100	93.8	88.2	83.3
磁极对数 P	38	40	42	44	46	48	50
同步转速 $n/(\text{r/min})$	79	75	71.4	68.2	65.2	62.5	60

2.5.1.4　出力

水轮机的输入功率为单位时间内通过水轮机的水流的总能量，用 N_ω 表示，则

$$N_\omega = \gamma QH = 9.81QH \tag{2.29}$$

水轮机的输出功率为水轮机主轴传递给发电机的功率，常称为水轮机出力，用 N 表示，单位 kW。

在设计水头、设计流量和额定转速下，水轮机主轴的输出功率称为水轮机的额定出力 N_r。

2.5.1.5　效率

由于水流通过水轮机时存在一定的能量消耗，所以水轮机出力 N 总是小于其输入功率 N_ω，通常把 N 与 N_ω 的比值称为水轮机的效率，用 η 表示，即

$$\eta = \frac{N}{N_\omega} = \frac{N}{\gamma QH} \tag{2.30}$$

当今大中型水轮机的最高效率，轴流式已达到 95% 以上，混流式已到达 96% 以上，冲击式在 93% 左右。

由式（2.30）水轮机的出力还可以写成

$$N = N_\omega \eta = \gamma QH\eta(\text{kW}) \tag{2.31}$$

根据动量矩定理，水轮机出力 N 还可以写成

$$N = M\omega = M\frac{2\pi n}{60}(\text{W}) = \frac{nM}{9550}(\text{kW}) \tag{2.32}$$

式中：ω 为水轮机旋转角速度，rad/s；M 为水轮机主轴输出的旋转力矩，N·m。

N_ω 与 N 的差值是水轮机能量转换过程中所产生的能量损失。这些损失常按特性分解为下列几种：水力损失、容积损失和机械损失。相应于各类损失的效率分别称为水力效率 η_H、容积效率 η_V 和机械效率 η_m。

1. 水力损失和水力效率

水流经过水轮机的蜗壳、座环、导水机构、转轮及尾水管等过流部件时由于摩擦、撞击、涡流、脱流等所产生的能量损失统称为水力损失，这种损失与流速的大小、过流部件的形状及其表面的粗糙度有关，水力损失是水轮机能量损失中的主要部分。设水轮机的工

作水头为 H，流量为 Q，水力损失为 $\sum \Delta H$，则水轮机的有效水头 H_e 和水力效率 η_H 为

$$H_e = H - \sum \Delta H \tag{2.33}$$

$$\eta_H = \frac{\gamma Q (H - \sum \Delta H)}{\gamma Q H} = \frac{H_e}{H} \tag{2.34}$$

2. 容积损失和容积效率

在水轮机运行过程中，有一小部分流量 $\sum q$ 从水轮机固定部分与转动部分之间的间隙（如混流式水轮机上、下止漏环间隙；轴流式和斜流式水轮机叶片与转轮室之间的间隙等）中流出，这部分流量没有对转轮做功，所以称为容积损失。设进入水轮机的流量为 Q，则进入水轮机的有效流量及水轮机容积效率为

$$Q_e = Q - \sum q \tag{2.35}$$

$$\eta_V = \frac{\gamma (Q - \sum q) H_e}{\gamma Q H_e} = \frac{Q_e}{Q} \tag{2.36}$$

在同时考虑水力损失和容积损失后，水流传给转轮的功率称为有效功率 N_e：

$$N_e = \gamma (Q - \sum q)(H - \sum \Delta H) = \gamma Q_e H_e \tag{2.37}$$

3. 机械损失和机械效率

水流作用在转轮的有效功率不可能全部转换成出力 N，其中有一小部分功率 ΔN_m 消耗在各种机械损失上，如轴承及轴封处的摩擦损失、转轮外表面与周围水体之间的摩擦损失等。因此水轮机的出力 N 为

$$N = N_e - \Delta N_m \tag{2.38}$$

因此，机械效率为

$$\eta_m = \frac{N_e - \Delta N_m}{N_e} = \frac{N}{N_e} \tag{2.39}$$

由式 (2.33) ～式 (2.39) 可得

$$N = \gamma Q H \eta_H \eta_V \eta_m \tag{2.40}$$

故水轮机的总效率 η 为

$$\eta = \eta_H \eta_V \eta_m \tag{2.41}$$

从以上分析可知，水轮机的效率 η 是衡量水轮机能量转换性能的综合指标。它与水轮机型式、结构尺寸、加工工艺及运行工况等多因素有关。因此，要从理论上确定出效率的数值是困难的，目前大多是采用模型试验成果经适当的理论换算得出原型水轮机的效率。

图 2.47 给出了反击式水轮机在转轮直径 D_1、转速 n 和工作水头 H 一定的情况下，当改变其流量时效率和出力的关系曲线。该图也标出了各种损失随出力的变化情况。

2.5.2 水轮机工作的基本方程式[2,3]

2.5.2.1 水流在反击式水轮机转轮中的运动

在水轮机正常运行时表征其工作状态的水头 H、流量 Q、出力 N 和转速 n 等参数始

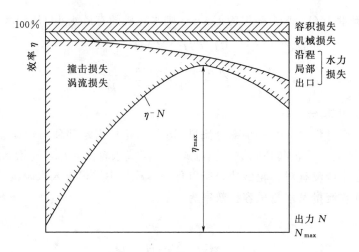

图 2.47　水轮机效率与出力的关系

终处于不断变化过程中，而且由于转轮内存在一定数量的叶片以及水流在叶片正、反面的运动状况互不相同，因此，水流在反击式水轮机转轮中的运动是一种非恒定的、沿圆周方向非轴对称的、复杂的三维空间流动。根据运动学理论，任何空间运动的速度场都可以通过其中各点的速度三角形来表达。而水流在水轮机转轮进、出口的运动速度三角形是研究水轮机工作过程和进行转轮水力设计的重要依据之一，但这种依据是建立在以下假设基础之上的。

（1）假定水轮机在所研究工况下保持稳定运行，即水轮机的特征参数 H、Q、N 和 n 等保持不变，从而水流在水轮机各过流部件内的运动均为恒定流动。此时，水流在水轮机转轮中的相对运动或绝对运动的流线与迹线相重合。流线即某一瞬时水流流动的方向线，线上每一点处的流体质点在同一时刻的速度方向都和此线在该处的切线方向重合；迹线即为某一流体质点的运动轨迹线。

（2）假定转轮叶片无限多、无限薄。由此可以认为转轮中的水流运动是均匀的、轴对称的，即同一圆周上各水流质点的压力和速度相等、方向相同，叶片正、反面的压力差和流速差为零。

（3）假定水流在进入转轮之前的运动是均匀的、轴对称的。

叶片翼形断面的中心线称为骨线，做了上述假定之后，翼形就称为无厚的骨线，水流通过转轮时，流线也就和骨线的形状完全一致，因此就可以用流线法来进行水轮机工作过程和最佳翼形研究。

对于混流式水轮机，可以认为任一水流质点在转轮中的运动是沿着某一喇叭形的空间曲面（称之为流面，即由某一流线绕主轴旋转而成的回旋曲面）而做的螺旋形曲线运动。在整个转轮流道内，有无数个这样的流面，图 2.48 绘出了某一中间流面。根据流动的轴对称性可知，任一水流质点在转轮进口的运动状态及其流动到转轮出口的运动状态可以由同一时刻该流面上任意进、出口点的速度三角形表示。将图 2.48 中所示的流面旋转展开成图 2.49，并在其中任一叶片的进、出口点绘出速度三角形，此即表示了在所研究的工况下水流在转轮进、出口处的运动状态。

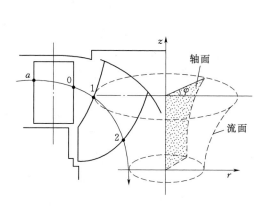

图 2.48　混流式水轮机转轮内的流面和轴面

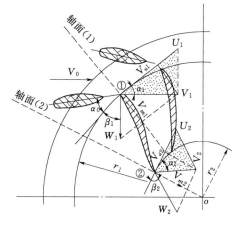

图 2.49　流面展开图

水流质点进入转轮后，一面沿叶片流动；一面又随着转轮的转动而旋转，因而构成了一种复合运动：水流质点沿叶片的运动称为相对运动；水流质点随转轮的旋转运动称为牵连运动；水流质点相对于大地的运动称为绝对运动。每种运动相应的水流质点速度也分别称为相对速度，用 W 表示，牵连速度（也称圆周速度）用 U 表示，绝对速度用 V 表示。

流经叶道相对速度 W 的方向与叶片相切；圆周速度 U 的方向与圆周相切，相对速度 W 与圆周速度 U 合成了绝对速度 V，其方向与大小可通过作平行四边形或三角形的方法求得，如图 2.50所示。上述三种速度构成的三角形称为水轮机的速度三角形。相对速度 W 与圆周速度 U 之间的夹角用 β 表示，称为相对速度 W 的方向角，绝对速度 V 与圆周速度 U 之间的夹角用 α 表示，称为绝对速度 V 的方向角。由此可以得出，水流质点

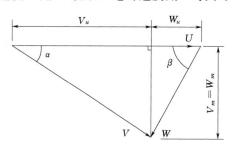

图 2.50　速度三角形

在转动着的叶片上流过时，在任一点都可构成速度三角形，该速度三角形应满足下列矢量关系式：

$$\vec{V}=\vec{U}+\vec{W} \tag{2.42}$$

在图 2.51 上还绘出了转轮进、出口的速度三角形，用阴影线表示，带角标 1 的是进口速度三角形，带角标 2 的是出口速度三角形。

绝对速度 V 的正交分量 V_r、V_z、V_r，如图 2.51所示，而径向分量 V_r 和轴向分量 V_z 的矢量和为 V_m，V_m 为轴面分速，于是则有

$$\vec{V}=\vec{V}_u+\vec{V}_z+\vec{V}_r=\vec{V}_u+\vec{V}_m \tag{2.43}$$

由于相对速度 W 与绝对速度 V 处于同一平面上，故对相对速度 W 亦可作同样的分解

$$\vec{W}=\vec{W}_u+\vec{W}_z+\vec{W}_r=\vec{W}_u+\vec{W}_m \tag{2.44}$$

由图 2.50 及图 2.51 上的关系亦可得出：

$$\vec{V}_m=\vec{W}_m,\vec{V}_r=\vec{W}_r,\vec{V}_z=\vec{W}_z \tag{2.45}$$

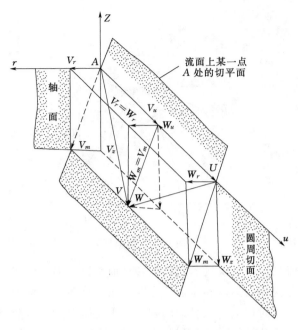

图 2.51　速度三角形中各速度及其分速度的关系

而且

$$\vec{V}_u = \vec{W}_u + \vec{U} \qquad (2.46)$$

速度三角形表达了水流质点在转轮中的运动状态，它是分析水流对水轮机工作的主要方法之一。

2.5.2.2　水轮机的基本方程

水轮机的基本方程是描述水轮机转轮内能量转换关系的数学方程式，它是水轮机转轮设计和运行工况分析的理论依据。利用动量矩定理可以导出水轮机的基本方程。动量矩定理即单位时间内水流质量对水轮机主轴动量矩的变化应等于作用在该质量上全部外力对同一轴的力矩总和：

$$\frac{\mathrm{d}(\sum mV_u r)}{\mathrm{d}t} = \sum M_\omega \qquad (2.47)$$

式中：$\sum mV_u r$ 为转轮流道上所有水流质点的动量矩总和；m、V_u、r 分别为任一水流质点的质量、圆周分速度和所处位置的半径；$\sum M_\omega$ 为作用在转轮流道内全部水流质点上的外力矩总和。

单位时间内水流质量 m 动量矩的增加应等于此质量在转轮进口和出口间的动量矩之差：

$$\frac{\mathrm{d}(\sum mV_u r)}{\mathrm{d}t} = \frac{\gamma Q_e}{g}(V_{u_2} r_2 - V_{u_1} r_1) \qquad (2.48)$$

式中：Q_e 为 t 时刻通过整个转轮流道的有效流量，$V_{u_1} r_1$、$V_{u_2} r_2$ 分别为转轮进、出口水流质点的速度矩。

上述动量矩的变化由 t 时刻作用在转轮流道全部水体上的所有外力对水轮机轴线的总力矩引起。这些外力如下：

（1）重力。重力的合力与水轮机轴线重合（立轴情况）或相交（卧轴情况），不产生力矩。

（2）上冠、下环的内表面对水流的压力。由于这些内表面为旋转面，其压力为轴对称分布，压力的合力与水轮机轴线相交，不产生力矩。

（3）转轮外的水流在转轮进口、出口处对转轮流道内水流的水压力。此压力的作用面也可以看做是旋转面，压力和合力与轴线相交，不产生力矩。

（4）转轮流道上固体边界表面对水流的摩擦力。其数值很小，可忽略。摩擦力使水流在转轮内产生摩阻水头损失，体现在水力效率 η_H 上。

（5）转轮叶片对水流的作用力。此作用力迫使水流改变运动速度的大小和方向，对水轮机轴线将产生力矩，用 M' 表示。

所有外力对转轮流道内水体的总作用力矩即为转轮叶片对水流的作用力矩。即 $\sum M_\omega = M'$，又由于水流对转轮叶片的反作用力矩 $M = -M'$，则有

$$M = \frac{\gamma Q_e}{g}(V_{u_1} r_1 - V_{u_2} r_2) \tag{2.49}$$

式（2.49）给出了水流对转轮的作用力矩与水流本身的动量矩变化之间的关系，即为转轮中水流能量转换成旋转机械能的平衡关系。它说明了水流在转轮中交换能量是由于速度矩的改变，而转换能量的大小则取决于水流在转轮进、出口处速度的大小，也取决于转轮流道的形状和叶片的翼形。

水流传给转轮的有效功率 N_e 为

$$N_e = M\omega = \frac{\gamma Q_e}{g}(V_{u_1} r_1 - V_{u_2} r_2)\omega \tag{2.50}$$

有效功率 N_e 可写成 $\gamma Q_e H \eta_H$，因此当 $Q_e \neq 0$ 时，可得

$$H\eta_H = \frac{\omega}{g}(V_{u_1} r_1 - V_{u_2} r_2) \tag{2.51}$$

及

$$H\eta_H = \frac{1}{g}(V_{u_1} U_1 - V_{u_2} U_2) \tag{2.52}$$

根据速度三角形（图2.50）的关系：$V_u = V\cos\alpha$，所以式（2.52）可以改写成：

$$H\eta_H = \frac{1}{g}(U_1 V_1 \cos\alpha_1 - U_2 V_2 \cos\alpha_2) \tag{2.53}$$

式（2.51）也可以用速度环量表示为

$$H\eta_H = \frac{\omega}{2\pi g}(\Gamma_1 - \Gamma_2) \tag{2.54}$$

式中：Γ 为速度环量，可看作是速度矩 $V_u r$ 沿圆周转动一圈所做的功，$\Gamma = 2\pi V_u r$。

式（2.51）～式（2.54）均称为水轮机的基本方程式。它们给出了单位重量水流的有效出力 $H\eta_H$ 与转轮进、出口水流运动参数之间的关系。它们实质上也都表明了水流能量转换为旋转机械能的平衡关系，可作为转轮和叶片翼形设计的主要依据。水轮机基本方程式的推导虽然基于混流式水轮机的流态分析，但却适用于各种反击式和冲击式水轮机，它是能量守恒定理适用于水轮机能量转换过程的一种具体表现形式。

2.5.3 水轮机的最优工况[2-3]

水轮机的最优工况即效率 η 最高的工况。从图2.47可见，在反击式水轮机各种损失中水力损失是主要的，容积损失和机械损失都比较小而且不随出力而变化。而水力损失大小主要取决于转轮进口水流的撞击损失和转轮出口尾水管内的涡流损失。因此，最优工况即为撞击损失和涡流损失均最小的工况。下面分别介绍出现最优工况的两个基本条件。

1. 无撞击进口

水流的撞击损失主要发生在转轮叶片进口处，当在某一工况下，在转轮进口速度三角形里，水流相对速度 W_1 的方向与叶片骨线在进口处的切线方向一致时，称为无撞击进口。此时水流相对速度 W_1 的方向角 β_1 与叶片进口安放角 β_{e_1} 相等，水流平行于叶片的骨线紧贴叶片表面进入转轮而不发生撞击和脱流，进口绕流平顺，水力损失最小。

所谓水流进口角 β_1（也称进口相对速度 W_1 的方向角）即进口相对速度 W_1 与圆周速度切线的夹角，而叶片进口安放角 β_{e_1} 即叶片翼型断面骨线在进口处的切线与圆周切线的夹角。图 2.52 给出了 β_1 与 β_{e_1} 3 种相对关系时转轮进口速度三角形和流道进口的水流流动状况。

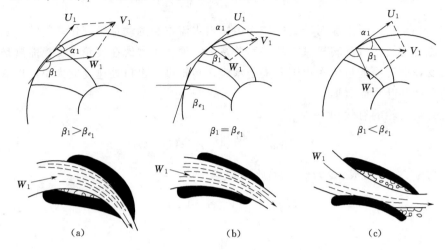

图 2.52　转轮进口处的水流运动状态
(a) 正撞击进口；(b) 无撞击进口；(c) 负撞击进口

2. 法向出口

水轮机的涡流损失主要发生在转轮叶片出口处，当在某一工况下，在转轮出口速度三角形里，转轮出口水流绝对速度 V_2 的方向角 $\alpha_2 = 90°$ 时，称为法向出口，如图 2.53 (a) 所示。此时 V_2 与 U_2 垂直，$V_{u_2} = 0$，$\Gamma_2 = 0$，即水流离开转轮后沿轴向流出而无旋转运动，不会在尾水管中产生涡流现象，从而提高了尾水管的效率。此外，当转轮过流量相等时，法向出口情况的 V_2 数值最小，则与 V_2^2 成正比的所有摩擦损失也最小。

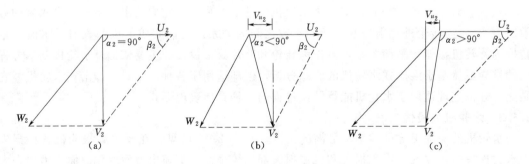

图 2.53　转轮出口处的速度三角形比较

如上所述，当水轮机同时满足 $\beta_1 = \beta_{e_1}$ 和 $\alpha_2 = 90°$ 的工况下运行时，水流在转轮进口无撞击损失，在出口无涡流损失，水轮机的效率最高，所以将这一运行工况称为水轮机的最优工况。在选择水轮机时，应尽可能地使水轮机经常在此最优工况下工作。

试验研究表明，对高水头水轮机，其能量损失主要发生在引水部件内，最优的转轮出流应为法向出口。但对中、低水头水轮机，其能量损失主要发生在尾水管和转轮内，如取 α_2 略小于 90°，使水流在转轮出口略有正向（即与转轮旋转相同的方向）圆周分速度 V_{u_2}，则水流在离心力作用下紧贴尾水管管壁流动，避免产生脱流现象，反而会减小尾水管水力损失，使水轮机效率略有提高。

对轴流转桨式和斜流转桨式水轮机，在不同工况下运行时，调速器在调节导叶开度时能自动调节转轮叶片的转角，使水轮机在不同工况下仍能达到或接近无撞击进口和法向出口的最优工况，因此，转桨式水轮机具有较宽广的高效率工作区。

水轮机在最优工况下运行时，不但效率最高，而且稳定性和气蚀性能也好。但在实际运行中，水头、流量和出力总是不断变化的，不可避免地会偏离最优工况运行，从而使效率下降，气蚀加剧和稳定性变差，因此，在实际运行中，水轮机运行工况范围均有一定的限制。

2.6　水轮机的气蚀及安装高程

2.6.1　水轮机的气蚀[2-3]

2.6.1.1　水轮机的气蚀现象

气蚀是指水轮机流道内流动水体中的微小气泡在形成、发展、溃裂过程中对水轮机过流部件表面所产生的物理化学侵蚀作用。

试验表明，在水温一定的情况下，当气压降低到一定数值时，水便会开始汽化，如：当气压降低到 $0.24\text{mH}_2\text{O}$❶ 时，水在 $20℃$ 时便开始汽化；当气压降低到 $0.09\text{m H}_2\text{O}$ 时，水在 $5℃$ 便开始汽化。通常把水在一定温度下开始汽化的临界压力称为汽化压力。如图 2.54 所示，水流在水轮机流道中运动过程中，当局部压力低于汽化压力时，水开始汽化，加之水中原有微小气泡的聚集、逸出，从而在水中形成大量的气泡。这些气泡随着水流进入压力高于汽化压力的区域时，会发生瞬时溃裂，其周围的水流质点高速向气泡中心冲击，形成聚能高压"水核"，并在周围水体中迅速扩散至过流部件表面，致使过流部件表面受到高频水流（最高频率可达 23 万次每秒）脉冲撞击，导致部件表面材料疲劳破坏，即为气蚀的"机械剥蚀作用"。

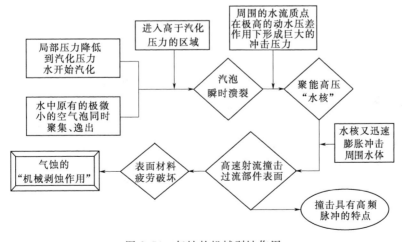

图 2.54　气蚀的机械剥蚀作用

---

❶　$1\text{mH}_2\text{O}$（米水柱）$=9.806\text{kPa}$，下同。

此外，一些试验研究表明，在高速射流撞击过流部件表面时，引起的局部高温会导致金属表面产生"氧化腐蚀作用"。同时，在金属表面的晶粒中会形成温差热电偶，从而对金属表面造成"电解侵蚀作用"。

气蚀破坏主要是由机械剥蚀作用形成的，而其高温氧化和电解作用则主要表现为加速了其机械剥蚀作用的破坏过程。

2.6.1.2　水轮机气蚀的类型

根据气蚀发生的条件和部位的不同，水轮机的气蚀一般可以分为翼型气蚀、间隙气蚀、空腔气蚀和局部气蚀四种，现分述如下：

1. 翼型气蚀

叶片的翼型背面的压力最低值一般发生在出口附近，当此压力降低到汽化压力以下时，便发生气蚀。这种气蚀与叶片翼型断面的几何形状密切相关，所以称为翼型气蚀。翼型气蚀是反击式水轮机的主要气蚀形式。根据国内多个水电站水轮机的调查，混流式水轮机的翼型气蚀主要发生在图 2.55（a）所示的 $A \sim D$ 四个区域。A 区为叶片背部下半部出水边；B 区为叶片背面与下环靠近处；C 区为下环立面内侧；D 区为转轮叶片背面与上冠交界处。轴流式水轮机的翼型气蚀主要发生在叶片背面的出水边和叶片与轮毂的连接处附近，如图 2.55（b）所示。

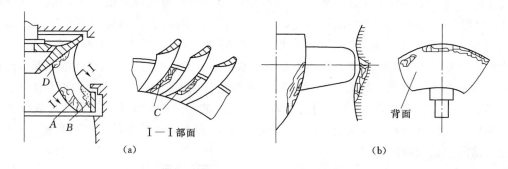

图 2.55　水轮机转轮翼型气蚀的主要部位
（a）混流式水轮机；（b）轴流转桨式水轮机

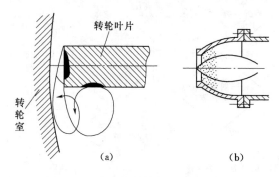

图 2.56　水轮机间隙气蚀的主要部位
（a）轴流式水轮机的叶片端部；（b）水斗式水轮机的喷嘴

2. 间隙气蚀

当水流通过某些间隙或狭小通道时，因局部流速升高和压力降低而产生的气蚀称为间隙气蚀。

间隙气蚀主要发生在轴流式水轮机的叶片端部外缘、端部附近的背面及转轮室内壁，如图 2.56（a）所示。轴流转桨式水轮机的叶片根部与轮毂面之间的间隙也常发生较严重的间隙气蚀。间隙气蚀也常发生在混流式水轮机的上、下止漏环间隙以及水斗式水轮机的喷嘴与针阀之间的间隙，如图 2.56（b）所示。

3．空腔气蚀

反击式（特别是混流式）水轮机在非最优工况下运行时，转轮出口水流具有一定的圆周分速度，从而使水流在尾水管中产生旋转，当达到一定程度时，形成一股真空涡带，如图 2.57 所示，这种涡带周期性的冲击使转轮下环和尾水管进口内壁产生气蚀破坏，这种气蚀称为空腔气蚀。空腔气蚀会导致或加剧机组和尾水管振动，还会引起转轮出口压力的强烈脉动及噪声，情况严重时，会引起机组出力的大幅度摆动。

4．局部气蚀

当水流经过水轮机过流部件表面某些凸凹不平的部位时，会因局部脱流而产生气蚀，这种气蚀称为局部气蚀（图 2.58）。局部气蚀常发生在限位销、螺钉孔、焊接缝、尾水管补气架以及混流式水轮机转轮上冠减压孔等处与水流相对运动方向相反的一侧。

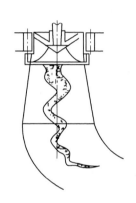

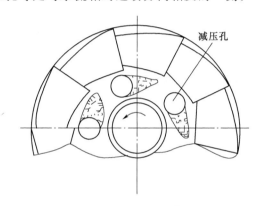

图 2.57　尾水管中的真空涡带　　　　　图 2.58　减压孔口的局部气蚀

我国是一个河流含沙量最多的国家。大量实践证明，泥沙对水轮机的磨损作用会加剧气蚀的破坏作用。含沙量越大，砂粒越硬，水轮机过流部件表面的磨损就越严重。气蚀与泥沙磨损的联合作用造成的破坏程度远比清水气蚀或单纯的泥沙磨损为大。

2.6.1.3　水轮机气蚀的防护

为了防止和减小气蚀对水轮机的破坏和对运行带来的不良后果，近代国内外均对气蚀防护做了大量的研究。虽然至今尚未找到完善解决的办法，但已总结出不少有效的防护气蚀经验。目前常采用的措施主要有以下两方面：

（1）采用合理的翼型，使叶片具有平滑流线，叶片背部压力分布趋于均匀，缩小低压区范围。加工时尽量提高翼型曲线的精度和叶片表面光洁度，以保证叶片具有平滑的流线形断面形状。尽可能采用小而均匀的间隙以减小间隙空化。通过加长尾水管圆锥段部分和加大扩散角以及加长泄水锥能有效地控制尾水管中的空腔气蚀。选用耐蚀、耐磨性能较好的材料。

（2）正确选择水轮机型号，合理确定水轮机安装高程，确保叶片流道内的最低压力不低于汽化压力。拟定合理的水电站运行方式，尽可能避免在气蚀严重的工况区运行。在空腔气蚀严重时，可采取在尾水管进口补气的办法来破坏尾水管中的真空涡带。对于遭受破坏的叶片，一般采用不锈钢焊条或采用非金属涂层（环氧树脂、环氧金刚砂、氯丁橡胶

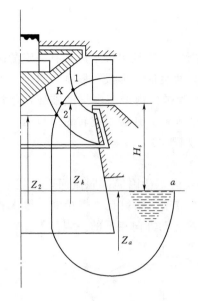

图 2.59　翼型气蚀发生条件分析图

等）作为叶片的保护层。对于多泥沙河流上的水电站，应设置沉沙、排沙设施，以防止粗颗粒沙进入水轮机。对出现的气蚀破坏及时进行检修，防止气蚀破坏扩大。

2.6.1.4　水轮机的气蚀系数

如上所述，反击式水轮机中发生的气蚀现象，根本原因是其流道中出现了局部压力低于汽化压力，因此要避免气蚀的发生，主要措施即限制压力降低不低于汽化压力。在水轮机各类气蚀中，影响水轮机效率最大、对水轮机破坏最严重的是翼型气蚀，所以衡量水轮机气蚀性能的好坏一般都是针对翼型气蚀而言，通常采用气蚀系数作为衡量水轮机翼型气蚀性能的指标。

如图 2.59 所示，假设水轮机叶片背面压力最低点为 K 点，根据 K 点和叶片出口边 2 点和 2 点与下游水位 a 点的伯努利方程，可以推求 K 点的压力表达式为

$$\frac{p_K}{\gamma} = \frac{p_a}{\gamma} - H_s - \left(\frac{W_K^2 - W_2^2}{2g} + \eta_\omega \frac{v_2^2}{2g} \right) \tag{2.55}$$

式中：p_a 为大气压；W_K 和 W_2 分别为 K 点和 2 点的水流相对速度；H_s 为吸出高度（静力真空），表示从发生气蚀危险的 K 点到下游水面 a-a 的垂直高度，即 Z_K；η_ω 为尾水管动能恢复系数；v_2 为转轮出口水流速度。

引入

$$h_{Kv} = \frac{W_K^2 - W_2^2}{2g} + \eta_\omega \frac{v_2^2}{2g} \tag{2.56}$$

则有

$$H_{Kv} = H_s + h_{Kv} \tag{2.57}$$

式中：H_{Kv} 为 K 点真空值；h_{Kv} 为 K 点动力真空值。

由式（2.57）可见，K 点真空值 H_{Kv} 由静力真空 H_s 和动力真空 h_{Kv} 两部分组成。当水轮机的安装高程确定后，吸出高度 H_s 为确定值，因此，在 H_{Kv} 中能够反映水轮机本身气蚀性能的只有动力真空 h_{Kv}。将 h_{Kv} 除以水头 H，使之成为一个无因次次数，并用 σ 来表示，即

$$\sigma = \frac{h_{Kv}}{H} = \frac{W_K^2 - W_2^2}{2gH} + \eta_\omega \frac{v_2^2}{2gH} \tag{2.58}$$

将 σ 称为水轮机的气蚀系数，它表示转轮中最易发生翼型气蚀的 K 点处的相对动力真空值。σ 值越大，水轮机越易发生气蚀，气蚀性能越差。从式（2.58）中可看出，气蚀系数 σ 是随着水头 H 的增加而减小的。

几何形状相似的水轮机在相似工况下的 σ 值相同，故可以用 σ 值来评价不同型号水轮机的气蚀性能。σ 值随水轮机运行工况的改变而改变，故可以用 σ 值来评价同一型号水轮

机在不同工况下的气蚀性能。对于气蚀系数 σ 的确定，由于其影响因素较为复杂，要直接利用理论计算或直接在叶片流道中量测都是很困难的，目前常用的方法是通过水轮机模型气蚀试验来求取。

在设计和应用水轮机时，总是力图提高叶片流道内水流相对速度以提高其过流能力，以及提高尾水管的动能恢复系数 η_w，以提高水轮机的效率。但是这都将会增大水轮机气蚀的危险性。可见，提高水轮机的过流能力及能量性能与改善水轮机的气蚀性能是相互矛盾的。在设计和应用水轮机时，如何合理的协调解决这一矛盾是水轮机研究中的一个重要课题。

2.6.2 水轮机的吸出高度[2-4]

水轮机在某一工况下，其叶片背面压力最低点 K 处的动力真空是一定的，但其静力真空 H_s 却与水轮机的装置高程有关，因此，可以通过选择适宜的吸出高度 H_s 来控制 K 点的静力真空，以达到避免发生翼型气蚀的目的。

水轮机不发生翼型气蚀的基本条件是 p_K/γ 不小于对应温度下水的汽化压力 p_B/γ，即

$$\frac{p_K}{\gamma} = \frac{p_a}{\gamma} - H_s - \sigma H \geqslant \frac{p_B}{\gamma} \tag{2.59}$$

则避免发生翼型气蚀的吸出高度 H_s 为

$$H_s \leqslant \frac{p_a}{\gamma} - \frac{p_B}{\gamma} - \sigma H \tag{2.60}$$

式中：$\frac{p_a}{\gamma}$ 为水轮机安装位置的大气压，标准海平面的平均大气压为 $10.33\text{mH}_2\text{O}$，在高程 3000m 以内，高程每升高 900m，大气压降低 $1\text{mH}_2\text{O}$，因此当水轮机安装位置的高程为 ∇m 时，有 $\frac{p_a}{\gamma} = 10.33 - \frac{\nabla}{900}$（$\text{mH}_2\text{O}$）；$\frac{p_B}{\gamma}$ 为汽化压力，其值与通过水轮机水流的温度及水质有关，考虑到水电站压力管道中的水温一般为 $5 \sim 20\text{℃}$，则对于含气量较小的清水，可取 $\frac{p_B}{\gamma} = 0.09 \sim 0.24\text{mH}_2\text{O}$；$\sigma$ 为水轮机实际运行的气蚀系数，σ 值通常由模型试验获取，但考虑到水轮机模型气蚀试验的误差及模型与原型之间尺寸不同的影响，对于模型气蚀系数 σ_m 须做修正，取 $\sigma = \sigma_m + \Delta\sigma$ 或 $\sigma = K_\sigma\sigma_m$。

在实际应用时常将式（2.60）简写成

$$H_s \leqslant 10.0 - \frac{\nabla}{900} - (\sigma_m + \Delta\sigma)H \tag{2.61}$$

或

$$H_s \leqslant 10.0 - \frac{\nabla}{900} - K_\sigma\sigma_m H \tag{2.62}$$

式中：∇ 为水轮机安装位置的海拔，在初始计算时，可取为下游平均水位的海拔；σ_m 为模型气蚀系数，各工况的 σ_m 值，可从该型号的水轮机模型综合特性曲线中查取；$\Delta\sigma$ 为气蚀系数修正值，可根据设计水头 H_r 由图 2.60 中查取；K_σ 为气蚀系数的安全系数，对于清水条件下运行的水轮机一般取 $K_\sigma = 1.1 \sim 1.6$，对于多泥沙条件下运行的水轮机一般取 $K_\sigma = 1.3 \sim 1.8$；H 为水轮机水头，一般取为设计水头 H_r。

为了保证水轮机在各种运行工况下都不发生空化，反击式水轮机的吸出高度 H_s 应该

采用各种特征水头（如最大水头、额定水头、最小水头等）及其相应的气蚀系数分别进行计算，并选用其中的最小值。

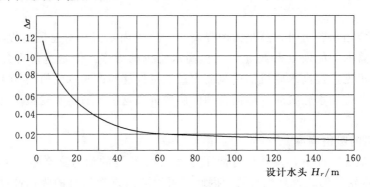

图 2.60 气蚀系数修正曲线

HL310、HL230、HL110 型水轮机的 σ_m 无法查到，则可用其装置气蚀系数 σ_z 代替（$\sigma + \sigma_m$）和 $K_\sigma \sigma_m$。这 3 种型号水轮机的 σ_z 值可以由水轮机系列型谱表 3.2 中查取。

从式（2.61）和式（2.62）可以看出，反击式水轮机的吸出高度 H_s 随着气蚀系数 σ 与工作水头 H 乘积的增加而减小。高水头水电站应该采用气蚀系数小的水轮机，低水头水电站才能采用气蚀系数较大的水轮机。气蚀系数随着比转速（将在 3.3 节讲述）的增加而增加，这就说明了为什么低水头水电站可以采用高比转速的水轮机，而中、高水头的水电站通常采用低比转速的水轮机。

水轮机吸出高度 H_s 的准确定义是从叶片背面压力最低点 K 到下游水面的垂直高度。但是 K 点的位置在实际计算时很难确定，而且在不同工况 K 点的位置亦有所变动。因此，在工程上为了便于统一，对不同类型和不同装置型式的水轮机吸出高度 H_s 做如下规定（图 2.61）：

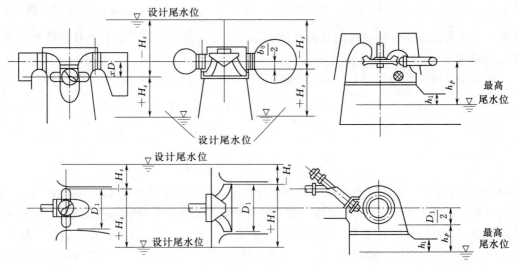

图 2.61 水轮机吸出高度和安装高程示意图

（1）立轴混流式水轮机的 H_s 为导叶下部底环平面到设计尾水位的垂直高度。

（2）立轴轴流式水轮机的 H_s 为转轮叶片轴线到设计尾水位的垂直高度。

（3）卧轴反击式水轮机的 H_s 为转轮叶片的最高点到设计尾水位的垂直高度。

如果计算得出的 H_s 为正，则表示上述指定的水轮机部位可以装置在尾水位以上；如果 H_s 为负，则表示上述指定的水轮机部位需装置在尾水位以下，此时，它所发挥的作用不再是产生静力真空，而是产生适当的正压以抵消过大的动力真空。

根据我国已运行的 60 个大中型水电站的情况统计，大部分电站的 $H_s = 0 \sim 3.5 \text{m}$，少部分电站的 $H_s = -2.0 \sim 0.0 \text{m}$，最小的 $H_s = -8.0 \text{m}$。

可以看出，吸出高度越小，水轮机的抗气蚀能力越强，但水轮机安装的越低，水电站厂房的开挖深度和开挖量越大，即水电站厂房的基建投资越大。因此，合理的确定吸出高度是水电站设计时需要重点考虑的问题之一，需结合具体电站情况进行分析和比较论证。

2.6.3 水轮机的安装高程[2-3]

水轮机的安装高程是指水轮机安装时作为基准的某一水平面的海拔，用 Z_s 表示，单位为 m。在水电站厂房设计中，水轮机的安装高程 Z_s 是一个控制性标高，只有 Z_s 确定以后才可以确定相应的其他高程。对立轴反击式水轮机，Z_s 是指导叶中心的位置高程；对立轴水斗式水轮机，Z_s 是指喷嘴中心高程；对卧轴水轮机，Z_s 是指主轴中心线的位置高程。Z_s 的计算方法如下（图 2.61）：

1. 立轴混流式水轮机

$$Z_s = \nabla_w + H_s + b_0/2 \tag{2.63}$$

式中：∇_w 为设计尾水位，m；b_0 为导叶高度，m。

2. 立轴轴流式水轮机

$$Z_s = \nabla_w + H_s + xD_1 \tag{2.64}$$

式中：D_1 为转轮标称直径，m；x 为轴流式水轮机的高度系数，可从表 2.7 中查取。

表 2.7　　　　　　　　　　　　　　轴流式水轮机的高度系数

转轮型号	ZZ360	ZZ440	ZZ460	ZZ560	ZZ600
x	0.3835	0.3960	0.4360	0.4058	0.4830

3. 卧轴反击式水轮机

$$Z_s = \nabla_w + H_s - D_1/2 \tag{2.65}$$

4. 水斗式水轮机

立轴：

$$Z_s = \nabla_{um} + h_p \tag{2.66}$$

卧轴：

$$Z_s = \nabla_{um} + h_p + D_1/2 \tag{2.67}$$

式（2.66）、式（2.67）中的 h_p 称为排出高度，如图 2.61 所示，它是使水轮机安全稳定运行、避开变负荷时的涌浪、保证通风和防止尾水渠中的水流飞溅及涡流而造成的转轮能量损失所必需的高度。根据经验统计，$h_p=(0.1\sim0.15)D_1$，对立轴机组取较大值，对卧轴机组取较小值。在确定 h_p 时，要注意保证必要的通风高度 h_t（图 2.61），以免在尾水渠中产生过大的涌浪和涡流，一般 h_t 不宜小于 0.4m。

确定水轮机安装高程的尾水位 ∇_w，通常称为设计尾水位。设计尾水位可根据表 2.8 的水轮机过流量从下游水位与流量关系曲线中查取。

表 2.8　　　　　　　　　　确定设计尾水位的水轮机过流量

电站装机台数	水轮机的过流量
1 台或 2 台	1 台水轮机 50% 的额定流量
3 台或 4 台	1 台水轮机的额定流量
5 台及以上	1.5～2 台水轮机的额定流量

水轮机的安装高程直接影响水电站的土建工程开挖量和水轮机运行的气蚀性能，因此，大中型水电站水轮机的安装高程应根据机组的运行条件，经过技术经济比较后确定。

2.7　水轮机的调速设备

2.7.1　水轮机调节的任务[2-4]

在电力系统中，由于负荷变化而引起的过大频率变化，将会严重影响供电质量，使用户的正常工作和生产受到影响或破坏。为此，我国规定的电力系统频率应保持为 50Hz，其偏差，大系统应在（−0.2～0.2）Hz，小系统应在（−0.5～0.5）Hz。发电机输出的电流频率是与磁极对数 P 和转速 n 有关的。对于水轮发电机组而言，其磁极对数是固定不变的，要调节发电机的电流频率就需要调节水轮机的转速。

机组的转速变化可以用基本动力方程表示

$$M_t-M_g=J\frac{d\omega}{dt} \tag{2.68}$$

式中：M_t 为水轮机动力矩；M_g 为发电机的阻力矩；J 为机组转动部分的惯性矩；ω 为机组转动的角速度，$\omega=\frac{\pi n}{30}$rad/s；t 为时间。

对于一定的机组来说，J 为一常数，当机组稳定工作时，$M_t=M_g$，$\frac{d\omega}{dt}=0$，ω 为常数，机组保持为额定转速，发电频率保持为 50Hz；当机组负荷减小时，$M_t>M_g$，机组出现的剩余能量，使 $\frac{d\omega}{dt}>0$，机组转速上升，发电频率亦随之上升；当机组负荷增加时，$M_t<M_g$，机组出现了不足能量，使 $\frac{d\omega}{dt}<0$，机组转速下降，发电频率亦随之下降。上述后两种情况都会形成机组转速变化而导致电网频率变化。对电力系统来说，正常情况下用户的负荷是必须保证的，因而就要求改变水轮机的动力矩 M_t，使之适应新的发电机阻力矩，

重新使 $M_t = M_g$，达到新的平衡，使机组转速恢复到原来的额定转速，频率亦恢复到额定频率。

水轮机的动力矩可用下式表示

$$M_t = \frac{\gamma Q H \eta}{\omega} \tag{2.69}$$

式中：γ 为水的容重；Q 为水轮机的流量；H 为水轮机的工作水头；η 为水轮机的效率。

在 γ、Q、H、η 中，只有 Q 是易于改变的，可以通过改变导叶的开度（对于水斗式水轮机可以改变喷针的行程）来实现。

因此，水轮机调节的主要任务是：随着机组负荷的变化，水轮机相应地改变导叶开度（或喷针行程），使机组转速即供电频率恢复或保持在允许范围内，并在机组之间进行负荷分配达到经济合理的运行。

2.7.2 水轮机调速器的基本工作原理[2-4]

水轮机自动调节系统包括调节对象（水轮机及其导水机构）和调速器两部分。调节系统的组成元件及各元件的相互关系式可用图 2.62 表示。图中的方块表示元件，箭头表示元件间信号的传递关系，箭头朝向方块表示信号输入，箭头离开方块表示信号输出。

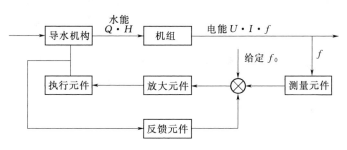

图 2.62 水轮机调节系统方块图

由图 2.62 可知，从导水机构输入的水能经机组转换成电能输送给系统。电能的频率 f（即机组的转速 n）信号输入调速器测量原件，测量元件将频率 f 信号转换成位移（或电压）信号输送给加法器（图中 $\oplus$），同时与给定的 f_0 值比较，判定频率 f 的偏差及偏差方向，根据偏差情况发出指令，这种指令信号需要通过放大和油压转换元件放大和转换成油压后，再通过操作元件利用油压去操纵接力器，以控制导水机构关闭或开启，从而达到改变流量，使动力矩与新的发电机阻力矩相适应，使机组转速恢复正常。为了防止过调现象并使调节很快稳定下来，还增加了反馈元件，它能起相反方向调节和缓冲调节作用，使调节不致过头并尽快稳定。

过去多应用机械液压型调速器，其控制部分采用机械机构，功率放大部分采用油压系统，故其灵敏度差，调节精度低。目前多应用电气液压调速器和微机电液调速器，控制部分采用电气回路，或可编程计算机控制器，精度、灵敏度及可靠性、调节功能和调节品质等有了显著提高。

对轴流转桨式水轮机和斜流式水轮机，调速器在调节导叶开度的同时，还进行着叶片转角的调节；对水斗式水轮机在调节针阀行程的同时，还需要操作折流板的转动，这种调速器成为双调节调速器。

2.7.3　调速器[1-4]

2.7.3.1　调速器的分类

调速器是机组自动化运行的关键设备之一，其分类方式很多，通常有如下三种：

（1）按调速器组成元件的工作原理，分为机械液压调速器、电气液压调速器和微机电液调速器。

（2）按被调节控制的机组类型特点，分为单调式调速器、双调式调速器和冲击式调速器。混流式、轴流定桨式和贯流定桨式水轮发电机组只需调节导叶开度，采用单调式调速器；斜流式、轴流转桨式、贯流转桨式以及带调压阀的混流式机组，采用双调式调速器；冲击式水轮机同时调节喷针和折向器的行程，采用冲击式调速器。

（3）按主接力器调节功的大小，分为中小型调速器和大型调速器。调节功低于30000N·m 为中小型调速器，调节功大于该值为大型调速器。中小型调速器按调节功确定型号；大型调速器按主配压阀名义直径（mm）确定型号。

2.7.3.2　调速器的特点

1. 机械液压调速器

机型液压调速器的自动控制元件为机械元件，操作部分为液压系统。机械液压调速器出现较早，现在已经发展得比较成熟和完善，其性能基本满足水电站运行要求，曾经是大中型水电站广为采用的调速器型式，运行安全可靠。机械液压调速器机构复杂，制造要求及造价较高，特别是随着大型机组和大型电网的出现，对电力系统周波、电站自动化运行提出了更高的要求，机械液压调速器精度和灵敏度不高的缺点显得尤为突出，因此，我国新建成的大中型水电站更多地采用电气液压调速器。

2. 电气液压调速器

电气液压调速器是在机械液压调速器基础上发展起来的，其特点是在自动控制部分用电器元件代替机械元件，即调速器的测量、放大、反馈和控制等部分采用电信号而不是位移信号，通过电气回路来实现，但调速器的操作部分（液压放大和执行机构）仍采用液压装置。电气液压调速器相比机械液压调速器，主要优点有：精度和灵敏度较高；便于实现电子计算机控制，从而提高调速器调节品质，提高经济运行与自动化水平；制造成本相对较低，便于安装、检修和参数调整。

3. 微机电液调速器

自 20 世纪 90 年代以来，微机电液调速器正逐渐发展成为我国大中型水电站的主导调速器产品。由于微机电液调速器的核心控制元件采用可编程逻辑控制器或可编程计算机控制器，使得调速器系统在自动化水平和调节品质上都有了较大提高。微机电液调速器的液压放大和执行机构采用了伺服比例阀电液随动系统，具有精度高、响应快、出力大的特点，而且抗油污、防卡涩能力强，较传统的调速器具有更好的参数调控精度。

2.7.3.3　调速器的系列与型号

根据水轮发电机组对调速器的工作容量、可靠性、自动化水平和静、动态品质等方面的不同要求，调速器可采用不同的型号。

表 2.9 是我国大中型反击式水轮机调速器的产品系列。

型　式	单调节调速器		双调节调速器	
	机械液压式	电气液压式	机械液压式	电气液压式
大型	T－100	DT－80	ST－100	DST－80
中型	YT－1800	YDT－1800		

表 2.9　　　　　　　　　大中型反击式水轮机调速器

调速器型号的汉语拼音字母表示：

T—调速器；

Y—中型带油压装置（大型无代号）；

D—电气液压式（机械液压式无代号）；

S—双调节，表示用于轴流转桨式水轮机等需要进行双重调节的调速器。

型号中的阿拉伯数字表示：

大型调速器为主配压阀的直径（mm）；中、小型调速器为接力器的工作容量（9.81N·m）。

型号示例：

（1）YT－1800：表示带油压装置的机械液压调速器，其接力器的工作容量为 1800×9.81N·m。

（2）DST－80：表示大型电气液压双调节调速器，主配压阀直径为80mm。

2.7.4　油压装置[2,4]

调速器操作机构的压力油通过油压装置提供，油压装置是调节系统的重要组成设备，主要包括压力油罐、集油箱和油泵系统三个组成部分，如图 2.63 所示。

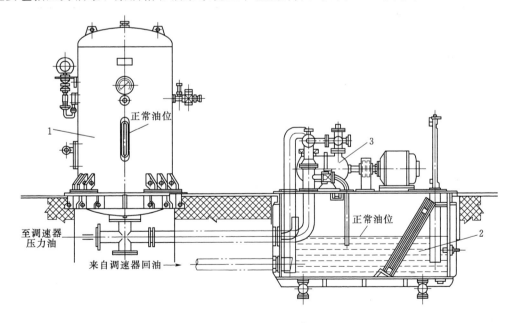

图 2.63　油压装置原理图

1—压力油罐；2—集油箱；3—油泵

压力油罐 1 呈圆筒形，功用是向调速器的主配压阀和接力器输送压力油。油罐中油占 1/3，压缩空气占 2/3。压缩空气专门用来增加油压，通常由水电站的压缩空气系统提供。由于空气具有极好的弹性，所以在存储和释放能量的过程中压力波动很小。压力油罐中的工作油压要求稳定，其波动应该保持在一定的范围内，目前普遍采用的油压为 2.5MPa，有的达到 4.0MPa，甚至更高。压力油罐通常布置发电机层或水轮机层楼板上。

集油箱 2 的功用是收集调速器和回油和漏油。回油箱中的油面与大气相通。

油泵 3 的功用是将回油箱中的油输送给压力油罐。油泵一般用两台，一台工作，另一台备用，布置于回油箱顶盖上。

油压装置上有测量油位、压力等参数的仪表，用以确定是否要向压力油罐供油或补气，油压装置的工作过程是自动的。

中小型调速器的油压装置与调速器操作柜组成一个整体。大型调速器的油压装置由于尺寸较大，与调速器操作柜分开布置，中间用油管连接。

目前，我国生产的油压装置因结构型式的不同而分为分离式和组合式两种。分离式（YZ）是将压力油罐和回油箱分开制造和布置，中间由油管相连接；组合式（HYZ）是将两者组合成一个整体。

油压装置工作容量的大小以压力油罐的容积（m³）来表征，以此组成油压装置系列型谱，见表 2.10，"/"后面的数字表示压力油罐的数量，若为 1 个压力油罐则不表示。

表 2.10　　　　　　　　　　油 压 装 置 系 列 型 谱

油压装置型式	分 离 式	组 合 式
油压装置系列	YZ－1 YZ－1.6 YZ－2.5 YZ－4 YZ－6 YZ－8 YZ－10 YZ－12.5 YZ－16/2 YZ－20/2	HYZ－0.3 HYZ－0.6 HYZ－1.0 HYZ－1.6 HYZ－2.5 HYZ－4.0

2.8　水 泵 水 轮 机

2.8.1　水泵水轮机及其基本类型[2,4]

从 20 世纪 40 年代以来，开始出现可以双向运转的可逆式机组。转轮正转为水轮机运行方式，反转为水泵运行方式。电动发电机既可以作为发电机，也可以作为电动机。这种型式的机组就是由可逆式水泵水轮机和同步发电电动机构成的二机式机组。由于一机两用，动力设备少，结构简单紧凑、厂房和设备投资大为减少，造价较低，所以可逆式水泵水轮机目前成为多数抽水蓄能电站的首选机型。图 2.64 为典型的二机可逆式机组立式布置型式。

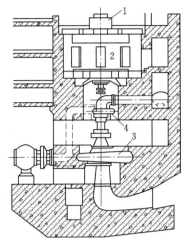

可逆式水泵水轮机是抽水蓄能电站最主要的设备，和常规水轮机一样，可以设计成混流式、斜流式、轴流式和贯流式等多种型式。在应用中混流式水轮机占绝大多数，工作水头从 30~800m 范围内都能适用，且大多应用在高水头范围；斜流式水泵水轮机主要应用于 150m 以下水头变化幅度较大的情况；轴流式水泵水轮机用得较少；贯流式水泵水轮机适用于潮汐电站，水头一般不超过 15~20m。图 2.65 所示为不同型式水泵水轮机的水头应用范围。

图 2.64 二机可逆式机组
1—启动电动机；2—电动发电机；
3—水泵水轮机；4—启动用水轮机

2.8.1.1 混流式水泵水轮机

根据抽水蓄能电站的水头/扬程及运行要求，混流式水泵水轮机又分为单级式和多级式。单级式是指水泵水轮机轴上只装一个转轮；多级式则轴上装有 2 个或 2 个以上转轮。单级式水泵水轮机使用水头/扬程目前已达到 700~800m，多级式则可达到 1000m 以上。多级混流式水泵水轮机，由于其结构复杂，当级数超过 2 级时，无法采用常规的导水机构，应用较少。

除转轮外，单级混流式水泵水轮机的结构和部件与常规的混流式水轮机基本相同。由于水泵水轮机的转轮需要适应水泵和水轮机两种工况的要求，其特征形状与离心泵更为相似。高水头转轮的外形十分扁平，其进口直径与出口直径的比率为 2∶1 或更大，转轮进

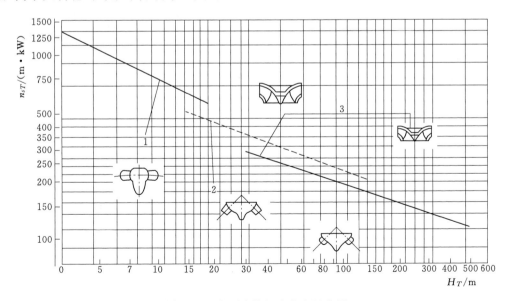

图 2.65 水泵水轮机水头应用范围
1—轴流式；2—斜流式；3—混流式

口宽度（导叶高度）在直径的 10% 以下；叶片数少但叶片薄而长，包角很大，能到 180°或更高。很多混流可逆式机组都使用 6～7 个叶片，用于更高水头时可采用 8～9 个叶片。因为可逆式机组的过流量相对较小，水轮机工况进口处叶片角度只有 10°～12°，为改善水轮机工况和水泵工况的稳定性，叶片出口边角度常做成后倾式，而不是在一个垂直面上。图 2.66 为单级混流式水泵水轮机剖面图。

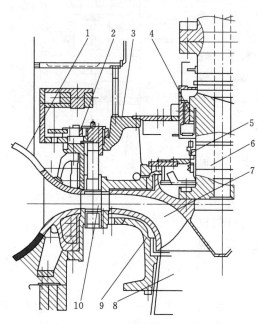

图 2.66　单级混流式水泵水轮机剖面图
1—蜗壳；2—导水机构；3—顶盖；4—导轴承；
5—主轴密封；6—主轴；7—转轮；
8—尾水管；9—底环；10—导叶

2.8.1.2　斜流式水泵水轮机

斜流式水轮机的叶片可以转动，它在水头和负荷变化较大的范围内都具有较高的效率，而且在以水泵工况运行时，能够按扬程的变化调整叶片的转角，已抽取所需要的任一流量，它的应用水头范围为 25～200m。因此在中、低水头范围且水头变化幅度较大的场合，可以采用斜流式水泵水轮机。

斜流式水泵水轮机的结构与斜流式水轮机相同。和混流式机组相比，在水力特性上具有以下优点：①轴面流道变化平缓，在两个方向的水流流速分布都较均匀，水力效率较高；②转轮叶片可调，能随工况变动而适应不同的水流角度，减小水流的撞击和脱流，因而扩大高效率范围；③斜流可逆式机组的水泵工况进口一般比相同直径的混流式机组要小，进口处能形成更均匀的水流，有利于改进水泵工况的空化性能。

图 2.67 为斜流式水泵水轮机的结构图。

2.8.1.3　轴流式和贯流式水泵水轮机

轴流式水泵水轮机有立式、卧式和斜向三种装置方式，后两种适用于贯流式水泵水轮机组。轴流转桨式水泵水轮机的应用水头范围为 15～40m，由于转轮叶片可以调节，适用于水头和负荷变化较大的抽水蓄能电站。贯流式水泵水轮机适用于潮汐抽水蓄能电站和低水头（$H<30m$）抽水蓄能电站。

贯流式水泵水轮机除转轮叶片和导叶有特殊要求外，其他部分的结构和常规贯流式水轮机相差不大。

由于抽水蓄能电站的经济效益随水头的增大而有明显的提高，可逆式水泵水轮机中混流式应用最多，斜流式在水头变幅较大的情况有一些应用，轴流式则应用较少。

随着抽水蓄能电站的大规模兴建，可逆式水力机械技术也取得了长足的发展，特别是美国和日本等国家在经历 20 世纪 70—80 年代抽水蓄能技术的发展高峰之后。水泵水轮机正朝着高水头、大容量、高比转速、大运行范围的方向发展。

2.8.2　水泵水轮机的工作原理及其特性[2,4]

可逆式水泵水轮机的工作原理主要是利用了叶片式水力机械的可逆性。它在运行时有

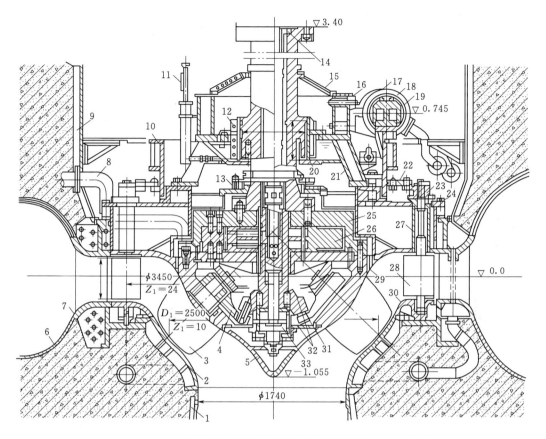

图 2.67 斜流式水泵水轮机结构图

1—尾水管里衬；2—转轮室；3—叶片；4—转臂；5—泄水锥；6—蜗壳；7—座环；8—水压平衡管；9—机坑里衬；
10—控制环；11—油位计；12—导轴承；13—主轴密封；14—主轴；15—轴承盖；16—螺栓；17—接力器活塞缸；
18—紧固螺钉；19—接力器活塞；20—油箱；21—轴承座；22—连杆；23—导叶臂；24—顶盖；
25—刮板接力器缸盖；26—刮板接力器；27—套筒；28—导叶；29—转轮体；30—底环；
31—操纵盘；32—下端盖；33—凸轮转向机构

水轮机工况和水泵工况。通常水泵水轮机可以看做是稳定运行，转轮叶片对水流产生的力矩为

$$M = \rho Q \left[(v_u r)_o - (v_u r)_i \right] \tag{2.70}$$

式中：Q 为流量；ρ 为水的密度；v_u 为水流绝对速度的切向分量；r 为距旋转轴半径；下标 o、i 分别表示出口和进口。

在水泵工况下，转轮将由电机输入的机械能转换为水流能量，水泵出口能量高于进口能量即 $(v_u r)_o > (v_u r)_i$，由式（2.70）可得 $M > 0$，说明转轮对水流做功；在水轮机工况下转轮将水流能量转换成机械能，水轮机转轮进口能量高于出口能量，即 $(v_u r)_i > (v_u r)_o$，则 $M < 0$，说明水流对转轮做功。

在理想液体中，水流作用的力矩为

$$M = \frac{\rho g Q H}{\omega} \tag{2.71}$$

式中：H 为水头；ω 为旋转角速度。

考虑水力效率之后，在水轮机工况时，式（2.70）将变为常规水轮机的基本方程式：

$$H_T \eta_{hT} = \frac{1}{g} (u_1 v_{u_1} - u_2 v_{u_2})_T \qquad (2.72)$$

式中：η_{hT} 为水轮机工况水力效率；u 为切向速度，v_u 为流速 v 在 u 方向分量；下标 1、2 分别表示进口和出口；下标 T 代表水轮机工况。

如果出口水流为法向，则 $v_{u2} = 0$，于是有：

$$H_T = \frac{1}{\eta_{hT} g} (u_1 v_{u_1})_T = \frac{1}{\eta_{hT}} \frac{u_{1T}^2}{g} \left(\frac{v_{u_1}}{u_1} \right)_T \qquad (2.73)$$

对于水泵工况而言，由于叶轮流道为扩散型，需要考虑流动旋转的影响，对扬程做有限叶片数修正。与式（2.72）相似，可得

$$\frac{H_P}{\eta_{hP}} = \frac{K}{g} (u_2 v_{u\infty_2} - u_1 v_{u\infty_1})_P \qquad (2.74)$$

式中：η_{hP} 为水泵工况水力效率；K 为有限叶片数修正系数，也称滑移系数；下标 ∞ 表示叶片无限多条件；下标 P 表示水泵工况。

如果水泵叶轮进口水流为法向，则 $v_{u\infty_1} = 0$，则

$$H_P = \eta_{hP} K \frac{1}{g} (u_2 v_{u\infty_2})_P = \eta_{hP} K \frac{u_{2P}^2}{g} \left(\frac{v_{u\infty_2}}{u_2} \right)_P \qquad (2.75)$$

如图 2.68 所示，常规混流式水轮机叶片的进口角 β_{1T} 都比较大（低比转速水轮机 $\beta_{1T} = 90° \sim 120°$，高比转速水轮机 $\beta_{1T} = 45° \sim 70°$），对水轮机工况有利。但当在水泵工况运行时，水轮机叶片的进口角 β_{1T} 便成为水泵叶片的出口角 β_{2P}，会导致出口流速 v_{2P} 过大，压能降低，而且水力损失也随之增大，从而使水泵工况的效率大为降低。为了使水泵水轮机在两种工况下都具有较高的效率，可增加转轮外缘直径，增长叶道，改变叶形，使得叶片在水泵工况下的出水角 $\beta_{2P} = 20° \sim 30°$，即接近于离心水泵叶片的形状，如图 2.69 所示。由图可见，这种叶轮在水轮机工况的进口绝对流速小，其 v_{u_1} 值比常规水轮机的小，因而为了利用相同的水头，叶轮直径必须做得比常规水轮机直径大才能满足要求。

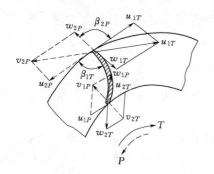

图 2.68　常规混流水轮机双向运行的速度三角形　　图 2.69　离心泵双向运行的速度三角形

2.8.3　水泵水轮机的选择[4]

水泵水轮机的选型是在机组容量和台数一定的情况下确定机型及其主要参数（包括转轮直径、转速和吸出高度等）。这和普通水泵及水轮机的选型不同，水泵水轮机在水轮机

和水泵两种工况下使用的是同一转轮,而且往往是同一转速,所以它们的运行特性紧密相关。因此,水泵水轮机选型时,要适应电站的具体要求,同时使两种工况的参数得到很好的配合与协调,保证水泵水轮机在两种工况下都能在高效率区稳定工作。

由于水泵水轮机不可能同时保证两种运行工况都处于最优性能范围,因此,在参数选择时必须有所侧重。因为水泵工作的条件比较难以满足,所以一般保证水泵工况在最优范围内运行,而水轮机工况就要稍许偏离其最优范围。

2.8.3.1 基本资料

当抽水蓄能电站的规模确定后,进行水泵水轮机参数选择时,首先要确定以下基本指标和数据:

(1) 确定单机容量、机组台数及发电和抽水两种工况的功率因数。

(2) 两种工况的最大水头、最小水头和设计水头。

(3) 两种工况必须达到的最高效率值和允许的最低值。

(4) 每天发电和抽水的时数和运行规律。

(5) 电站设计所允许的最大淹没深度。

(6) 引水系统调节保证计算的限制参数。

2.8.3.2 机型选择

水泵水轮机的机型选择,应参照图 2.65,根据电站的水头/扬程、运行特点,并综合考虑设计制造水平等因素经过技术经济比较确定。抽水蓄能电站水头/扬程高于 800m 时,宜选择多级式水泵水轮机;水头/扬程为 100~800m 时,宜选择单级混流式水泵水轮机;水头/扬程为 50~150m 时,宜选择混流式水泵水轮机或斜流式水泵水轮机;水头/扬程低于 50m 时,宜根据实际情况,通过技术经济比较选择混流式水泵水轮机、斜流式水泵水轮机、轴流式水泵水轮机或贯流式水泵水轮机。

2.8.3.3 主要性能参数的选择

在可行性研究阶段和无模型特性曲线时,可根据统计曲线和估算公式估算单级单速混流式水泵水轮机的主要参数。即根据水轮机工况额定水头 H_r,初步选取水轮机额定水头下的比转速 n_{sT},然后计算单位流量 Q_{11}、转轮直径 D_1、单位转速 n_{11}、转速 n,选定同步转速 n_0,再用同步转速 n_0 重新计算水轮机额定工况比转速 n_{sT0}、单位流量 Q_{11}、直径 D_1、吸出高度 H_{s0} 等。具体步骤如下:

(1) 根据水轮机额定水头 H_r 查图 2.70 中的统计曲线,初步选取水轮机额定水头下的比转速 n_{sT}。$H_r \geq 400m$ 时,可在 $K=2400$ 曲线上选取 n_{sT};$100m \leqslant H_r < 400m$ 时,可在 $K=2200$ 曲线上选取 n_{sT};$H_r < 100m$ 时,可在 $K=2000$ 或 $K=1800$ 曲线上选取 n_{sT}。

(2) 初步计算单位流量 Q_{11} 和转轮直径 D_1:

$$Q_{11} = 0.003n_{sT} - 0.15 \qquad (2.76)$$

$$D_1 = \left[\frac{P_r}{8.88Q_{11}H_r^{1.5}} \right]^{0.5} \qquad (2.77)$$

式中:P_r 为水轮机工况额定功率,kW;H_r 为水轮机工况额定水头,m。

(3) 初步计算单位转速 n_{11} 和选取同步转速 n_0:

$$n_{11} = 78.5 + 0.09187n_{sT} \qquad (2.78)$$

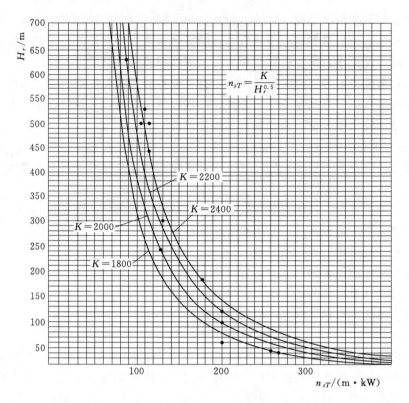

图 2.70　H_r 与 n_{sT} 的关系曲线

$$n=\frac{n_{11}H_r^{0.5}}{D_1}\tag{2.79}$$

根据计算的转速 n 选取同步转速 n_0。

（4）按选取的同步转速 n_0 重新计算水轮机额定工况比转速 n_{sT0}：

$$n_{sT0}=\frac{n_0 P_r^{0.5}}{H^{1.25}}\tag{2.80}$$

（5）将 n_{sT0} 代入式（2.76）重新计算 Q_{11}，将 Q_{11} 代入式（2.77）重新计算转轮直径 D_1。

（6）用水轮机工况额定点比转速 n_{sT0}，最大水头 H_{Tmax} 按下式估算吸出高度：

$$H_{s0}=9.5-(0.0017n_{sT0}^{0.955}-0.008)H_{Tmax}\tag{2.81}$$

考虑到计算的误差较大，应将估算值与已建或待建电站的吸出高度进行比较和分析，并向有关厂家咨询，最终合理地选取吸出高度 H_{s0}。

上述 n_0、n_{sT0}、D_1、H_{s0} 即为初步计算的最终参数。根据转速 n 选取同步转速 n_0 时，可选取高一档和低一档的两个同步转速，然后进行比较确定。

在有了制造厂提供的模型曲线以后，就可以进行具体的选型计算。水泵水轮机选型的实际过程就是在水轮机工况和水泵工况特性相互矛盾的条件下寻求一个最好的折中方案，因此选型计算不可能是十分严格的，在每一计算阶段后都需要参考经验数据做一些必要的调整，再进行下一步的计算。

　　水泵水轮机的性能参数计算可先由水泵工况计算开始，然后校核水轮机工况参数是否满足电站设计要求。也可以先从水轮机工况开始，再校核水泵工况参数情况。两种算法的最终结果应该是比较一致的，具体过程不再详述，可参阅有关文献[4]。

复 习 思 考 题

1. 试述水轮机的主要类型及其水力特征和适用条件。
2. 试述水轮机的型号编制规则。
3. 试述反击式水轮机过流部件及各部件的作用。
4. 试述水轮机蜗壳的型式及各型式的适用条件。
5. 试述蜗壳的断面形状及其主要参数的确定方法。
6. 试述尾水管的作用及型式。
7. 试述弯肘形尾水管尺寸的确定方法。
8. 试述水轮机各工作参数的概念。
9. 试述水轮机的最优工况及其产生的条件。
10. 试述水轮机气蚀的概念及基本类型。
11. 试述各种类型水轮机吸出高度的定义及安装高程的确定方法。
12. 试述水轮机调节的基本任务。
13. 试述水泵水轮机的主要类型及各自的适用范围。

参 考 文 献

[1] 金钟元，伏义淑. 水电站 [M]. 北京：中国水利水电出版社，1994.
[2] 刘启钊，胡明. 水电站 [M]. 北京：中国水利水电出版社，2010.
[3] 金钟元，水力机械 [M]. 北京：中国水利水电出版社，1984.
[4] 陈婧，张宏战，王刚. 水力机械 [M]. 北京：中国水利水电出版社，2015.
[5] 中国国家标准化管理委员会. GB/T 28528—2012 水轮机、蓄能泵和水泵水轮机型号编制方法 [S]. 北京：中国标准出版社，2012.
[6] 中华人民共和国国家经济贸易委员会. DL/T 445—2002 大中型水轮机选用导则 [S]. 北京：中国电力出版社，2002.
[7] 中国国家标准化管理委员会. GB/T 15468—2006 水轮机基本技术条件 [S]. 北京：中国标准出版社，2006.

第 3 章　水轮机的特性及选型设计

3.1　水轮机的相似原理及单位参数

水轮机在不同工况下运行时，各运行参数（如水头 H、流量 Q、转速 n、出力 N、效率 η、及气蚀系数 σ 等）及这些参数之间的关系称为水轮机的特性，具体可以概括为能量特性和气蚀特性。由于水轮机过流通道中的水流运动过程、水力现象极其复杂，目前还须采用模型试验，得出模型水轮机特性，然后根据水轮机的相似定律得出原型水轮机的特性。研究相似水轮机运行参数之间存在的相似规律，并确立这些参数之间换算关系的理论称为水轮机的相似原理。水轮机的相似原理包括相似水轮机之间的相似条件和相似定律两方面的内容。

3.1.1　相似条件

要使两个水轮机保持相似，必须使其水流运动满足流体力学的相似条件，即必须满足几何相似、运动相似及动力相似 3 个条件。

3.1.1.1　几何相似

几何相似是指两个水轮机过流通道几何形状的所有对应角相等，所有对应尺寸成比例，如图 3.1 所示。其数学表达式为

$$\beta_{e_1}=\beta_{e_1M}\,;\ \ \beta_{e_2}=\beta_{e_2M}\,;\ \ \varphi=\varphi_M\,;\cdots \tag{3.1}$$

$$\frac{D_1}{D_{1M}}=\frac{b_0}{b_{0M}}=\frac{a_0}{a_{0M}}=\cdots=常数 \tag{3.2}$$

式中：β_{e_1}、β_{e_2}、φ 为转轮叶片的进口安放角、出口安放角和可转动叶片的转角；D_1、b_0、a_0 为转轮直径、导叶高度和导叶开度。

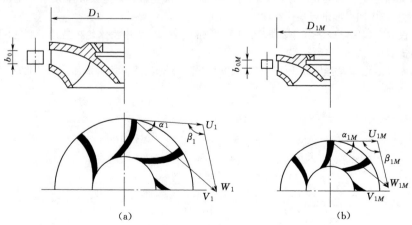

图 3.1　水轮机几何相似和运动相似示意图

有下标"M"者表示模型水轮机参数，否则表示原型水轮机参数，下同。将几何相似但尺寸不同的水轮机所形成的系列称为水轮机系列，简称系列或轮系。

此外几何相似尚应包括对应部位的相对粗糙度相等。在水轮机制造加工时，若工艺相同，则可使绝对粗糙度相等，但保持相对粗糙度相等时很难做到的，在一般几何相似中，为简化起见，可以忽略其影响。

3.1.1.2 运动相似

运动相似的必要条件是几何相似。运动相似是指同一轮系的水轮机，水流在过流通道中对应点的速度方向相同，速度大小成比例。在转轮中则应是各对应点的速度三角形相似，如图 3.1 所示。其数学表达式为

$$\alpha_1 = \alpha_{1M}; \beta_1 = \beta_{1M}; \alpha_2 = \alpha_{2M}; \cdots \tag{3.3}$$

$$\frac{V_1}{V_{1M}} = \frac{U_1}{U_{1M}} = \frac{W_1}{W_{1M}} = \frac{V_2}{V_{2M}} = \cdots = 常数 \tag{3.4}$$

3.1.1.3 动力相似

动力相似的必要条件是几何相似和运动相似。动力相似是指同一轮系的水轮机，水流在过流通道内所有对应点水流质点所受到的力均是同名力（如压力、惯性力、黏滞力、重力、摩擦力等），而且各同名力方向相同，大小成比例。

严格地说，要两台水轮机过流通道内水流运动完全满足流体力学相似，不但要保证上述三个相似条件成立，而且还要保证其边界条件、起始条件的相似，这在实际模型试验中是难以做到的。几何相似条件还包括过流通道表面粗糙度相似，一般难以做到；由于水轮机模型及原型中的流动介质一般均为水，所以其黏滞力相似也难以保证。目前，水轮机试验时，主要是保证水流运动惯性力和压力的相似，对于粗糙度和黏滞力等次要因素先不计其影响，得出初步的相似公式。待模型试验成果转换成原型时，再根据经验对有关参数做适当修正。通过这种近似处理后，模型和原型水轮机之间只能保持近似的力学相似。下面所提到的"相似"均含这种近似性。

3.1.2 相似定律[1-4]

如前所述，将几何相似但尺寸不同的水轮机称为同一系列水轮机。同一系列水轮机保持运动相似的工作状况简称为水轮机的相似工况。水轮机在相似工况下运行时，其各工作参数（如水头 H、流量 Q、转速 n 等）之间的固定关系称为水轮机的相似定律，或称相似律、相似公式。

根据水轮机基本方程和相似条件，经过推导，可得相似水轮机在相似工况下满足以下相似定律。

3.1.2.1 转速相似定律

当忽略粗糙度和黏性等不相似的影响时，相似水轮机在相似工况下有

$$\frac{nD_1}{\sqrt{H\eta_H}} = \frac{n_M D_{1M}}{\sqrt{H_M \eta_{HM}}} = 常数 \tag{3.5}$$

式（3.5）称为水轮机的转速相似定律，它表示相似水轮机在相似工况下其转速与转轮直径成反比，而与有效水头的平方根成正比。

3.1.2.2 流量相似定律

当忽略粗糙度和黏性等不相似的影响时，相似水轮机在相似工况下有

$$\frac{Q\eta_V}{D_1^2\sqrt{H\eta_H}}=\frac{Q_M\eta_{VM}}{D_{1M}^2\sqrt{H_M\eta_{HM}}}=常数 \tag{3.6}$$

式（3.6）称为水轮机的流量相似定律，它表示相似水轮机在相似工况下其有效流量与转轮直径平方成正比，与其有效水头的平方根成正比。

3.1.2.3　出力相似定律

$$\frac{N}{D_1^2(H\eta_H)^{3/2}\eta_m}=\frac{N_M}{D_{1M}^2(H_M\eta_{HM})^{3/2}\eta_{mM}}=常数 \tag{3.7}$$

式（3.7）称为水轮机的出力相似定律，它表示相似水轮机在相似工况下其有效出力（N/η_m）与转轮直径平方成正比，与有效水头的 3/2 次方成正比。

3.1.3　单位参数[1-4]

如果直接利用水轮机相似定律式（3.5）～式（3.7）进行原型与模型水轮机之间的参数转换，在实用上尚存在如下问题：

（1）上述相似公式中包含了水轮机的水力效率 η_H、容积效率 η_V 和机械效率 η_m，它们很难从总效率 η 中分离出来，即很难分别获得它们的数值，尤其对于原型水轮机就连总效率 η 也是事先未知的。

（2）在进行水轮机模型试验时，由于试验装置条件和试验要求不同，所采用的转轮模型直径 D_{1M} 及试验水头 H_M 各不相同，因此，试验所得的模型参数也各不相同。这既不便于应用，也不便于同一系列水轮机不同模型试验成果的比较，更难以进行不同系列水轮机的性能比较。

对于问题（1），在实际中应用中采取的处理方法是，先假定 $\eta_H=\eta_{HM}$、$\eta_V=\eta_{VM}$、$\eta_m=\eta_{mM}$ 和 $\eta=\eta_M$，然后据此换算出原型水轮机参数，最后，根据经验做适当修正，以保证原型参数的计算精度。

对于问题（2），常采用的处理方法是将任一模型试验所得到参数按照相似定律换算成 $D_{1M}=1.0\text{m}$ 和 $H_M=1.0\text{m}$ 的标准条件下的参数，并把这些参数统称为单位参数。

这样，由式（3.5）～式（3.7）可得出相应单位参数的表达式为

$$n_1'=\frac{nD_1}{\sqrt{H}} \tag{3.8}$$

$$Q_1'=\frac{Q}{D_1^2\sqrt{H}} \tag{3.9}$$

$$N_1'=\frac{N}{D_1^2H^{3/2}} \tag{3.10}$$

$$M_1'=\frac{M}{D_1^3H} \tag{3.11}$$

式（3.8）～式（3.11）中，n_1'、Q_1'、N_1' 和 M_1' 分别表示转轮直径 $D_1=1.0\text{m}$ 的水轮机在水头 $H=1.0\text{m}$ 时的转速、流量、出力和力矩，并常用与转速 n、流量 Q、出力 N、力矩 M 相同的单位表示，分别称为水轮机的单位转速、单位流量、单位出力和单位力矩。其表达式中的 D_1、H 必须采用 m 为单位。

同一系列的水轮机，在相似工况下单位参数相等。单位参数代表了同一系列水轮机的性能，因此，可通过比较一些特征工况（如最优工况）的单位参数来评价不同系列水轮机

的性能。水轮机在最优工况下的单位参数称为最优单位参数，常分别以 n'_{10}、Q'_{10} 和 N'_{10} 表示，在水轮机系列型谱表 3.1～表 3.3 中列出了最优单位参数的数值。

3.2　水轮机的效率换算及单位参数修正

3.2.1　水轮机的效率换算[2-4]

上节得出的单位参数表达式是在假定相似工况下模型水轮机与原型水轮机效率相等的条件下得出的，而实际上两者的效率是有差别的。这主要是由以下三方面因素造成：

（1）原型和模型水轮机的金属加工的精度基本相同，即过流表面粗糙度基本相同。但对于直径较大的原型水轮机，其过流表面的相对粗糙度较小，因此其水力损失较小，水力效率 η_H 较高。

（2）原型和模型水轮机中的过流介质均为水，即其黏滞力相同。但对于使用水头较高的原型水轮机，其中水流的黏滞力与惯性力（或压力）的比值较小，因此其相对水力损失较小，水力效率 η_H 较高。

（3）基于加工精度的限制，模型水轮机的容积损失和机械损失不可能按其所需要的相似关系缩小，因此原型水轮机的 η_V 和 η_m 均较高。

由于以上原因，原型水轮机的总效率高于模型水轮机的总效率。对于大型水轮机，有时差值可达 7% 以上。

反击式水轮机的效率修正，有两种方法，供需双方商定任选其一计算即可：

第一种方法，根据模型最高效率来修正。

混流式水轮机效率修正值 $\Delta\eta$ 计算公式（Moody 公式）为

$$\eta_{max} = 1 - (1 - \eta_{Mmax})\left(\frac{D_{1M}}{D_1}\right)^{\frac{1}{5}} \tag{3.12}$$

$$\Delta\eta = K(\eta_{max} - \eta_{Mmax}) = K(1 - \eta_{Mmax})\left[1 - \left(\frac{D_{1M}}{D_1}\right)^{\frac{1}{5}}\right] \tag{3.13}$$

轴流式水轮机效率修正值 $\Delta\eta$ 计算公式（Hutton 公式）为

$$\eta_{max} = 1 - (1 - \eta_{Mmax})\left[0.3 + 0.7\left(\frac{D_{1M}}{D_1}\right)^{\frac{1}{5}}\left(\frac{H_M}{H}\right)^{\frac{1}{10}}\right] \tag{3.14}$$

$$\Delta\eta = K(\eta_{max} - \eta_{Mmax}) = 0.7K(1 - \eta_{Mmax})\left[1 - \left(\frac{D_{1M}}{D_1}\right)^{\frac{1}{5}}\left(\frac{H_M}{H}\right)^{\frac{1}{10}}\right] \tag{3.15}$$

式中：η_{Mmax} 为模型水轮机的最高效率（转桨式水轮机为叶片在不同转角条件下的最高效率）；K 为系数，$K=0.5\sim0.7$（改造机组取小值，新机组取大值），由供需双方商定，一般改造机组取小值，新机组取大值；H_M 为模型水轮机水头，m。

第二种方法，根据过流流态（雷诺数）来修正（国际电工委员会标准 IEC995/IEC 60193 推荐公式）。此方法不再详述，具体可参见《大中型水轮机选用导则》（DL/T 445—2002）[6]或《水轮机基本技术条件》（GB/T 15468—2006）[7]。

3.2.2　单位参数的修正[2-4]

在推导式（3.8）、式（3.9）水轮机单位参数表达式时，假设模型水轮机和原型水轮机的效率相等，而实际上需要考虑两者效率不同的影响，在进行单位参数换算时，n_1'、Q_1' 需做适当修正。在最优工况下，原型水轮机的单位参数 n_{10}'、Q_{10}' 可用如下两式换算：

$$n_{10}' = n_{10M}' \sqrt{\frac{\eta_{\max}}{\eta_{M\max}}} \tag{3.16}$$

$$Q_{10}' = Q_{10M}' \sqrt{\frac{\eta_{\max}}{\eta_{M\max}}} \tag{3.17}$$

式中：n_{10M}'、Q_{10M}' 为模型水轮机在最优工况下的单位参数。

在非最优工况，原型水轮机的单位参数 n_1'、Q_1' 可用如下两式修正：

$$n_1' = n_{1M}' + \Delta n_1' \tag{3.18}$$

$$Q_1' = Q_{1M}' + \Delta Q_1' \tag{3.19}$$

式中：$\Delta n_1'$ 为单位转速修正值，$\Delta n_1' = n_{10}' - n_{10M}'$；$\Delta Q_1'$ 为单位流量修正值，$\Delta Q_1' = Q_{10}' - Q_{10M}'$，即可将最优工况下单位参数修正值，作为任意工况下的单位参数修正值。

在一般情况下，$\Delta Q_1'$ 相对于 Q_1' 很小，因此，在实际应用时常可不做单位流量的修正。对于单位转速，当其修正值 $\Delta n_1' < 0.03 n_{10M}'$ 时，也可不做修正。

3.3　水轮机的比转速

水轮机的单位参数 n_1'、Q_1' 和 N_1' 只能分别从不同的方面反映水轮机的性能。为了能够找到一个综合反映水轮机性能的单位参数，提出了比转速的概念。

由式 (3.8) 和式 (3.10) 消去 D_1 后，可得 $n_1'\sqrt{N_1'} = n\sqrt{N}/H^{\frac{5}{4}}$。对于同一系列水轮机，在相似工况下其 n_1' 和 N_1' 均为常数，因此，$n_1'\sqrt{N_1'}$ = 常数，这个常数就称为水轮机的比转速[2-4]，常用 n_s 表示，即

$$n_s = \frac{n\sqrt{N}}{H^{\frac{5}{4}}} (\text{m} \cdot \text{kW}) \tag{3.20}$$

式中：n 为转速，r/min；H 为水头，m；N 为出力，kW。

从上式可见，比转速 n_s 是一个与 D_1 无关的综合单位参数，它表示同一系列水轮机在 $H = 1\text{m}$、$N = 1\text{kW}$ 时的转速。

如果将 $N = 9.81 HQ\eta$、$n = \dfrac{n_1'\sqrt{H}}{D_1}$ 和 $Q = Q_1' D_1^2 \sqrt{H}$ 代入式 (3.20) 可导出 n_s 的另外两个公式：

$$n_s = 3.13 \frac{n\sqrt{Q\eta}}{H^{3/4}} (\text{m} \cdot \text{kW}) \tag{3.21}$$

$$n_s = 3.13 n_1' \sqrt{Q_1'\eta} (\text{m} \cdot \text{kW}) \tag{3.22}$$

式 (3.20) ～式 (3.22) 可见，n_s 综合反映了水轮机工作参数 n、H、N 或 Q 之间的关系，也反映了单位参数 n_1'、N_1' 或 Q_1' 之间的关系，因此，n_s 是一个重要的综合参数，它代表同一系列水轮机在相似工况下运行的综合性能。目前国内外大多采用比转速 n_s 作

为水轮机系列分类的依据。但由于 n_s 随工况变化而变化，所以通常规定采用设计工况或最优工况下的比转速作为水轮机分类的特征参数。随着新技术、新工艺和新材料的不断发展和应用，各型水轮机的比转速的数值也在不断提高，高比转速水轮机的优越性主要如下：

（1）由式（3.20）可见，当 n、H 一定时，提高 n_s 对于相同尺寸的水轮机，可提高其出力，或者可以采用较小尺寸的水轮机得到相同的出力。

（2）当 H、N 一定时，提高 n_s 可以增大 n，从而可使发电机外形尺寸减小。

可见，提高比转速对提高机组动能效益降低机组造价和厂房土建投资都具有重要意义。

由式（3.21）可见，当 H 一定时，n_s 的大小取决于 n、Q 及 η 的大小。由于近代水轮机的 η 已达到较高水平，进一步提高 η 已很有限，因此提高 n_s 的主要途径是采用新型的水轮机结构、改善过流部件的水力设计以提高 n 和 Q 值。如采取增大 b_0/D_1（图 3.2）、缩短流道长度、减少叶片数和减缓翼形弯曲程度（即减小 β_1，图 3.3）等措施。但在 n、Q 增大的同时，转轮出口流速也随之增大，从而对尾水管性能的要求明显提高，而且最致命的是水轮机的气蚀性能将明显变差。

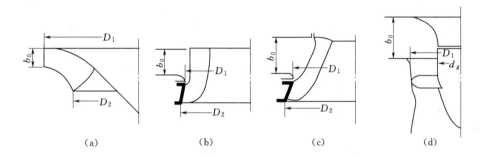

图 3.2 不同比转速水轮机的转轮形状

（a）低比转速混流式；（b）中比转速混流式；（c）高比转速混流式；（d）轴流式

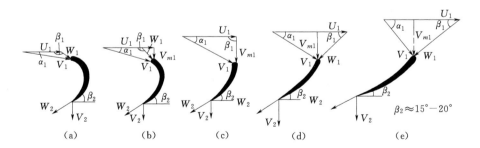

图 3.3 不同比转速水轮机的进、出口速度三角形

（a）、（b）低比转速混流式；（c）中比转速混流式；（d）高比转速混流式；（e）轴流式

在高水头电站中，如果采用高比转速水轮机，即使保证了机组的强度条件，还要有较大的淹没深度，这将会增大厂房的开挖深度和土建投资。因此，对于高比转速水轮机，气蚀条件是限制其应用水头范围的主要因素，n_s 越高，适用水头 H 越低。

3.4　水轮机的特性曲线

水轮机的特性是由水轮机各参数之间的关系来表示的，但由于这些参数之间的关系较为复杂，目前尚不能用确定的函数关系来表达水轮机在不同工况下的能量特性和气蚀特性，而只能采用关系曲线的形式来表达这些特性。水轮机各参数之间的关系曲线称为水轮机的特性曲线，这种曲线又可分为线型特性曲线和综合特性曲线两大类，前者仅能表达两个或三个参数之间的关系，而后者可以表达多个参数之间的关系，反映全面应用较广。

3.4.1　水轮机工作特性曲线[1-4]

水轮机在实际运行中，转轮直径 D_1 是一定的，而且转速 n 也必须保持恒定，当系统负荷发生变化时，必须改变水轮机流量以相应调节水轮机的出力。为了解水轮机效率随流量及出力的变化规律，常需绘制在 D_1、n 及水头 H 均为常数时的 $\eta = f(N)$、$\eta = f(Q)$ 及 $Q = f(N)$ 曲线，这些曲线统称为水轮机的工作特性曲线。其中，$\eta = f(N)$ 曲线又称为效率特性曲线，如图 3.4 所示。在图 3.4（a）所示的混流式水轮机效率特性曲线中，a 点为空载运行工况点，即 $n = n_r$、$N = 0$ 的工况点，a 点对应的流量 Q_k 称为空载流量；c 点为最高效率点，即最优工况点；d 点为极限出力点。此外，曲线上还标有 5% 出力限制线：水轮机在运行过程中，达到最大出力后，若继续增大流量，水轮机中水流条件恶化造成水力损失急剧增加，使水轮机效率下降，其对出力的影响超过了流量增加对出力的影响，从而使出力不增反降；为了避免这种情况发生，并保证有一定的安全储备，采用限制工况的方法，规定水轮机只能在模型综合特性曲线中 5% 出力限制线的左侧工作。

在图 3.4（b）所示的轴流式水轮机效率特性曲线中，转桨式水轮机的效率特性曲线实质上是各种转角 φ 的定桨式水轮机效率特性曲线的外包络线，其高效率区较为宽广，故一般在正常运行范围内不存在极限出力点。水轮机工作特性曲线反映了水轮机在水头不变的情况下的实际运行特性。

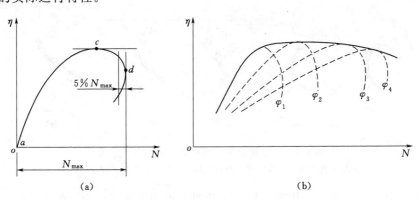

图 3.4　效率特性曲线 $\eta = f(N)$

（a）混流式水轮机；（b）轴流式水轮机

3.4.2 水轮机模型综合特性曲线[1-4]

水轮机模型综合特性曲线可根据其试验资料绘制得出。在进行水轮机模型试验时，为了获得全部工作范围内的能量特性和气蚀特性，一般从最小开度到最大开度之间选用 4～8 个开度，在每个开度改变负荷做 6～8 个工况点，并测量各工况点下的工作参数有 H_M、Q_M、n_M、N_M 及 σ_M，由此便可计算出该工况下的模型效率 η_M 及其相应的单位参数为

$$\eta_M = \frac{N_M}{9.81Q_M H_M} \tag{3.23}$$

$$n_1' = \frac{n_M D_{1M}}{\sqrt{H_M}} \tag{3.24}$$

$$Q_1' = \frac{Q_M}{D_{1M}^2 \sqrt{H_M}} \tag{3.25}$$

以 n_1' 为纵坐标，以 Q_1' 为横坐标，在坐标场里标出每一个开度下的工况点（n_1'、Q_1'）及各点对应的效率 η_M，导叶开度 a_{0M} 和气蚀系数 σ_M，接着按绘制等高线的方法绘制出各等效率线、等开度线和等气蚀系数线。

图 3.5 为 HL240 型水轮机模型综合特性曲线，图中各参数不再加注角标"M"。图中绘有一条 5% 出力限制线，这是用以限制水轮机在增大流量时，由于效率过低反而会发生出力下降的情况。从图 3.5 还可以看出，在最内圈等效率（$\eta_M = 91\%$）曲线中面积的几何中心点上的效率最高，所以该点相应的工况即为 HL240 型水轮机模型的最优工况，最优工况下的参数可由图上查得，最高效率 $\eta_{M\max} = 92\%$（一般最内圈上的效率加 1%），最优单位转速 $n_{10}' = 72.0$r/min，最优单位流量 $Q_{10}' = 1100$L/s，气蚀系数 $\sigma_M = 0.2$；再作 $n_{10}' = 72$r/min 的平线，它与 5% 出力限制线交于一点，该点的工况称为 HL240 型水轮机模型的限制工况，该工况下的参数亦可由图上查得 $Q_{1\max}' = 1240$L/s，$\eta_M = 90.4\%$，$\sigma_M = 0.2$。

图 3.6 为 ZZ440 型水轮机的模型综合特性曲线，该图上除等效率曲线、等开度曲线和等气蚀线外，还绘有等转角（φ）线。该图上没有 5% 出力限制线，这是由于其最大出力主要受气蚀条件的限制。同样，可从图上查得该型水轮机模型在最优工况下的参数为 $\eta_{M\max} = 89\%$，$n_{10}' = 115$r/min，$Q_{10}' = 800$L/s，$\sigma_M = 0.3$；该型水轮机限制的气蚀系数为 $\sigma_M = 0.72$，在图上作 $n_{10}' = 115$r/min 的平线，它与 $\sigma_M = 0.72$ 的等气蚀线相交，此交点即为该水轮机模型的限制工况，限制工况下的参数可从图上查得 $Q_{1\max}' = 1650$L/s，$\eta_M = 82\%$，$\sigma_M = 0.72$。

3.4.3 水轮机运转综合特性曲线[1-4]

运转综合特性曲线简称运转特性曲线，是在转轮直径 D_1 和转速 n 为常数时，以水头 H 和出力 N 为纵、横坐标而绘制的几组等值线，如图 3.7 所示。图中常常绘有下列等值线：①等效率 η 线；②等吸出高度 H_s 线；③出力限制线。此外，有时图中还绘有导叶（或喷针）等开度 a_0 线、转桨式水轮机的叶片等转角 φ 线等。运转综合特性曲线是针对具体的原型水轮机绘制的。与模型综合特性曲线相比，它更直观地反映了原型水轮机在各种工况下的特性，更便于查用。运转综合特性曲线在水电站设计、运行管理中有着重要的指导作用。

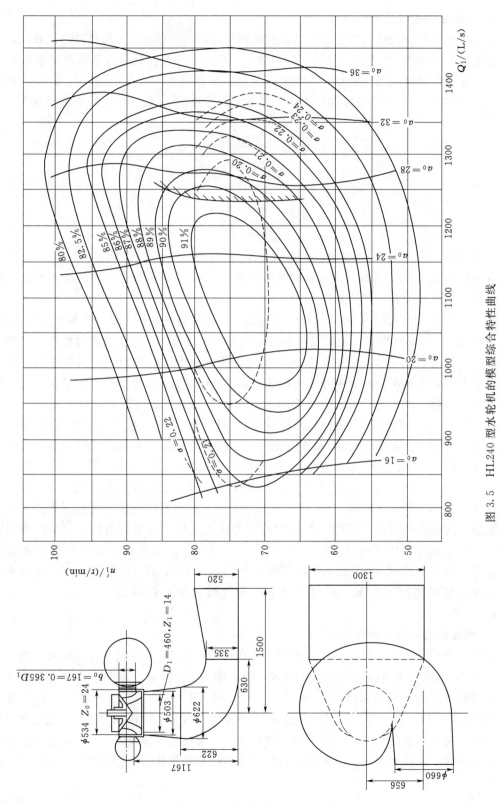

图 3.5　HL240 型水轮机的模型综合特性曲线

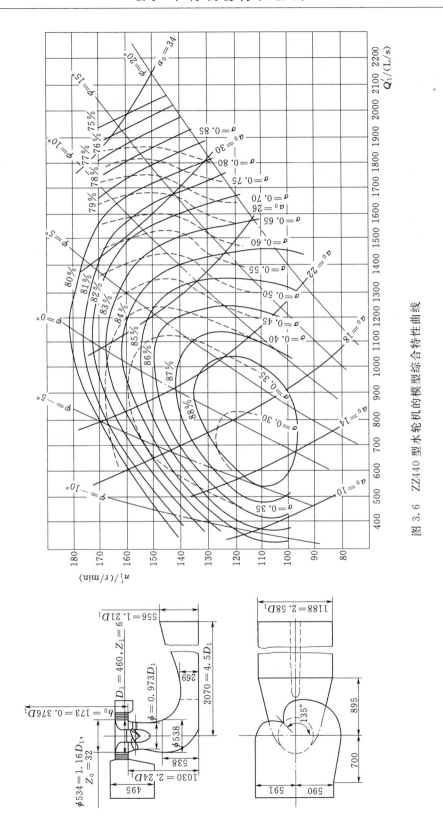

图 3.6 ZZ440 型水轮机的模型综合特性曲线

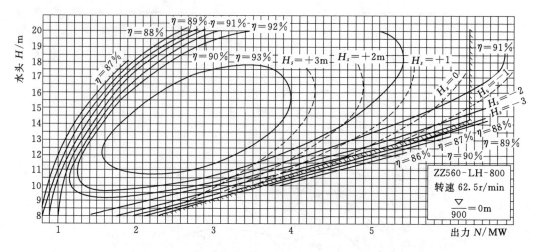

图 3.7 ZZ560 水轮机（$D_1 = 8\text{m}$，$n = 62.5\text{r/min}$）运转综合特性曲线

目前，在水轮机有关手册或制造厂产品目录中一般都提供模型综合特性曲线。一个轮系水轮机有一份模型综合特性曲线。而上述的工作特性曲线和运转综合特性曲线都是根据原型水轮机的实际情况由其模型综合特性曲线换算出来的。

3.5 水轮机的选型设计

合理地选择水轮机是水电站设计中的一项重要工作。它不仅包括水轮机型号的选择和有关参数的确定，还应认真分析与选型设计有关的各种因素，如水轮发电机组的制造、运输、安装、运行维护、电力用户的要求以及水电站枢纽布置，土建施工、工期安排等。因此，在选型设计过程中应广泛征集水工、机电和施工等多方面的意见，列出可能的待选方案，进行各方案之间的动能经济比较和综合分析，以力求选出技术上先进可靠、经济上合理的水轮机。

3.5.1 水轮机选型设计的内容、要求及所需资料[1-4]

3.5.1.1 水轮机选型设计的内容

（1）确定水轮发电机组的台数和单机容量。

（2）选择水轮机型号及装置方式。

（3）选择水轮机的主要参数，包括转轮直径、同步转速等。

（4）确定水轮机的吸出高度及安装高程。

（5）绘制水轮机的运转综合特性曲线。

（6）确定蜗壳、尾水管的型式和主要尺寸。

（7）选择调速器及油压装置。

（8）选择水轮发电机的型号并估算其外形尺寸。

3.5.1.2 水轮机选型设计的要求

水轮机选型设计要充分考虑水电站在水能、水文地质、工程地质、枢纽布置和电力系统多方面的条件，最终优选方案有较高的技术经济水准。

（1）水轮机的能量特性好，额定水头保证发出额定出力，并且机组效率较高。

（2）水轮机性能与电站整体运行方式一致，运行灵活、稳定、可靠。要有良好的抗空蚀、抗磨损性能，无过大振动和噪声，便于管理。

（3）水轮发电机组的结构设计科学合理，便于制造、运输、安装和检修维护。

（4）水轮机的选择应便于水电站建筑物的布置。

（5）尽量降低水电站的投资和运行费用，缩短建设期。

当进行水轮机选型设计时，上述各要求发生冲突时，应根据具体情况抓住主要矛盾进行合理选择。

3.5.1.3 水轮机选型设计所需的基本资料

1. 水电站技术资料

（1）水电站的类型及厂房型式、水库参数和调节性能、枢纽布置方案、水文地质地形情况、装机容量等。

（2）水电站的特征水头。包括最大水头 H_{max}、最小水头 H_{min}、加权平均水头 H_{av} 和额定水头 H_r。

（3）水电站的特征流量。包括最大流量 Q_{max}、额定流量 Q_r 等。

（4）水电站的上、下游水位及下游水位-流量关系曲线。

2. 水轮机设备技术资料

水轮机设计技术资料包括现行水轮机系列型谱，水轮机模型综合特性曲线，水轮机制造厂设备生产情况及产品技术资料，国内外已投入运行或正在设计、施工的同类型水轮机参数、性能，相似水电站的运行经验和问题等。

3. 水电站运输和设备安装方面资料

水陆交通情况（如铁路、公路、水路运输能力），设备现场安装水平和能力等。

4. 水电站有关经济资料

水电站总装机容量和机组在电力系统中的地位及运行方式等，有关机电设备造价、厂房投资和年运行费用、投资与回报的经济分析等。

3.5.2 机组台数及单机容量的选择[1-4]

机组台数的选择需要考虑的因素有水电站的设备制造、水电站投资、运行效率、检修维护、电力系统及电气主接线等，各种因素是相互联系而又相互独立的，不可能同时一一满足，所以在选择机组台数时，应针对具体情况，经技术经济比较确定。

水电站的装机容量等于机组台数和单机容量的乘积，当水头和机型一定时，水轮机的价格随其单机容量的增大而降低，所以通常在经济和技术条件相近时，应尽可能地采用机组台数较少的方案，但不应少于2台。但是机组单机容量越大，其制造、运输、安装的难度和要求也越高。同时为了制造、安装和运行维护及备件供应的方便，在一个水电站内应尽可能选用相同型号的机组。大中型机组常采用扩大单元的接线方式，为了电气主接线图的对称，大多数情况下都希望选用偶数的机组台数。

3.5.3 水轮机型号及装置方式的选择[1-4]

水轮机型号选择是在已知机组单机容量和各种特征水头的情况下进行的，一般可以采用根据水轮机系列型谱选择和套用机组两种方法。

3.5.3.1　根据水轮机系列型谱选择

在水轮机型号选择中，起主要作用的是水头，每一种型号的水轮机都有一定的水头适用范围。上限水头是根据其结构强度及气蚀特性等条件决定的，一般不允许超出，而下限水头是由经济因素决定的。根据已知的水电站水头，可直接从水轮机系列型谱参数表（表 3.1～表 3.5）中选出合适的水轮机型号。有时可能选出两种适用的型号，则可将两种机型均列入比较方案。

表 3.1　　　　　　　　　　大中型轴流式转轮参数（暂行系列型谱）

适用水头范围 H/m	转轮型号		转轮叶片数 Z_1	轮毂比 d_g/D_1	导叶相对高度 b_0/D_1	最优单位转速 $n'_{10}/(r/min)$	推荐使用的最大单位流量 $Q'_1/(L/s)$	模型气蚀系数 σ_M
	适用型号	旧型号						
3～8	ZZ600	ZZ55，4K	4	0.33	0.488	142	2000	0.70
10～22	ZZ560	ZZA30，ZZ005	4	0.40	0.400	130	2000	0.59～0.77
15～26	ZZ460	ZZ105，5K	5	0.5	0.382	116	1750	0.60
20～36(40)	ZZ440	ZZ587	6	0.5	0.375	115	1650	0.38～0.65
30～35	ZZ360	ZZA79	8	0.55	0.35	107	1300	0.23～0.40

注　适用转轮直径 $D_1 \geqslant 1.4m$ 的轴流式水轮机。

表 3.2　　　　　　　　　　大中型混流式转轮参数（暂行系列型谱）

适用水头范围 H/m	转轮型号		导叶相对高度 b_0/D_1	最优单位转速 $n'_{10}/(r/min)$	推荐使用的最大单位流量 $Q'_{10}/(L/s)$	模型气蚀系数 σ_M
	适用型号	旧型号				
<30	HL310	HL365，Q	0.91	88.3	1400	0.360*
25～45	HL240	HL123	0.365	72.0	1240	0.200
35～65	HL230	HL263，H_2	0.315	71.0	1110	0.170*
50～85	HL220	HL702	0.250	70.0	1150	0.133
90～125	HL200	HL741	0.200	68.0	960	0.100
	HL180	HL662（改型）	0.200	67.0	860	0.085
110～150	HL160	HL638	0.224	67.0	670	0.065
140～200	HL110	HL129，E_2	0.118	61.5	380	0.055*
180～250	HL120	HLA41	0.120	62.5	380	0.060
230～320	HL100	HLA45	0.100	61.5	280	0.045

注　1. 表中有"*"者为装置气蚀系数 σ_Z。
　　2. 适用转轮直径 $D_1 \geqslant 1.0m$ 的混流式水轮机。

表 3.3　　　　　　　　　　ZD760 转轮参数表

转轮叶片数 Z_1	4			最优单位转速 $n'_{10}/(r/min)$	165	148	140
导叶相对高度	0.45			推荐使用的最大单位流量 $Q'_{10}/(L/s)$	1670	1795	1965
叶片装置角 $\varphi/(°)$	5	10	15	模型气蚀系数 σ_M	0.99	0.99	1.15

注　ZD760 是适用水头 9m 以下的轴流定桨式转轮。

表 3.4 混流式水轮机模型转轮主要参数表

转轮型号	推荐适用水头范围 /m	模型转轮				最优工况					限制工况		
		试验水头 H/m	直径 D_1 /mm	叶片数 Z_1	导叶相对高度 b_0/D_1	单位转速 n'_{10} /(r/min)	单位流量 Q'_{10} /(L/s)	效率 η /%	气蚀系数 σ	比转速 n_s	单位流量 Q'_{10} /(L/s)	效率 η /%	气蚀系数 σ
HL310	<30	0.305	390	15	0.391	88.3	1120	89.6		355	1400	82.6	0.360*
HL260	10~25		385	15	0.378	72.5	1180	89.4		286	1370	82.8	0.280
HL240	25~45	4.00	460	14	0.365	72.0	1100	92.0	0.200	275	1240	90.4	0.200
HL230	35~65	0.305	404	15	0.315	71.0	913	90.7		247	1110	85.2	0.170*
HL220	50~85	4.00	460	14	0.250	70.0	1000	91.0	0.115	255	1150	89.0	0.133
HL200	90~125	3.00	460	14	0.200	68.0	800	90.7	0.088	210	950	89.4	0.088
HL180	90~125	4.00	460	14	0.200	67.0	720	92.0	0.075	207	860	89.5	0.083
HL160	110~150	4.00	460	17	0.224	67.0	580	91.0	0.057	187	670	89.0	0.065
HL120	180~250	4.00	380	15	0.120	62.5	320	90.5	0.050	122	380	88.4	0.065
HL110	140~200	0.305	540	17	0.118	61.5	313	90.4		125	380	86.8	0.055*
HL100	230~320	4.00	400	17	0.100	61.5	225	90.5	0.017	101	305	86.5	0.070

注 带"＊"者为装置气蚀系数 σ_Z。

表 3.5 轴流式水轮机模型转轮主要参数表

转轮型号	推荐适用水头范围 /m	模型转轮					最优工况					限制工况		
		试验水头 H/m	直径 D_1 /mm	轮毂比 d_g/D_1	叶片数 Z_1	导叶相对高度 b_0/D_1	单位转速 n'_{10} /(r/min)	单位流量 Q'_{10} /(L/s)	效率 η /%	气蚀系数 σ	比转速 n_s	单位流量 Q'_{10} /(L/s)	效率 η /%	气蚀系数 σ
ZZ600	3~8	1.5	195	0.333	4	0.488	142	1030	85.5	0.32	518	2000	77.0	0.70
ZZ560	10~22	3.0	460	0.400	4	0.40	130	940	89.0	0.30	438	2000	81.0	0.75
ZZ460	15~26	15.0	195	0.500	5	0.382	116	1050	85.0	0.24	418	1750	79.0	0.60
ZZ440	15~36(40)	3.5	460	0.500	6	0.375	115	800	89.0	0.30	275	1650	81.0	0.72
ZZ360	30~35		350	0.550	8	0.350	107	750	88.0	0.16		1300	81.0	0.41
ZD760	2~6				4	0.45	165	1670						0.99

注 ZD760 的气蚀系数为 0.99 的条件是 $\varphi=5°$。

3.5.3.2 套用机组法选择

根据国内设计、施工和已运行的水电站资料，在设计水头接近、单机容量相当、经济技术指标适宜时，可优先选用已经生产过的机组套用，这样可以节省水轮机设计工作量，并可尽早供货，使水电站提前投入运行。

3.5.3.3 装置方式选择

在大中型水电站，其水轮发电机组的尺寸一般较大，安装高程也较低，因此其装置方式多采用竖轴式，即水轮机轴和发电机轴在同一铅垂线上，并通过法兰盘连接。这样发电机的安装位置较高不易受潮，机组的传动效率较高，而且水电站厂房的面积较小，设备布置较为方便。

对机组转轮直径小于 1m、吸出高度 H_s 为正值的水轮机，常采用卧轴装置，以降低厂房高度。而且卧式机组的安装、检修和运行维护也较为方便。

3.5.4 反击式水轮机主要参数的选择[1-4]

在机组台数和型号确定之后，可进一步确定各方案的转轮直径 D_1、转速 n 及吸出高度 H_s。所选择的 D_1、n 应满足在设计水头 H_r 下发出水轮机的额定出力，并在加权平均水头 H_{av} 运行时效率最高；所选择的吸出高度 H_s 应满足防止水轮机气蚀的要求和水电站开挖深度的经济合理性。在选择方法上有应用范围图法和模型综合特性曲线法。应用范围图法选择水轮机参数简单易行，但较粗略，一般多用于中小型水电站的水轮机选型设计。大中型水电站水轮机选型一般用模型综合特性曲线选择水轮机的主要参数。

3.5.4.1 用应用范围图选择水轮机的主要参数[2]

在水轮机产品目录和有关手册中，载有系列水轮机的应用范围图，可供选用。图 3.8 是 HL220 系列水轮机的应用范围图，该图以水轮机的单机出力 N 及水头 H 为纵、横坐标，图中绘出了若干平行的斜线，与垂直线构成了许多斜方格，每一斜方格中注有水轮机的标准同步转速，在图右边的斜方格中注有水轮机的标称直径 D_1。平行四边形的上、下两边为出力界限，左、右两边为适用水头范围。

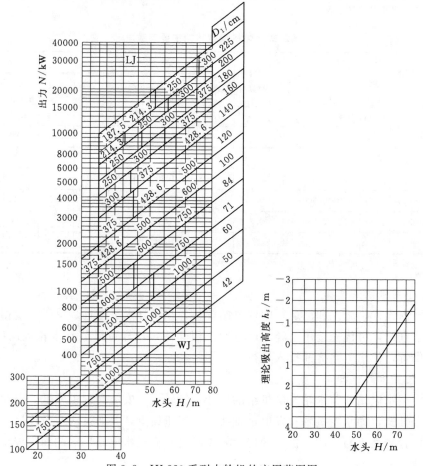

图 3.8 HL220 系列水轮机的应用范围图

在应用时，根据水轮机给定的设计水头 H_r 和额定出力 N_r 可在选定系列的应用范围图上直接查出所需的 D_1 和 n 值。当 H_r、N_r 的坐标点正好落在斜线上时，说明上、下两种 D_1 和 n 均可适用。为了使水轮机容量有一定的富裕，一般可选较大的直径。

在每种系列应用范围图的旁边给出了 $h_s = f(H)$ 的关系曲线，图中，h_s 代表水轮机装置高程为零时的最大允许吸出高度，应用时，根据设计水头 H_r 可查出对应的 h_s 值。若所选水轮机的装置高程 $\nabla > 0$，则其吸出高度 H_s 为

$$H_s = h_s - \frac{\nabla}{900} \text{(m)} \tag{3.26}$$

对于混流式水轮机，在 N 和 H 变化时，气蚀系数 σ 变化不大，故在 $h_s = f(H)$ 图中只绘出一条曲线，如图 3.8 所示。对于转桨式水轮机，当 N、H 变化时，气蚀系数 σ 变化较大，故在 $h_s = f(H)$ 图中绘出了两条曲线，如图 3.9 所示。应用时，可按给定的 H_r 和 N_r 坐标点在应用范围图的斜方格中的位置，按比例地在两条 $h_s = f(H)$ 曲线之间找到相应的点，从而确定 h_s 的值。

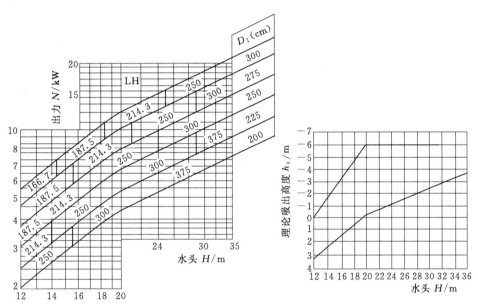

图 3.9 ZZ440 系列水轮机的应用范围图

3.5.4.2 用模型综合特性曲线选择水轮机的主要参数[2-4]

首先根据模型综合特性曲线，利用相似公式计算出原型水轮机的主要参数，然后把已选定的原型水轮机主要参数换算成模型参数，绘在模型综合特性曲线图上，以检验所选的参数是否合适，如果合适，则这些参数即为所选参数。

1. 转轮直径 D_1 的计算

水轮机额定出力 N_r 的计算公式为

$$N_r = 9.81 Q_1' D_1^2 H_r \sqrt{H_r} \eta \tag{3.27}$$

则

$$D_1 = \sqrt{\frac{N_r}{9.81 Q_1' H_r \sqrt{H_r} \eta}} \tag{3.28}$$

式（3.28）中右端各参数取值方法如下：

（1）N_r 为水轮机的额定出力。可按下式求得

$$N_r = \frac{N_{gr}}{\eta_{gr}} \tag{3.29}$$

式中：N_{gr} 为发电机的额定出力（单机容量），kW；η_{gr} 为发电机的额定效率，对于大中型发电机 $\eta_{gr} = 96\% \sim 98\%$。

（2）H_r 为水轮机的设计水头，单位为 m。H_r 与水电站加权平均水头 H_{av} 密切相关，H_{av} 一般由水能计算确定。H_r 与 H_{av} 大致存在如下关系：

对于河床式水电站　　　　　　　　$H_r = 0.9 H_{av}$

对于坝后式水电站　　　　　　　　$H_r = 0.95 H_{av}$

对于引水式水电站　　　　　　　　$H_r = H_{av}$

（3）Q_1' 为水轮机的单位流量，单位为 m^3/s。在可能的情况下，Q_1' 应尽量取大值，以减小 D_1 的值。对于混流式水轮机，查模型综合特性曲线图上最优单位转速 n_{10M}'（或略高于 n_{10M}'）与 5% 出力限制线的交点（限制工况点）所对应的单位流量。对于轴流式水轮机，其限制工况由气蚀条件决定，但其限制工况的气蚀系数往往过高，如果按此设计，常会造成水电站基础挖方过大，所以有些水电站根据允许吸出高度 $[H_s]$ 反求出相应的允许气蚀系数 $[\sigma]$ 后，查模型综合特性曲线图上 $[\sigma]$ 等值线与最优单位转速 n_{10M} 水平线的交点，该点对应的 Q_1' 值即为所求，并可求得该点的模型效率 η_M。根据 $[H_s]$ 反求 $[\sigma]$ 的计算公式为

$$[\sigma] = \frac{10 - \dfrac{\nabla}{900} - [H_s]}{K_\sigma H_r} \tag{3.30}$$

或

$$[\sigma] = \frac{10 - \dfrac{\nabla}{900} - [H_s]}{H_r} - \Delta\sigma \tag{3.31}$$

允许吸出高度 $[H_s]$ 的选取，应根据工程地质条件、下游水位变幅、厂房布置、电站对外交通及开挖经济合理性等具体情况，加以确定。

（4）η 为上述 Q_1' 工况点相应的原型效率，它等于模型效率 η_M 加上效率修正值 $\Delta\eta$，即 $\eta = \eta_M + \Delta\eta$。在 D_1 求出之前，$\Delta\eta$ 无法求出，所以可以先假定一个数值（2% ~ 3%），据之求出 D_1 值，根据此 D_1 值再求出 $\Delta\eta$ 及 η 值，如该 $\Delta\eta$ 及 η 值与原假定值接近，则 D_1 正确，否则重新假定 $\Delta\eta$ 及 η 值，重新计算 D_1 值。η_M 取上述 Q_1' 工况点的模型效率，通过查模型综合特性曲线图上 n_{10M} 与 Q_1' 的交点求得。

将上述各参数选用值代入式（3.28）便可求出 D_1 值。然后根据水轮机转轮标称直径系列（表 2.3）选取与 D_1 计算值相近的转轮标称直径。一般选取较计算值稍大的标称

直径。

2. 转速 n 的计算

水轮机转速的计算公式为

$$n = \frac{n_1' \sqrt{H}}{D_1} \tag{3.32}$$

为了使水轮机在加权平均水头下获得最高效率，上式中的 n_1' 选用原型最优单位转速 n_{10}'，H 选用加权平均水头 H_{av}。

按式（3.32）求得的水轮机转速 n 必须与相近的发电机同步转速（表2.6）匹配。若 n 的计算值介于两个同步转速之间，则应进行方案比较后确定。一般来说，在保证水轮机处于高效率区工作的前提下，应选用较大的同步转速，以使机组具有较小的尺寸和重量。

3. 效率换算及单位参数修正

根据3.2节中给出的公式计算 $\Delta \eta$ 和 Δn_1，从而获得原型水轮机的效率 η 和单位转速 n_1，并复核计算转轮直径 D_1 时假定的 $\Delta \eta$ 是否合适，若相近则 D_1 计算正确，否则应重新计算 D_1。

对于轴流转桨式水轮机，效率修正值应该针对不同的叶片转角 φ 分别进行计算，而单位转速修正值可根据最优转角的最高效率值进行计算。

4. 工作范围的检验

由于所选的 D_1 和 n 均为标准值，与计算值略有差异，因此需要检验所选定的水轮机参数是否能保证水轮机在最优效率区工作。

按水轮机的最大水头 H_{max}、最小水头 H_{min} 和选定的标准直径 D_1、同步转速 n 可计算出最大、最小单位转速 n_{1max}' 和 n_{1min}'；按设计水头 H_r 和选定的 D_1 可计算出水轮机以额定出力 N_r 工作时的最大单位流量 Q_{1max}'。然后在水轮机模型综合特性曲线图上绘出 n_{1max}'、n_{1min}' 和 Q_{1max}' 为常数的直线，这些直线之间所包含的范围即为水轮机的相似工作范围，如图3.10所示。如果此范围包含了综合特性曲线的高效率区，则所选定的 D_1、n 值是合理的，否则需要适当调整 D_1 和 n 值，并重新检验其工作范围的合理性。

5. 吸出高度 H_s 的计算

水轮机在不同工况下的气蚀系数 σ 是不同的，在方案比较阶段 H_s 可初步按设计工况下的 σ 值进行计算。待方案选定后再进一步根据水轮机的运行条件、厂房的开挖情况进行不同 H_s 的方案的技术经济比较，选定合理的 H_s 值。

3.5.5 水轮机型号及主要参数选择举例[2,4]

1. 已知条件

某水电站装机容量 400MW，机组 4 台，单机容量 100MW；最大水头 $H_{max} = 85$m，最小水头 $H_{min} = 57$m，加权平均水头 $H_{av} = 76.8$m，额定水头 $H_r = 73$m，水电站海拔 $\nabla = 325$m；允许吸出高度 $H_s \geqslant -4.0$m。

2. 水轮机型号的选择

根据水头范围，在水轮机系列型谱表3.2、表3.4查出适合的机型为 HL220。

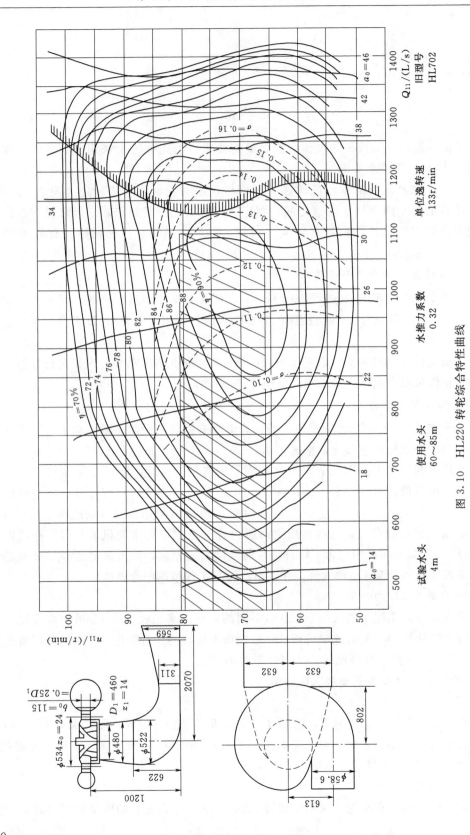

图 3.10　HL220 转轮综合特性曲线

3. 水轮机主要参数的选择

(1) 转轮直径 D_1 的计算。水轮机的额定功率:

$$N_r = \frac{N_{gr}}{\eta_{gr}} = \frac{100 \times 1000}{0.98} = 102000(\text{kW})$$

在 HL220 模型综合特性曲线图上查得最优单位转速 $n'_{10M} = 70\text{r/min}$ 与 5% 出力限制线的交点对应的限制工况单位流量 $Q'_1 = 1.15\text{m}^3/\text{s}$,模型效率 $\eta_M = 89\%$。初步假定原型水轮机限制工况效率 $\eta = 91\%$,则转轮直径为

$$D_1 = \sqrt{\frac{N_r}{9.81 Q'_1 H_r \sqrt{H_r} \eta}} = \sqrt{\frac{102000}{9.81 \times 1.15 \times 73 \times \sqrt{73} \times 0.91}} = 3.99(\text{m})$$

计算值处于标称直径 3.8m 和 4.1m 之间,选用与之接近并偏大的标准直径 $D_1 = 4.1\text{m}$。

(2) 转速 n 的计算。

$$n = \frac{n'_1 \sqrt{H}}{D_1} = \frac{n'_{10} \sqrt{H_{av}}}{D_1} = \frac{70 \times 76.8}{4.1} = 149.6(\text{r/min})$$

选取与之接近而偏大的同步转速 $n = 150\text{r/min}$。

(3) 效率换算及单位参数修正。

1) 计算效率修正值。查表 3.4 可得 HL220 型水轮机在最优工况下的模型最高效率为 $\eta_{M\text{max}} = 91\%$,模型转轮直径为 $D_{1M} = 0.46\text{m}$,根据式 (3.12) 可求出原型水轮机最高效率 η_{max}:

$$\eta_{\text{max}} = 1 - (1 - \eta_{M\text{max}}) \left(\frac{D_{1M}}{D_1}\right)^{\frac{1}{5}} = 1 - (1 - 91\%) \left(\frac{0.46}{4.1}\right)^{\frac{1}{5}} = 94\%$$

则效率修正值 $\Delta\eta$:

$$\Delta\eta = \eta_{\text{max}} - \eta_{M\text{max}} = 94\% - 91\% = 3\%$$

考虑到模型与原型水轮机在制造工艺质量上的差异,常在已求得的 $\Delta\eta$ 值中再减去一个修正值 ξ,现取 $\xi = 1.0\%$,则效率修正值为 2%,由此可得原型水轮机在最优工况下和限制工况下的效率为

$$\eta_{\text{max}} = \eta_{M\text{max}} + \Delta\eta = 91\% + 2\% = 93\%$$

$$\eta = \eta_M + \Delta\eta = 89\% + 2\% = 91\% \text{ (与原来假定的数值相同)}$$

2) 计算单位转速修正值。

$$\Delta n'_1 = n'_{10M} \left(\sqrt{\frac{\eta_{\text{max}}}{\eta_{M\text{max}}}} - 1\right)$$

$$\frac{\Delta n'}{n'_{10M}} = \left(\sqrt{\frac{\eta_{\text{max}}}{\eta_{M\text{max}}}} - 1\right) = \sqrt{\frac{0.932}{0.91}} - 1 = 0.012 = 1.2\% < 3\%$$

按规定单位转速可不做修正,同时,单位流量 Q'_1 也可不做修正。

可见,原来假定 $\eta = 91\%$,$Q'_1 = Q'_{1M}$,$n'_{10} = n'_{10M}$ 是正确的,那么上述计算选用的结果 $D_1 = 4.1\text{m}$,$n = 150\text{r/min}$ 也是正确的。

（4）工作范围的检验。

1）单位转速范围。与特征水头 H_{max}、H_{min}、H_r 相对应的单位转速为

$$n'_{1min} = \frac{nD_1}{\sqrt{H_{max}}} = \frac{150 \times 4.1}{\sqrt{85}} = 66.7(\text{r/min})$$

$$n'_{1max} = \frac{nD_1}{\sqrt{H_{min}}} = \frac{150 \times 4.1}{\sqrt{57}} = 81.5(\text{r/min})$$

$$n'_{1r} = \frac{nD_1}{\sqrt{H_r}} = \frac{150 \times 4.1}{\sqrt{73}} = 72.0(\text{r/min})$$

2）单位流量。水轮机在 H_r、N_r 下工作时，其 Q'_1 即为 Q'_{1max}：

$$Q'_{1max} = \frac{N_r}{9.81 D_1^2 H_r \sqrt{H_r} \eta} = \frac{102000}{9.81 \times 4.1^2 \times 73^{1.5} \times 0.91} = 1.09(\text{m}^3/\text{s}) < 1.15(\text{m}^3/\text{s})$$

则水轮机的额定流量为

$$Q_r = Q'_{1max} D_1^2 \sqrt{H_r} = 1.09 \times 4.1^2 \times \sqrt{73} = 156.55(\text{m}^3/\text{s})$$

在 HL220 模型综合特性曲线图上，分别绘出 $Q'_{1max} = 1090\text{L/s}$，$n'_{1max} = 81.5\text{r/min}$ 和 $n'_{1min} = 66.7\text{r/min}$ 的直线，如图 3.10 所示。由图可见，这三根直线所围成的水轮机工作范围（图中阴影部分）基本上包含了该特性曲线的高效率区，所选定的 $D_1 = 4.1\text{m}$，$n = 150\text{r/min}$ 是合理的。

（5）吸出高度 H_s 计算。由设计工况点（$Q'_{1r} = 1.09\text{m}^3/\text{s}$，$n'_{1r} = 72.0\text{r/min}$）在 HL220 模型综合特性曲线图上查得相应的气蚀系数为 $\sigma = 0.123$；根据额定水头 $H_r = 73\text{m}$，查图 2.60 可得气蚀系数修正值 $\Delta\sigma = 0.019$，则水轮机在额定水头下的吸出高度为

$$H_s \leqslant 10.0 - \frac{\nabla}{900} - (\sigma_m + \Delta\sigma)H = 10.0 - \frac{325}{900} - (0.123 + 0.019) \times 73$$

$$= -0.73(\text{m}) > -4.0(\text{m})$$

复 习 思 考 题

1. 试述水轮机的系列（轮系）、单位参数、比转速的概念。
2. 试述水轮机选型设计的原则、内容和所需资料。
3. 试述水轮机型号选择的方法。
4. 试述反击式水轮机主要参数选择的原则。
5. 试述用模型综合特性曲线选择水轮机主要参数的基本步骤。

作 业 题

已知：某坝后式水电站拟装置 4 台单机容量为 75MW 的水轮发电机组。电站特征水头为：最大水头 $H_{max} = 40\text{m}$，最小水头 $H_{min} = 28\text{m}$，加权平均水头 $H_{av} = 36\text{m}$，设计水头 $H_r = 29.7\text{m}$。水轮机安装地点的海拔为 450m，下游设计尾水位为 432m。发电机效率 $\eta_{gr} = 97.5\%$。

要求：按型谱表选择水轮机型号，并用模型综合特性曲线选择水轮机的主要参数，确定水轮机的安装高程。

参 考 文 献

［1］ 金钟元，伏义淑. 水电站 ［M］. 北京：中国水利水电出版社，1994.

［2］ 刘启钊，胡明. 水电站 ［M］. 北京：中国水利水电出版社，2010.

［3］ 金钟元，水力机械 ［M］. 北京：中国水利水电出版社，1984.

［4］ 陈婧，张宏战，王刚. 水力机械 ［M］. 北京：中国水利水电出版社，2015.

［5］ 中国国家标准化管理委员会. GB/T 28528—2012 水轮机、蓄能泵和水泵水轮机型号编制方法 ［S］. 北京：中国标准出版社，2012.

［6］ 中华人民共和国国家经济贸易委员会. DL/T 445—2002 大中型水轮机选用导则 ［S］. 北京：中国电力出版社，2002.

［7］ 中国国家标准化管理委员会. GB/T 15468—2006 水轮机基本技术条件 ［S］. 北京：中国标准出版社，2006.

第4章 水电站的无压进水及引水建筑物

无压进水及引水建筑物是用于无压引水式水电站的进水和引水建筑物。这类建筑物通常包括：无压进水口（如明流进水的进水闸）、引水渠道（或无压隧洞）及压力前池等。若具有日调节功能，则无压引水式水电站还可能在引水渠道附近的适宜位置设置日调节池。对建于多泥沙河流上的无压引水式水电站，通常还需在进水口后设置沉沙池。这些建筑物的组合形式及结构型式都与当地的地形、地质、水文、气象、泥沙及工程规模等因素有关，设计时应考虑上述各种影响因素，通过工程总体布置方案及建筑物型式的综合比较来择优选定。

4.1 无压进水口及沉沙池

4.1.1 无压进水口[1]

无压进水口指明流进水，进水无压力水头，且以引进表层水为主的进水口。根据进水口附近有无拦河坝，无压进水口一般可分为无坝进水口和有坝进水口两种基本布置型式。

4.1.1.1 无坝进水口

当河道坡降较陡，河道流量在丰水期和枯水期变化不大，而且水电站的引水只占河道流量的一部分，水流容易引入渠道时，可采用无坝进水口，如图4.1所示[1]。这种进水口的特点是把河道水流直接从进水闸引入渠道，工程简单，易于施工。进水闸一般布置在河道的凹岸，这样能使其靠近主流，对引水、防沙及防污都较为有利。为了保证进水流量，有时在河道中修建一引水堤以拦截河水，当河流含沙量较大时，则还需要靠近进水闸布置一排沙闸，以便将沉积在进水闸前的泥沙排走，使进水闸前保持"门前清"，如图4.2所示[1]。

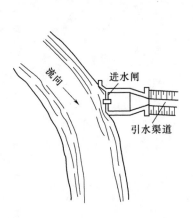

图4.1 仅有进水闸的无坝进水口

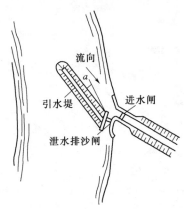

图4.2 有引水堤和排沙闸的无坝进水口

4.1.1.2 有坝进水口

为了提高水电站引水的可靠性，可在河床中修建一低坝（或水闸）以壅高水位，有时还可形成较小的水库，以保证将大部分的河道流量引入进水闸，尤其是在枯水期，可引入全部的河道流量。

有坝进水口通常包括拦河坝、进水闸和冲沙闸等，如图 4.3 所示[1]。这种进水口通常布置在河道的平直段，以便于保持河流的原有形态，避免在汛期低坝泄洪时对坝下游岸坡的冲刷。

无压进水口的主要建筑物是进水闸，其闸孔尺寸应根据引用流量和闸的上下游水位差来确定。为了防止过多泥沙（含砾卵石）进入渠道，进水闸的底板应高于河床，形成拦沙坎，且应高于冲沙闸底板，以便于冲沙闸有效冲沙。为了防止漂浮物进入渠道，进水闸前应设置拦污栅；为了保证进水闸的正常工作，进水闸还应设置检修闸门、工作闸门和启闭设备。

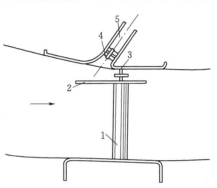

图 4.3　有坝进水口
1—溢流坝；2—导流墙；3—冲沙闸；
4—进水闸；5—引水渠道

4.1.2　沉沙池[1]

当河流含沙量较大时，会有少量的堆移质和大量的悬移质泥沙进入渠道，这不仅会造成渠道淤积，而且会使压力水管和水轮机过流部件遭到严重磨损。为此，一般当河流挟沙量超过 $0.5kg/m^3$ 及进入水轮机的悬移质大粒径泥沙（指粒径大于 0.25mm 的泥沙）量超过 $0.2kg/m^3$ 时，则应考虑设置沉沙池。沉沙池应布置在进水闸之后及引水道之前，以期先排除泥沙，然后将清水引入渠道或无压隧洞。沉沙池的型式有很多种，图 4.4 所示[1]的是一种较为常用的多室式沉沙池，各室定期轮换进行通水和冲洗泥沙。

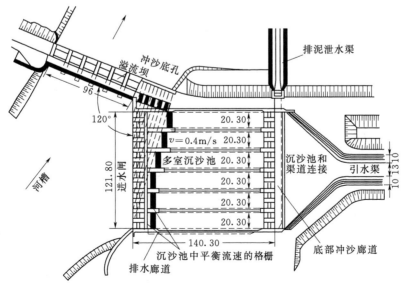

图 4.4　具有多室式沉沙池的无压进水口（单位：m）

沉沙池的工作原理是通过加大过流断面积，以减小水流的流速及挟沙能力，使泥沙沉淀在沉沙池内，而将清水引入渠道。沉沙池的流速及其长度是沉沙池设计的关键指标，这通常需要结合水流泥沙含量及其颗粒组成等情况，通过计算或模型试验来确定。一般情况下，当泥沙粒径在 $0.25\sim0.40\mathrm{mm}$ 时，沉沙池中的平均流速可在 $0.25\sim0.50\mathrm{m/s}$ 之间选择，当大粒径的泥沙所占比重较大时，可选用较大的流速；沉沙池的长度应满足使 $80\%\sim90\%$ 的泥沙能在此长度范围内沉淀下来的要求。

4.2　引水渠道及无压隧洞

4.2.1　渠道的作用、要求及类型[1,2]

作为无压引水式水电站的引水渠道，其功用是集中落差形成水头，并向机组输送流量。作为水电站的尾水渠道，其功用是将发电后的弃水排入下游河道。本节重点讨论引水渠道。由于这种引水渠道是专门为水电站服务的，所以也可将其称为动力渠道。水电站对引水渠道的基本要求如下：

（1）要有足够的输水能力。引水渠道应确保机组所需流量，并能适应流量的变化。为此，必须选择合理的断面型式和断面尺寸。

（2）水质要符合发电要求。由于渠道是露天布置的，因此渠道沿线临坡一侧通常应设置拦截坡面雨水、土石及杂物等的设施，如排水沟、拦石坎等。

（3）运行安全可靠。软基上的渠道必须进行必要的地基处理，确保地基稳定，避免渠道产生有害的不均匀沉降变形。不论岩基还是软基上的渠道，通常均需对底板和侧墙采取必要的防渗措施，如进行必要的衬砌，做好衬砌结构的分缝止水等。

（4）结构经济合理，便于施工及运行。渠道的纵向布置及断面型式和断面尺寸等，应在综合考虑地形地质、施工及运行等条件的基础上通过方案综合比较来选定，以确保渠道结构布置技术可行、经济合理。

渠道的断面型式在软基上一般为梯形，在岩基上常为矩形或接近矩形。为了减小渗漏损失和水力损失，渠道通常采用混凝土衬砌结构。

渠道的断面尺寸、纵比降和正常水深等通常是按照渠道以恒定均匀流通过设计流量 Q_d （一般取为水电站的最大引用流量 $Q_{\max}$）为基本条件而设计的。当水电站丢弃负荷时，水电站的引用流量小于渠道的流量，这时渠道中存在多余流量即电站弃水。根据渠道是否能够自动调蓄电站弃水，可将水电站引水渠道分为自动调节渠道和非自动调节渠道两类。

4.2.1.1　自动调节渠道

自动调节渠道指能自动调蓄电站弃水的渠道。这种渠道的布置特征是：从渠首到渠末渠堤顶部高程不变，渠末压力前池处不设溢流侧堰，当电站负荷变化时，渠道水位可自行升降，如图 4.5 所示[1]。

当渠道通过设计流量 Q_d （$Q_{\max}$）时，渠道中的水流处于均匀流状态；当渠道流量小于 Q_d 时，渠道末端水位壅高，渠道中的水流处于非均匀流状态；当渠道流量为零时，达到最高水位，即相应的水库静水位。这种渠道的优点是在水头和流量方面都能得到充分利用，同时在最高水位和最低水位之间的容积也可起到一定的调节作用；缺点是由于渠顶高

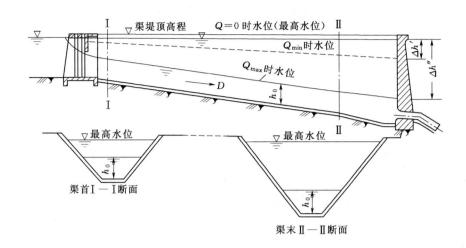

图 4.5　自动调节渠道示意图

程要求沿程不变，往往使得渠道的工程量增加很多。自动调节渠道适用于渠道较短，底坡相对平缓，运行期渠道水位变幅相对较小的水电站。

4.2.1.2　非自动调节渠道

　　非自动调节渠道指不能自动调蓄电站弃水的渠道。这种渠道的布置特征是：渠底、渠顶采用同一纵比降，在渠道末端压力前池处布置一溢流侧堰，用以适应电站负荷的变化，并限制水位的升高，如图 4.6 所示[1]。

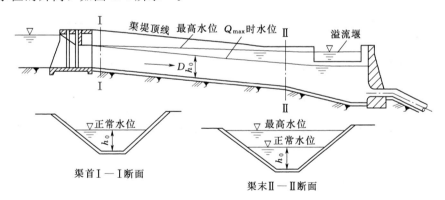

图 4.6　非自动调节渠道示意图

　　当渠道通过设计流量 $Q_d(Q_{max})$ 时，渠道中的水流处于均匀流状态；当渠道流量小于 Q_d 时，渠道末端水位壅高，当渠道末端水位超过溢流侧堰堰顶时，溢流侧堰开始溢流、弃水（通过弃水道排入下游河道），在此过程中，渠道中的水流仍处于非均匀流状态；当水电站引用流量为零（相应的压力管道引水流量为零）而渠道仍通过设计流量 Q_d 时，溢流侧堰溢流、弃水流量达到最大值，渠道中相应出现非均匀流状态下的最高水面（位）线。这种渠道在水电站减小负荷时会发生弃水，造成一定的水量和水头损失，从而产生一定的电能损失，但沿程渠道断面均相对较小，当渠道较长时可大幅减少渠道的工程量。非自动调节渠道适用于渠道相对较长的水电站中。这种渠道在一般小型无压引水式水电站中应用较为普遍。本节后续内容均结合非自动调节渠道来展开讨论。

4.2.2　渠道线路的选择[3]

线路选择是水电站引水渠道设计的一项重要内容。线路选择时，应综合考虑渠道沿线的地形、地质、建筑物布置、施工及投资等各种相关因素，通过多方案综合比较来择优选定。线路选择的基本要求如下：

（1）渠道线路应避开大溶洞、大滑坡及泥石流等不良地质地段。在冻胀性、湿陷性、膨胀性、分散性、松散坡积物以及可溶盐土壤上布置渠线时，应采取相应的工程措施。

（2）渠道线路宜少占或不占耕地，不宜穿过矿区、集中居民点、高压线塔、重点保护文物、重点通信线路、地下管网以及重要的铁路、公路等。

（3）山区渠道明渠段宜沿山坡等高线布置渠线，也可采用明渠与无压隧洞（明流隧洞）或暗渠、渡槽、倒虹吸相结合的布置形式，以避免深挖高填。

（4）引水渠道的转弯半径，衬砌渠道不宜小于渠道设计水位水面宽度的 2.5 倍，不衬砌土渠不宜小于设计水位水面宽度的 5 倍。

（5）寒冷地区渠道线路的选择应符合水工建筑物抗冰冻设计规范等的规定。

4.2.3　渠道的水力计算[1,2,4]

渠道水力计算的目的是根据渠道的设计流量 Q_d（如前述，一般取为水电站的最大引用流量 Q_{max}）来选择合理的渠道断面，并分析在此断面下水电站在不同运行情况时的渠道水位变化规律。这种计算可分为恒定流计算和非恒定流计算两类，其中恒定流计算又可分为均匀流和非均匀流两种。

4.2.3.1　恒定流计算

渠道恒定流计算的目的是在渠道布置（如渠道断面尺寸和渠底纵比降）和渠床糙率等已知的情况下，分析渠道任一断面水深与流量之间的关系。以下以渠末断面为例，通过恒定均匀流和非均匀流计算进行该断面水深与流量之间的关系分析。

1. 均匀流计算

以底宽为 b、渠底纵比降为 J、糙率为 n 的矩形断面渠道为例，在均匀流条件下，可按水力学所介绍的谢才公式计算渠道任一断面的平均流速，进而得到渠道任一断面正常水深 h_n 与流量 Q 的关系为

$$Q = AC\sqrt{RJ} = bh_n \frac{1}{n}\sqrt[6]{\frac{bh_n}{b+2h_n}}\sqrt{\frac{bh_n}{b+2h_n}J} \qquad (4.1)$$

式中：A 为渠道过流断面积；C 为谢才系数；R 为水力半径。

从式（4.1）可以看出，随着流量 Q 增大，正常水深 h_n 相应增大。将式（4.1）应用到渠末断面，则得到图 4.7[2] 所示的曲线①。

2. 非均匀流计算

仍以上述矩形断面渠道为例，假定一系列临界水深 h_C，可按水力学所介绍的方法得到临界水深 h_C 与流量 Q 的关系为

$$h_C = \sqrt[3]{\frac{\alpha Q^2}{gb^2}} \qquad (4.2)$$

式中：α 为动能修正系数；g 为重力加速度。

在流量 Q 一定的情况下，临界水深 h_C 是渠道断面在非均匀流状态下的极限（最小）水深。从式（4.2）可以看出，随着流量 Q 增大，临界水深 h_C 相应增大。将式（4.2）应用到渠末断面，则得到图 4.7[2] 所示的曲线②。

对于给定的渠首设计水深 h_1（即水库为设计低水位、进水口闸门全开下的渠首水深），利用水力学中非均匀流水面曲线的计算方法，可求出渠道通过不同流量 Q 时的渠末水深 h_2。一般而言，在渠首水深 h_1 一定的情况下，渠末断面流量越大，相应的流速越大，水深 h_2 越小。$h_2 - Q$ 关系曲线如图 4.7[2] 的曲线③所示。

对非自动调节渠道，在渠末设有溢流侧堰，可按水力学所介绍的堰流公式，得出溢流流量 Q_w 与渠末水深 h_2（为堰顶至渠底高差 h_w 与堰上水头之和）的关系曲线 $h_2 - Q_w$，即图 4.7[2] 所示的曲线④。

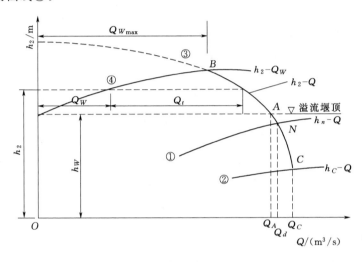

图 4.7 渠末水深与流量关系图

3. 渠末水深与流量之间的关系分析

结合图 4.7，可对渠末水深与渠道流量之间的关系进行如下分析：

曲线③与曲线①的交点 N 表示 $h_2 = h_n$，此时渠内流态为均匀流，相应的流量即为渠道的设计流量 Q_d。当水电站的引用流量 $Q > Q_d$ 时，$h_2 < h_n$，渠中出现降水曲线，且随 Q 的增大 h_2 迅速减小。h_2 的极限值是临界水深 h_C，即曲线③与曲线②的交点 C，此时的流量 Q_C 为给定渠首设计水深 h_1 下渠道的极限过水能力。当水电站的引用流量 $Q < Q_d$ 时，$h_2 > h_n$，渠中出现壅水曲线，且随 Q 的减小 h_2 相应增大。当电站引用流量等于 Q_A 时，即曲线③与堰顶高程线的交点 A 处，$h_2 = h_w$，刚好不溢流，此时给出无弃水情况下的渠末最大水深。当水电站的引用流量 Q 更小时，$h_2 > h_w$，溢流侧堰发生溢流，若令水电站的引用流量为 Q_t，溢流流量为 Q_w，则通过渠道的流量为 $Q_t + Q_w$，渠末水深 h_2 可由图中查出。当水电站停止运行即 $Q_t = 0$ 时，通过渠道的流量全部由溢流侧堰溢走，相应于曲线③与曲线④的交点 B，该点给出溢流堰在恒定流情况下的最大溢流流量 $Q_{W\max}$，相应水深为恒定流情况下的渠末最大水深。曲线③与曲线④交点 B 以左部分无意义。

当渠首水深 h_1 在一定范围内变化时，可选取几个典型 h_1 值分别进行非均匀流计算，分别得出与图 4.7 类似的 $h_2 - Q$ 关系曲线，在此基础上进行渠末水深与渠道流量关系的综合分析。

4.2.3.2　非恒定流计算

渠道非恒定流计算的目的是研究当水电站突然丢弃负荷或增加负荷时，渠道沿线水位和流速随时间的变化过程。其计算内容及相应的计算目的分别如下。

（1）水电站突然丢弃负荷时的渠内涨水波计算，确定渠道沿线的最高水位，以决定渠堤堤顶高程。

（2）水电站突然增加负荷时的渠内落水波计算，求得渠道最低水位，以决定渠末前池处的压力管道进口高程。

（3）当水电站按日负荷图工作时，计算渠道中水位及流速的变化过程，以分析水电站的工作情况。

非恒定流计算的基本原理已在水力学中做过介绍。在工程实际中，普遍采用一维明渠非恒定流特征线法，利用电算程序进行计算分析。

4.2.4　渠道断面尺寸的确定[2]

水电站引水渠道通常盘山修建，沿线的地形和地质条件不同，渠道相应的断面型式也应不同。岩基上一般采用矩形断面，软基（如土基、砂砾石地基等）上一般采用梯形断面。根据我国许多工程的实践经验，水电站引水渠道的经济流速一般为 $1.5 \sim 2.0 \mathrm{m/s}$，初拟渠道断面尺寸时可作参考。确定渠道断面尺寸的基本方法为动能经济比较法，其中较为常用的是系统计算支出最小法，该方法的基本步骤如下：

（1）按防冲、防淤、防草及经济等要求，初拟几种流速方案，根据设计流量 Q_d，得到相应的渠道断面面积方案 $F_i(i=1,2,\cdots,n$，n 为方案个数）。

（2）对每个方案 F_i，根据渠道沿线地形地质等条件，分析确定渠道断面型式及其尺寸，然后按均匀流通过设计流量 Q_d 求出渠底纵降 J，进行渠道纵断面布置，计算渠道工程量，进而求得该方案的渠道投资 K_h，则与该方案相应的水电站计算支出为

$$C_h = (\rho_b + p_h)K_h \tag{4.3}$$

式中：ρ_b 为额定投资效益系数；p_h 为水电站的年运行费率。

（3）假设方案 F_i 由渠道产生的水头损失为 Δh，则其相应的电能损失为

$$\Delta E = 9.81 Q_d \Delta h t \tag{4.4}$$

式中：t 为时间。

（4）方案 F_i 损失的电能 ΔE 必须由系统中替代的火电厂发出。替代的火电厂的计算支出为

$$C_t = (\rho_b + p_t)\Delta E k_e + \Delta E B_c \tag{4.5}$$

式中：p_t 为火电厂的年运行费率；k_e 为火电厂单位电能投资；B_c 为单位电能的煤耗支出。

（5）对应方案 F_i，系统总的计算支出为

$$C_s = C_h + C_t \tag{4.6}$$

（6）对不同的方案 $F_i(i=1,2,\cdots,n)$，可得到不同的 C_h、C_t 及 C_s，进而在 F、C 坐标系中，得到三条关系曲线，如图 4.8 所示[2]。

在图 4.8 中，系统计算支出 C_s 最小值对应的 F' 即为最经济的渠道断面方案。由于 C_s

在最小值附近变化较为平缓，因此通常可将断面 F 稍选小些，以减小工程量，而 C_s 几乎不变。

4.2.5 无压隧洞[1,5]

当引水渠道为缩短长度而穿越山体时，常采用无压隧洞（明流隧洞）。与渠道相比，无压隧洞具有线路较短、不受冰冻影响、沿程无水质污染、运行较为安全可靠等优点，但其对地质条件和施工技术要求相对较高。

无压隧洞线路的选择，应考虑地形、地质、施工、水力及电站总体布置等因素，通过多种方案的综合比较择优选定。线路选择的基本要求如下[5]：

（1）隧洞线路宜顺直，尽可能减少转弯。确需转弯时，转弯半径不宜小于洞宽或洞径的 5 倍，转角宜小于 $60°$，转弯段首尾宜设直线段，其长度宜大于 5 倍洞宽或洞径。

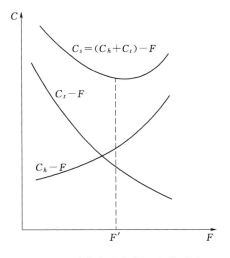

图 4.8　计算支出与断面积关系图

（2）隧洞进出口宜布置在地质构造简单、山坡稳定、风化或覆盖层较浅的地段，并避免高边坡开挖。

（3）洞线与岩层、构造断裂面及主要软弱带走向宜有较大的交角，并应避开严重构造破碎带、软弱结构面及地下水丰富地段。

（4）相邻两洞（如与泄水隧洞相邻等）岩体厚度不宜小于 2 倍洞宽，岩体较好时可适当减小，但不应小于 1 倍洞宽。

（5）应有利于施工支洞的布置。

无压隧洞常采用圆拱直墙式（城门洞形）断面或马蹄形断面。圆拱直墙式断面的圆拱中心角可选用 $90°\sim180°$，高宽比可选用 $1.0\sim1.5$。为满足施工要求，洞宽不宜小于 1.5m，且洞高不宜小于 1.8m。无压隧洞应根据围岩强度、完整性及渗透性等，采用喷锚衬砌、混凝土衬砌或钢筋混凝土衬砌。与引水渠道类似，作为水电站引水建筑物的无压隧洞，其断面尺寸也应通过动能经济比较进行选择。无压隧洞的过水断面一般为矩形，其水力条件与矩形断面渠道相同，因此其水力计算的内容和方法也与矩形断面渠道相同。在恒定流条件下，洞内水面线以上的空间面积不宜小于隧洞断面总面积的 15%，且水面线以上的空间高度不宜小于 0.4m；在非恒定流条件下，上述数值可适当减小。

4.3　压力前池及日调节池

4.3.1 压力前池[1-3,5]

压力前池是无压引水道（引水渠道或无压隧洞）与压力管道之间的连接建筑物。压力前池的主要作用有：①布置压力管道进水口，进行无压引水道无压流到压力管道有压流的过渡；②给各压力管道均匀地分配流量，并对其加以控制；③清除水中的污物、泥沙及浮冰等；④反射由压力管道传来的水锤波；⑤宣泄多余水量，抑制无压引水道中的水位波动。

图 4.9 所示[1,2]为北京模式口水电站的压力前池布置图，可以看出，压力前池通常由以下几部分组成：

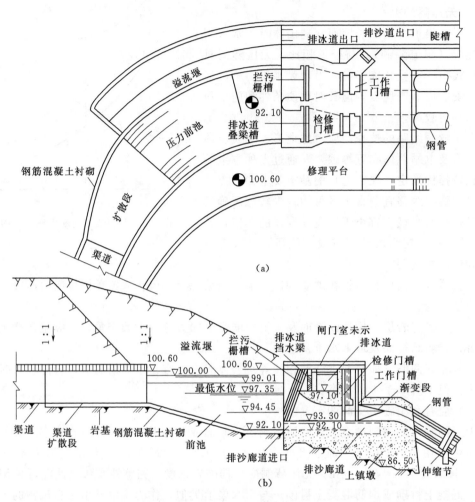

图 4.9　模式口水电站压力前池布置图

(a) 平面图；(b) 纵剖面图

(1) 扩散段。从引水渠道末端开始，逐渐将过流断面加宽，以适应布置压力管道进水口的宽度要求。扩散段两侧墙的扩散角不宜大于 12°。

(2) 池身段。从扩散段末端开始，逐渐将过流断面加深，以适应布置压力管道进水口的深度要求；在底板下降以后，为了沉沙廊道进口布置等需要，通常又设置一段水平底板的池身。池身前段的底坡坡比不宜陡于 1:5。

(3) 压力管道进水口（闸室段）。为有压进水口，通常采用整体布置方式，与第 5 章所述的坝式进水口基本相同，其建筑物和设备的布置要求参见第 5 章。

(4) 泄水建筑物。一般在池身一侧的边墙上部设置开敞式溢流侧堰，堰下游布置泄水道（包括渐变段、缓坡段、陡坡段及消能段等）。如图 4.9 (a) 所示，在前池右侧墙上部布置了一平面上呈弧形的溢流侧堰，在其下游布置了泄水道。

（5）排污、排沙、排冰设施。由于从渠首或渠道沿线进入渠道的污物及泥沙大多会进入前池，再加之前池过流断面增大，泥沙也更容易在前池沉积，因此，通常必须结合压力管道进水口设置排污及排沙设施。在严寒地区还要设置拦冰及排冰设施。如图4.9所示，在压力管道进水口底板下方布置了排沙廊道，在闸室左侧排沙廊道出口处布置了排沙闸，可根据前池泥沙沉积情况及时将泥沙排入泄水道中；在压力管道进水口顶板上方布置了排冰道，在闸室左侧布置了排冰道出口，可将冰排入泄水道中。

压力前池布置设计应特别注意下列问题：①前池尤其是闸室的地基稳定问题。前池的位置应避开滑坡、顺坡裂隙发育和高边坡地段，应结合压力管道线路和厂房位置，将其布置在坚实稳定、透水性小的地基上。②各种建筑物及设备的协调布置问题。压力前池需要布置的建筑物和设备较多且较为密集，而其位置又位于地势较高的山坡上，因此设计时应协调好各种建筑物及设备的布置，既能满足各种建筑物和设备的安全运行要求，又能尽量减小坡面开挖、节约工程投资。

4.3.2 日调节池[1,2]

当水电站需在日负荷图的峰荷或腰荷工作时，水电站的引用流量在一日之内在零与 Q_{max} 之间变化，这时就无必要将水电站的最大引用流量 Q_{max} 作为渠道的设计流量来进行渠道的断面设计。

在这种情况下，当地形条件允许时，可考虑在压力前池附近修建日调节池，参见图 1.11。此时，可取渠道的设计流量 Q_d 为水电站的平均引用流量 $\overline{Q}$，而日调节池的容量可按水电站的运行方式通过流量调节计算确定，这样在水电站停止工作和负荷减小时，渠道引来的多余流量便可储存在日调节池中；在水电站引用流量超过 $\overline{Q}$ 即渠道的设计流量时，则由日调节池供出不足流量。因此，设置日调节池以后，通过其对水量的日调节，不仅可使水电站具有日调节功能、改善电站的运行条件，而且还可减小引水渠道的投资。一般情况下，日调节池越靠近压力前池，其作用越大。

泥沙淤积是影响日调节池正常运行的一个关键问题。为此，在引水渠道中水流含沙量较高时（如汛期），为防止泥沙在日调节池中产生淤积，可关闭日调节池进口闸门，使水电站仅以引水渠道提供的 $\overline{Q}$ 在基荷工作。

复 习 思 考 题

1. 试述无压进水口的基本布置型式。

2. 试述沉沙池的设置条件及其工作原理。

3. 试述水电站对引水渠道的基本要求，自动调节渠道和非自动调节渠道的概念、布置特征及适用条件。

4. 试述渠道水力计算的目的及计算内容，用系统计算支出最小法确定渠道断面尺寸的基本步骤。

5. 试述无压隧洞线路选择的基本要求，圆拱直墙式无压隧洞断面各部分尺寸的一般要求。

6. 试述压力前池的概念、作用及组成部分。

7. 试述日调节池的作用及其工作原理。

参 考 文 献

［1］　金钟元，伏义淑. 水电站［M］. 北京：中国水利水电出版社，1994.

［2］　刘启钊，胡明. 水电站［M］. 4 版. 北京：中国水利水电出版社，2010.

［3］　SL 205—2015　水电站引水渠道及前池设计规范［S］. 北京：中国水利水电出版社，2015.

［4］　李建中. 水力学［M］. 西安：陕西科学技术出版社，2002.

［5］　GB 50071—2014　小型水力发电站设计规范［S］. 北京：中国计划出版社，2015.

第5章 水电站的有压进水及引水建筑物

有压进水及引水建筑物一般用于以下两种情况：一是用于坝式、河床式及有压引水式水电站，作为这些电站的有压进水口和有压引水道（河床式除外）；二是用于无压引水式水电站的压力前池及其下游，作为这种电站的压力管道及其进水口（前池闸室段）。由此可见，水电站的有压进水及引水建筑物主要指有压进水口和压力引水道。根据水电站开发方式、地形、地质条件的不同，这些建筑物的型式和结构也有所不同。本章主要论述水电站的有压进水口、地面压力管道、有压隧洞及埋藏式压力钢管、坝内式钢管、分岔管等内容。

5.1 水电站的有压进水口

5.1.1 有压进水口的型式

有压进水口指流道均淹没于水中，并始终保持满流状态，具有一定压力水头的进水口。由于具有较大的水库和消落深度，为了保证在任何情况下都能向水电站引水，进水口必须设置在死水位以下，这样才能保证进水口和引水建筑物始终在压力状态下工作。一般来讲，根据进水口与坝体之间的位置关系，可将有压进水口分为整体布置进水口和独立布置进水口两大类。

5.1.1.1 整体布置进水口[1,2]

整体布置进水口指水电站进水口与枢纽工程主体建筑物组成整体结构的进水口，包括坝式进水口、河床式水电站进水口。

1. 坝式进水口

坝式进水口一般用于坝式水电站，其特点是将进水口布置在混凝土坝体的迎水面上，在进水口后接压力管道，如图 5.1 所示。为了减小进水口的长度，往往将进口段与闸门段结合在一起，并将拦污栅布置在坝上游的悬臂上，将检修闸门和工作闸门布置在喇叭口的过渡段内；将渐变段和弯管段结合在一起，为了减小水头损失和减小水流在转弯处的离心力，弯管段的曲率半径一般不小于 2 倍的管道直径。

2. 河床式水电站进水口

河床式水电站进水口是厂房坝段的组成部分，它与厂房结合在一起，兼有挡水作用，如图 5.2 所示。适用于设计水头在 40m 以下的低水头大流量河床式水电站。这种进水口的排沙和防污问题较为突出，可通过在进水口前缘坎下设置排沙底孔、排沙廊道等排沙设施，减少通过机组的粗砂。当闸门处的流道宽度太大，使进水口结构设计和闸门结构设计比较困难时，可在流道中设置中墩。

5.1.1.2 独立布置进水口[1,2]

独立布置进水口指独立布置于枢纽工程主体建筑物之外的进水口，包括岸式进水口、

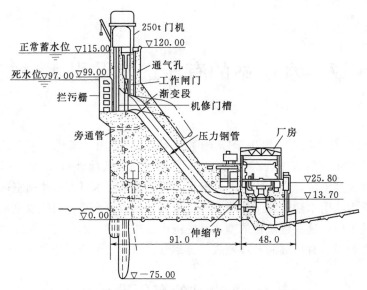

图 5.1　坝式进水口及坝内管道的布置方式（单位：m）

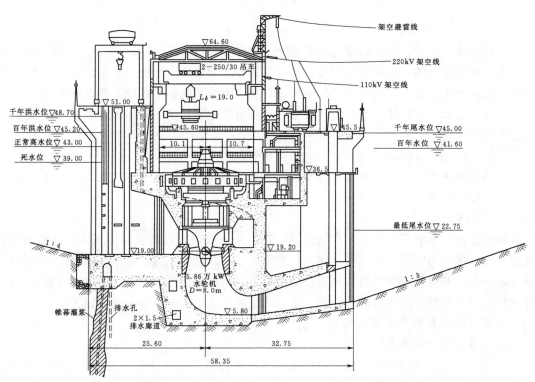

图 5.2　西津（河床式）水电站厂房横剖面图（单位：m）

塔式进水口，实际应用过程中应根据地形、地质条件选择。

1. 岸式进水口

岸式进水口指独立布置于岸边的进水口，包括岸塔式进水口、岸坡式进水口、竖井式进水口。

（1）岸塔式进水口。岸塔式进水口指背靠岸坡布置，闸门设在其塔形结构中，可兼作岸坡支挡结构的进水口。其进口段和闸门段均布置在山体之外，形成一个背靠岸坡的塔形结构，如图5.3所示。这种进水口承受水压力，有时也承受山岩压力，因而需要足够的强度和稳定性。

（2）岸坡式进水口。岸坡式进水口指闸门门槽（含拦污栅）贴靠倾斜岸坡布置的进水口。其结构连同闸门槽、拦污栅槽贴靠倾斜的岸坡布置，以减小或免除山岩压力，同时使水压力部分或全部传给山岩承受，如图5.4所示。由于检修或事故闸门根据岸坡地形倾斜布置，闸门尺寸和启闭力增大，布置也受到限制，这种进水口使用得不多。

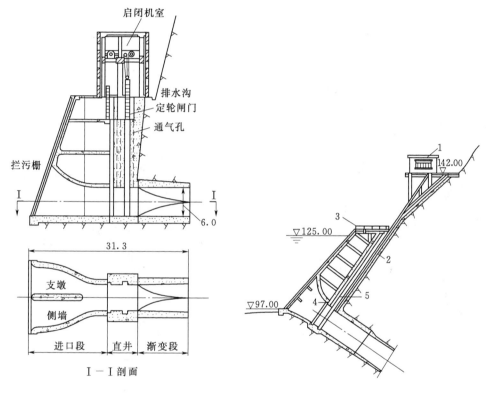

图5.3 岸塔式进水口（单位：m）

图5.4 岸坡式进水口
1—闸门启闭机室；2—通气管；3—拦污栅及
闸门检修平台；4—检修门槽；5—事故门槽

（3）竖井式进水口。竖井式进水口指闸门布置于山体竖井中，入口与闸门井之间的流道为隧洞段的进水口。如图5.5所示，竖井式进水口具有较长的进口段，在进口段布置有拦污栅和喇叭形进口；在闸门段，检修闸门和工作闸门安装在开挖的竖井中，通气孔与进人孔相结合同时布置在闸门井中；其后通过渐变段与压力隧洞连接。这种进水口适用于隧洞进口地质条件较好、便于对外交通、地形坡度适中的情况。竖井式进水口可充分利用岩石的作用，减少钢筋混凝土用量，是一种既经济又安全的结构型式。

2. 塔式进水口

塔式进水口指布置于大坝或库岸（河岸、渠岸）以外的独立布置进水口，根据需要可设计成单面单孔进水或周围多层多孔径向进水。当水库岸边地质条件较差或地形平缓,不宜在岸坡上修建进水口时,可采用塔式进水口,如图 5.6 所示。这种进水口修建在水库中,其顶部有工作桥与岸边相通,一般为单面进水,塔身底部布置有进口段和闸门段;也可由周围多层多孔进水,然后将水引入塔底岩基的竖井中。塔式进水口适用于岸坡附近地质条件较差或地形平缓从而不宜采用闸门竖井式进水口的情况。塔式进水口的结构较为复杂,施工也较困难,它要求进水塔基础牢固并不产生不均匀沉陷,同时进水塔还承受着水压力和风浪压力,在地震区还要承受地震惯性力和地震动水压力,因此在地震剧烈区不宜采用。

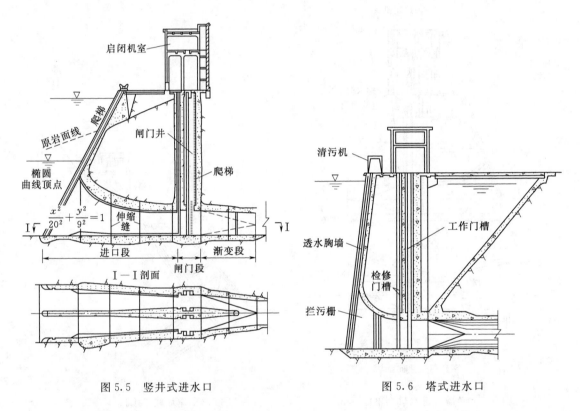

图 5.5　竖井式进水口　　　　　　　图 5.6　塔式进水口

5.1.2　有压进水口的位置和高程[3,4]

5.1.2.1　水电站有压进水口的位置

水电站进水口在枢纽中的位置,应尽量使入流平顺、对称,不发生回流和漩涡,不出现淤积、不聚集污物,泄洪时仍能正常进水。水流不平顺或不对称,容易出现漩涡;进水口前如有回流区,则漂浮的污物大量聚集,难以清除并影响进水。进水口后接引水隧洞时,还应与洞线布置协调一致,选择地形、地质及水流条件都适宜的位置。

靠近抽水蓄能电站进/出水口的压力隧洞宜尽量避免弯道,或把弯道布置在离进/出水口较远处,与进/出水口连接的隧洞在平面布置上应有不小于 30 倍洞径的直段。在立面上的弯曲段,因在其平面上仍是对称的,可采用一段较短的整流距离,用以减小弯道水流对进/出水口出流带来的不利影响。

5.1.2.2 水电站有压进水口的高程

有压进水口应低于运行中可能出现的最低水位，并有一定的淹没深度，以避免进水口前出现漏斗状吸气漩涡并防止有压引水道内出现负压。

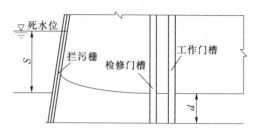

图 5.7 有压进水口最小淹没深度示意图

为了使进水口在运行中不进入空气和不发生漏斗状的吸气漩涡，在水库死水位时，工作闸门处孔口顶缘以上无吸气漩涡的最小淹没深度可按如下戈登（J. L. Gordon）经验公式估算：

$$S = cvd^{\frac{1}{2}} \qquad (5.1)$$

式中：S 为最小淹没深度，m，如图 5.7 所示；d 为闸门孔口高度，m；v 为闸孔断面平均流速，m/s；c 为经验系数，$c = 0.55 \sim 0.73$，对称进水时取小值，边界复杂或侧向进水时取大值。

据统计，国内有压进水口的淹没深度 S 都大于 $0.5d$，一般以 $0.8d$ 左右为多。《水电站进水口设计规范》（DL/T 5398—2007）中规定淹没深度的最小取值不应小于 1.5m。进水口底坎高程尚应注意设置在水库设计泥沙淤积高程以上。

5.1.3 有压进水口的主要设备

5.1.3.1 拦污栅及其支承结构[4]

拦污栅的主要功用是防止漂浮物进入进水口和阻塞进水口。拦污栅的布置可以是倾斜的（图 5.5），也可以是垂直的（图 5.1）。倾斜布置时，其倾角一般为 $60° \sim 70°$，它的优点是过水断面大、易于清污。坝式进水口的拦污栅一般为垂直布置，它支承在混凝土框架上并高出正常蓄水位，顶部用顶板封闭，其形状可以是多边形的，也可以是直线平面形，如图 5.8 所示。直线平面形拦污栅结构简单、清污方便（可应用坝顶门式起重机的扒杆清理，见图 5.1），可以为水电站所有的进水口共用，故多应用于多机组的大中型水电站上。

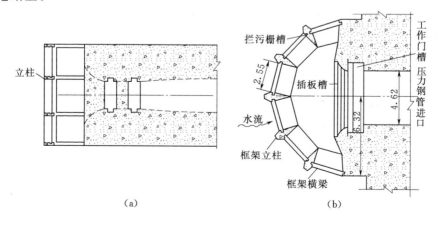

图 5.8 拦污栅框架的布置型式（单位：m）
（a）直线形；（b）多边形

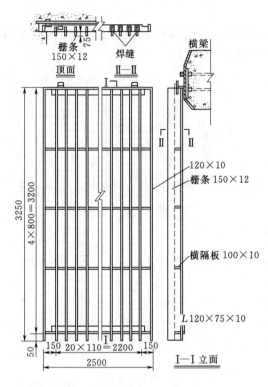

图 5.9　拦污栅栅片结构（单位：mm）

为了便于拦污栅的清污和减小过栅的水头损失，要求拦污栅必须有足够的过水面积，所以一般控制水电站在最低水位时，过栅流速应不大于 1.0m/s。拦污栅由若干块栅片组成，插入支承结构的栅槽中，每块栅片的宽度一般不超过 2.5m，高度不超过 4.0m。栅片的结构如图 5.9 所示，四边为型钢焊接的框架，中间为扁钢做成的栅条，栅条一般厚 8~12mm，宽 100~200mm，其净距 b 应保证通过拦污栅的污物不致卡住水轮机的过流部件，一般混流式水轮机约为 $D_1/30$，轴流式水轮机约为 $D_1/20$，对冲击式水轮机约为 $d/5$（d 为喷嘴直径）。

一般情况下，水流正常通过拦污栅时的水头损失很小，然而被污物堵塞后会明显增大。因此，发现拦污栅被堵时，要及时清污，以免造成额外的水头损失。堵塞不严重时清污方便，堵塞过多时过栅流速大，水头损失加大，污物被水压力紧压在栅条上，清污困难，处理不当会造成停机或压坏拦污栅的事故。

拦污栅的清污方法随清污设施及污物种类不同而异。人工清污是用齿耙扒掉拦污栅上的污物，一般用于小型水电站的浅水、倾斜拦污栅。大中型水电站常用清污机，若污物中的树枝较多，不宜扒除时，可利用倒冲的方法使其脱离拦污栅。如引水系统中有调压室或压力前池，则可先增大水电站出力，然后突然丢弃负荷，造成引水道内短时间反向水流，将污物从拦污栅上冲下，再将其扒走。拦污栅吊起清污方法可用于污物不多的河流，结合拦污栅检修进行，也用于污物较多、清污困难的情况。

在严寒地区要防止拦污栅封冻。如冬季全部或部分栅条露出水面，则要设法防止栅面结冰。一种方法是在栅面上通过 50V 以下电流，形成回路，使栅条发热；另一种方法是将压缩空气用管道通到拦污栅上游侧的底部，从均匀布置的喷嘴中喷出，形成自下而上的夹气水流，将下层温水带至栅面，并增加水流紊动，防止栅面结冰。在特别寒冷的地区，有时采用室内进水口（包括拦污栅），以便保温。

5.1.3.2　闸门及启闭设备

通常在有压进水口附近设置的闸门有工作闸门与检修闸门，考虑到经济和便于制造，在大中型电站上一般都是平面钢闸门。

工作闸门应能在机组或管道发生事故的情况下，2 分钟以内在动水中自动关闭，因此每一工作闸门应有其固定的启闭设备，通常为液压启闭机或电动卷扬机。工作闸门的开启是在静水中进行的，所以在进水口处还应设置旁通管和充水阀，以便在闸门开启前向管道内充水平压（图 5.1）。

检修闸门设置在工作闸门之前，在检修工作闸门及门槽时用作堵水，因此几个进水口可合用一套检修闸门。检修闸门在静水中启闭，其启闭设备可以是移动的卷扬机，也可以是门机。

5.1.3.3 通气孔及充水阀

通气孔设在工作闸门之后，其功能是当引水道充水时用以排气，当工作闸门关闭放空进水道时，用以补气以防止出现真空失稳。当闸门为前止水时，常利用闸门井兼作通气孔；当闸门为后止水时，则须设专用的通气孔。通气孔中常设爬梯，兼作进人孔[4]。

对通气孔断面积的选择，目前尚无完善的理论公式计算，通常是按通气量的大小及允许的风速来确定，即

$$f = \frac{Q_0}{v_0} \tag{5.2}$$

式中：Q_0 为通气孔的通气量，通常取为进水口的最大引用流量；v_0 为允许风速，与引水道形式有关，对于露天钢管可取 30～50m/s，坝内钢管及隧洞可取 70～80m/s。

通气孔顶端应高出上游最高水位，以防水流溢出。要采取适当措施，防止通气孔因冰冻堵塞，防止大量进气时危害运行人员或吸入周围物件。

充水阀的功能是开启闸门前向引水道充水，平衡闸门前后水压，以便闸门在静水中开启。

充水阀的尺寸应根据充水容积、下游漏水量及要求充满的时间等因素来确定。充水阀可安装在专门设置的连通闸门上、下游水道的旁通管上，但较为常见的是直接在平板闸门上设充水"小门"，利用闸门拉杆启闭。由于连接旁通充水阀的管路不便于检修，并且与水库相连，存在一定的安全隐患，加之不容易进行自动控制，所以旁通阀充水方法没有闸门上附设充水"小门"的方法流行[4]。

5.2 地 面 压 力 管 道

有压引水建筑物一般可分为地面压力管道、有压隧洞、坝身管道三类。地面压力管道也称为明管，它的作用是从水库、压力前池或调压室向水轮机输送水量。其一般特点是坡度陡、内水压力大和靠近厂房。当水电站突然丢弃全部负荷时，水管中会出现水锤压力，管道内压总值突然增大，因此在设计和施工方面都必须重视管道的安全可靠，否则管壁破裂就会带来严重后果。

5.2.1 地面压力管道的类型[4]

地面压力管道按制作的材料不同可分为钢管、钢筋混凝土管和钢衬钢筋混凝土管。

5.2.1.1 钢管

钢管由钢板成形、焊接而成，具有很高的强度，材料节省，防渗性能好，水头损失小和施工方便等优点，广泛应用于大中型水电站。钢管布置在地面以上称之为明钢管，布置于坝体混凝土中称之为坝内钢管，埋设于岩体中称之为地下埋管（埋藏式钢管）。

5.2.1.2 钢筋混凝土管

钢筋混凝土管具有造价低、节约钢材、能承受较大外压和经久耐用等优点，通常用于

内压不高的中小型水电站。一般可分为普通钢筋混凝土管、预应力和自应力钢筋混凝土管和预应力钢丝网水泥管等。其中普通钢筋混凝土管因易于开裂，一般适用于水头 H 和内径 D 的乘积 $HD<50\text{m}^2$，预应力和自应力钢筋混凝土管适用于 $HD>200\text{m}^2$，预应力钢丝网水泥管适用于 $HD>300\text{m}^2$。

5.2.1.3　钢衬钢筋混凝土管

钢衬钢筋混凝土管是在钢筋混凝土管内衬以钢板构成。在内水压力作用下钢衬与外包钢筋混凝土联合受力，从而可减小钢板的厚度，适用于大 HD 值管道情况。由于钢衬可以防渗，外包钢筋混凝土可按允许开裂设计，以充分发挥钢筋作用。

一般在大中型水电站中多采用钢管。因此，本节重点介绍钢管。

5.2.2　地面压力管道的布置

由于水电站压力管道的根数和机组台数的不同，为了使水流以较小的水头损失、经济而安全地引入水电站厂房，地面压力水管的布置应着重研究其布置原则、供水方式和引进厂房的方式。

5.2.2.1　压力管道的布置原则[4,5]

压力管道是引水系统的一个组成建筑物。压力管道的布置应根据其形式、当地的地形地质条件和工程的总体布置要求确定，其基本原则可归纳如下。

(1) 路线尽可能短而直。这样可缩短管道长度、降低造价、减小水头损失、降低水锤压力和改善机组运行条件。

(2) 尽量选择良好的地质条件。地面压力管道应尽量敷设在坚固而稳定的山坡上，以免因地基滑动引起管道破坏；支墩和镇墩应尽量设置在坚固的基岩上，表面的覆盖层应予以清除，以防止支墩和镇墩发生有害位移。

(3) 尽量减少管道的起伏波折。避免出现反坡，以利于管道放空，管道任何部位的顶部应在最低压力线以下，并有 2m 的裕量。若因地形限制，为了减少挖方而将明管布置成折线时，在转弯处应设镇墩，管轴线的曲率半径应不大于 3 倍管径。此外，明钢管的底部至少应高出地表 0.6m，以便于安装检修；若直管段超过 150m，中间宜增加镇墩。

(4) 避开可能发生山崩或滑坡的地区。地面压力管道应尽可能沿山脊布置，避免布置在山水集中的山谷之中，若管道之上有坠石或可能崩塌的峭壁，应事先清除。

(5) 明钢管的首部应设事故闸门，并应考虑设置事故排水和防冲设施，以免钢管发生事故时危及电站设备和运行人员安全。

5.2.2.2　压力管道的供水方式

按压力管道向机组供水的情况不同，供水方式可归纳为三类。

1. 单元供水

如图 5.10 (a)、(b) 所示，每台水轮机由一根水管供水的方式，称为单元供水。这种供水方式的优点是结构简单、运行方便，当一根水管发生故障或检修时不影响其他机组的运行。在水头不高、管道较短时，水管下端可不设阀门，只在进口设置事故闸门。其缺点是水管所用的钢材较多、土建工程量较大、工程造价高。故这种供水方式多适用于管道较短、流量大、单机容量大的水电站。

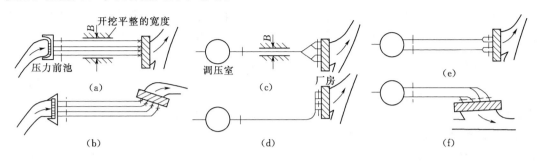

图 5.10 压力管道供水方式示意图

—为必须设的闸门或阀门；×为有时可以不设的阀门

2. 集中供水

如图 5.10（c）、（d）所示，所有厂房中的水轮机都由一根总的压力管道供水时，称为集中供水。该总管至厂房前才进行分岔分别引向各水轮机。这种供水方式的优点是水管数目少、管理方便，比较经济；其缺点是当总管发生故障或检修时，水电站全部机组都须停止运行。为了使每一台机组在检修时不致影响其他机组的运行，在水轮机前的进水管上都必须装置进水阀。这种供水方式多适用于单机流量不大、管道较长的情况下。

3. 分组供水

当水电站机组数目较多时，采用数根管道，每根管道向几台机组供水，称为分组供水，如图 5.10（e）、（f）所示。这种供水方式的优缺点介于单元供水和集中供水之间，适用于压力管道较长、机组台数较多和容量较大的情况。

5.2.2.3 引进厂房的方式

按压力管道通向厂房的方向不同，引进厂房的方式可归纳为两种。

1. 正向引进

如图 5.10（a）、（c）、（e）所示，管道轴线与厂房纵轴垂直，称为正向引进。这种正向引进水流时，水头损失小，厂房纵轴大致与山坡及河流平行，开挖量小，进厂交通也较方便；但当水管因事故破裂时，高压水流直冲厂房，危及厂房和运行人员的安全。因此正向进入适用于水头不高和管道不长的情况。

2. 侧向引进

如图 5.10（b）、（d）、（f）所示，管道轴线与厂房纵轴斜交或平行，称为侧向引进。这种侧向引进时，可减小管道发生事故时对厂房的威胁，但增大了水头损失。

以上所述压力管道的各种供水方式和引进方式，究竟采用哪一种好，还要结合工程的具体情况，布置出可能的方案，进行经济技术比较后方可确定。

5.2.3 压力管道的经济直径

压力管道直径的选择是一个动能经济比较问题：增大直径，管道造价随之增高，但其流速减小，水能损失会小一些；反之，当减小直径，造价明显降低，但其流速增大，水能损失就要多一些。其基本原理、方法与第 4 章渠道和无压隧洞经济断面一致。因此，需要初步列出几个可能的直径方案，进行比较，选定较为有利的管道直径，也可以将某些条件加以简化，推导出计算公式，直接求解。在可行性研究与初步设计阶段，可用以下彭德舒公式来初步确定大中型压力管道的经济直径。

$$D=\sqrt{\frac{5.2Q_{\max}^3}{H}} \tag{5.3}$$

式中：$Q_{\max}$ 为压力管道的最大设计流量，m/s；H 为设计水头，m。

5.2.4　钢管的材料、容许应力和管身构造[4]

5.2.4.1　钢管材料

钢管是压力管道中最为常见的一种型式，其材料应符合规范要求。钢管的受力构件有管壁、加劲环、支撑环及支座的滚轮和支撑板等。其中，管壁、加劲环、支撑环和岔管的加强构件等应采用经过镇静熔炼的热轧平炉低碳钢或低合金钢制造；垫板等附件一般采用铸铁、铸钢等钢材制造。

钢管的材料基本性能包括机械性能、加工性能和化学成分等。

1. 机械性能

机械性能一般指钢材的屈服点 σ_s、极限强度 σ_b、断裂时的延伸率 ε 和冲击韧性值 α_k。

在屈服点 σ_s 内，钢材的应力与应变存在线性关系，即处于弹性工作状态。当应力超过 σ_s 时，材料发生蠕变，在材料破坏前应力达到最大值，即极限强度 σ_b。因此，当应力达到 σ_s，虽然不会引起结构破坏，但因变形过大，结构可能已无法工作，σ_s 被认为是容许使用应力的上限。普通碳素钢的极限强度 σ_b 可超过 σ_s 值 55%～95%。一般认为 σ_b 与 σ_s 的最优比值（最优屈强比）在 0.5～0.7 范围内。

延伸率 ε 是试件破坏时的相对变形值，代表材料的塑性性能。普通碳素钢的延伸率 ε 约为 20%～24%。

钢材的脆性破坏和时效硬化趋向及材料抗重复荷载和动荷载的性能应根据运行条件，经钢材夏比（V 形缺口）冲击试验确定。

2. 加工性能

钢材的加工性能主要指辊扎、冷弯、焊接等方面的性能，应通过样品试验确定。

3. 化学成分

钢材的化学成分影响钢材的强度、延伸率和焊接性能。当碳素钢的含碳量超过 0.22% 时，硬度急剧上升，σ_s 上升，塑性和冲击韧性降低，可焊性恶化。硅的存在有同样的影响，含量应限制在 0.2% 以内。镍和锰能够提高钢材的机械性能。因此，对这些杂质应加以限制。

5.2.4.2　钢管的容许应力

钢材的强度指标一般用屈服点 σ_s 表示。钢材的容许应力 $[\sigma]$ 可用 σ_s 除以安全系数 K 获得。不同的荷载组合及不同的内力、应力特征应采用不同的容许应力。压力钢管的容许应力按表 5.1 采用。

对于高强度钢材，若 σ_s 与 σ_b 的比值（屈强比）大于 0.67，应以 $\sigma_s=0.67\sigma_b$ 计算容许应力。参阅《水电站压力钢管设计规范》（SL 281—2003）。

表 5.1　　　　　　　　　　　　　　　　钢 管 容 许 应 力

应力区域		膜应力区		局 部 应 力 区				
荷载组合		基本	特殊	基	本		特	殊
内力性质		轴力		轴力	轴力和弯矩		轴力	轴力和弯矩
容许应力 $[\sigma]$	明钢管	$0.55\sigma_s$	$0.7\sigma_s$	$0.67\sigma_s$	$0.85\sigma_s$		$0.8\sigma_s$	$1.0\sigma_s$
	地下埋管	$0.67\sigma_s$	$0.9\sigma_s$					
	坝内埋管	$0.67\sigma_s$	$0.8\sigma_s$					

5.2.4.3　管身构造

　　焊接钢管是用钢板按要求的曲率辊卷成弧形。在工厂用纵向焊缝连接成管节，运到现场后再用横向焊缝将管节炼成整体，如图 5.11 所示。横缝的间距可依钢板的尺寸而定，纵缝在整个圆周上可以是一条或数条，相邻两节管子的纵缝应相互错开。为了保证焊接质量，通常是在工厂制作成管段，然后运到现场安装焊接，管段长度一般为 6～8m。对大直径的钢管因运输不便时，可采用就地焊接。

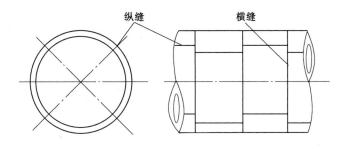

图 5.11　钢管焊接布置图

　　管壁厚度一般经结构分析确定。管壁的结构厚度取为计算厚度加 2mm 的锈蚀裕度。考虑制造工艺、安装、运输等要求，管壁的最小厚度不宜小于下式确定的数值，也不宜小于 6mm。

$$\delta \geqslant \frac{D}{800} + 4 \qquad\qquad (5.4)$$

式中：D 为钢管直径，mm。

5.2.5　地面压力钢管的敷设方式和墩座[3-5]

5.2.5.1　敷设方式

　　地面压力钢管一般架设在一系列的支墩上，为了便于施工、维护与检修，钢管离开地面的高度应不小于 0.6m，在钢管转弯处须设置镇墩（当钢管直线段长度大于 150m 时，亦应考虑设置中间镇墩），使钢管完全固定不发生任何方向的位移。在自重和水重的作用下，地面压力钢管便相当于具有固定端的多跨连续梁，其在镇墩间的敷设方式有分段式和连续式两种。

　　1. 分段式

　　分段式敷设的特点是在两镇墩之间的钢管上设置伸缩节，将钢管分成两段，这样在温度变化时，钢管在支墩上可以沿轴向自由伸缩，以减小作用在管壁上的温度应力。为了减小伸缩节处的内水压力，伸缩节一般布置在靠近上镇墩处，这样使钢管对上镇墩的轴向拉力减小，对下镇墩的轴向压力增大，这也符合混凝土镇墩的受力特点。

图 5.12 是模式口水电站地面压力钢管的纵剖面图。该电站的最大水头为 31m，共设有两条平行的压力钢管，分别供给厂房中的两台机组，钢管的直径为 2.44m，管壁的厚度为 8~12mm（由上至下分段加厚），布置在坡度为 1/1.796 的斜坡上，离开地面 80cm。镇墩布置在管道首部和尾部的转弯处，分别与压力前池和厂房下部的大体积混凝土相结合，用以固定钢管；在上、下镇墩之间设有 7 个支墩，钢管可以在其上沿轴向滑动，支墩的间距为 6.4m。钢管在支墩处的外圆上设有支墩环，中间设有刚性环，在钢管靠近上镇墩处设有伸缩节。

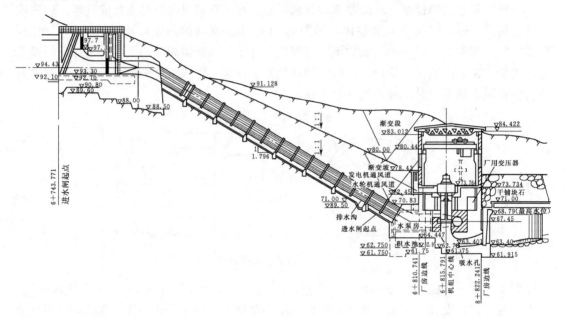

图 5.12　模式口水电站地面压力钢管的纵剖面图

2. 连续式

当在钢管上不设置伸缩节时称为连续式敷设，这样在温度变化时，由于镇墩的约束，将在管壁上产生很大的温度应力。连续式敷设一般只有在沟壑处，钢管在立面上采用拱形跨越时，方可采用。

5.2.5.2　钢管的墩座

钢管上的墩座是指镇墩和中间支墩，由于钢管直径的不同和地形、地质条件的差异，它们的型式也有所不同。

1. 镇墩

镇墩是依其足够的体积和自重来固定钢管，承受钢管传来的轴向力，使钢管在转弯处（或镇墩设置处）不发生任何方向的位移。镇墩通常用混凝土浇筑而成，并用锚筋和钢管锚固在一起。按管道在镇墩上的固定方式，镇墩可分为封闭式（图 5.13）和开敞式（图 5.14）两种。封闭式结构简单，对水管固定牢固，应用较为普遍；开敞式便于钢管检修，多用于地质情况较好、镇墩上作用力不大的情况。

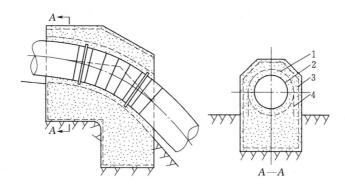

图 5.13 封闭式镇墩

1—环向钢筋；2—钢管；3—温度钢筋；4—锚筋

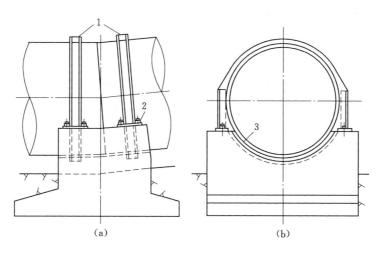

图 5.14 开敞式镇墩

1—锚定环；2—锚栓；3—灌浆

2. 支墩

支墩的作用是承受水重和管道自重在法向的分力，相当于梁的滚动支撑，允许管道在轴向自由移动。减小支墩间距可以减小管道的弯矩和剪力，但支墩数会增加，因此支墩的间距应通过结构分析和经济比较确定，一般在 6～12m 之间。按钢管与支墩间相对位移的特征，可将支墩分为滑动式、滚动式和摆动式三种。

（1）滑动式支墩。其特点是钢管沿支墩顶部滑动，按滑动面的结构情况可分为马鞍式和支承环式两种。

1）马鞍式支墩。如图 5.15（a）所示，在混凝土支墩顶面装设有弧形钢垫板，垫板下部用锚筋与支墩相固定，钢管可在此垫板上滑动，支座包角 $\theta=90°\sim120°$。为了减小钢管滑动时的摩擦力，可在垫板与管身之间加注润滑油或填充石墨垫片。这种支座的优点是构造简单、造价便宜，但由于滑动摩擦系数较大，钢管产生的摩擦力也大，故一般用于直径小于 1.0m 的钢管上。

2）支承环式支墩。如图 5.15（b）所示，为了防止管壁的磨损，在钢管上焊接刚性支承环，用两点支承在支墩上，使支承环下部在支座上滑动。这样改善了支座处的管壁应力状态，减小了滑动摩阻，可防止滑动时磨损管壁。它可适用于直径在 2.0m 以下的钢管。

（2）滚动式支墩。如图 5.16 所示，在支承环下部，两边各装一个圆柱形辊轴，它坐落在支墩的垫板上并可沿轴向滚动，从而可使摩擦系数减小到 0.1 左右，通用于直径在 2.0m 以上的钢管，模式口水电站压力钢管上应用的就是这种支墩。但是由于辊轴直径不可能做得很大，所以辊轴与上下支承板的接触面积较小，不能承受较大垂直荷载，使这种支墩的使用受到限制。

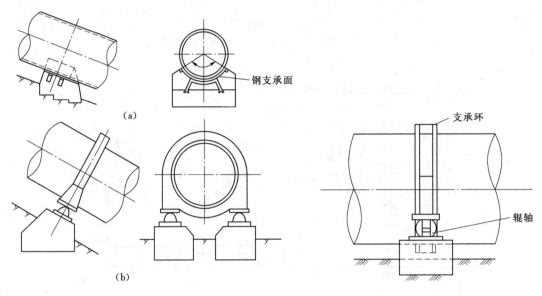

图 5.15　滑动式支墩　　　　　　　　　图 5.16　滚动式支墩

（3）摆动式支墩。如图 5.17 所示，在支承环与支墩之间设置有摆动短柱，摆柱的下端铰支在支墩上，摆柱的顶端以弧形面与支承环的支承板接触，当钢管伸缩时，短柱以铰为中心前后摇摆。这种支墩摩阻力很小，能承受较大的垂直荷载，适用于大直径管道。

5.2.6　地面压力管道的附属设备

5.2.6.1　闸门和阀门

压力管道的进水口处常设置平面钢闸门，以便在压力管道发生事故或检修时用以切段水流。平面钢闸门价格便宜，便于制造，应用较广。平面钢闸门可用到 80m 水头或更高。

在压力管道末端，即蜗壳进口处，是否需要设置阀门则视具体情况而定：如系单元供水，水头不高，或单机容量不大，而管道进口处又有闸门者，则管末可不设阀门；如为集中供水或分组供水，或虽系单元供水而水头较高和机组容量较大时，则需在管道末端设置阀门。

阀门的类型很多，有平板阀、蝴蝶阀、球阀、圆筒阀、针阀和锥阀等，但作为水电站压力管道上的阀门，最常见的是蝴蝶阀和球阀，极小型电站有时用平板阀。

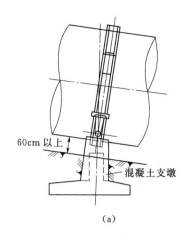

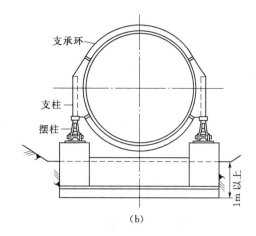

图 5.17 摆动式支墩

（a）管道侧视图；（b）管道横剖图

1. 蝴蝶阀

蝴蝶阀由阀壳和阀体构成。阀壳为一短圆筒。阀体形似圆饼，在阀壳内绕水平或垂直轴旋转。当阀体平面与水流方向一致时，阀门处于开启状态；当阀体平面与水流方向垂直时，阀门处于关闭状态，如图 5.18 所示。蝴蝶阀的优点是启闭力小，操作方便迅速，体积小，重量轻，造价低；缺点是在开启状态，由于阀体对水流的扰动，水头损失较大；在关闭状态，止水不够严密。适用于直径较大和水头不很高的情况。

2. 球阀

球阀由球形外壳、可转动的圆筒形阀体及其他附件构成。当阀体圆筒的轴线与管道轴线一致时，阀门处于开启状态，如图 5.19（a）所示；若将阀体旋转 90°，使圆筒一侧的球面封板挡住水流通路、则阀门处于关闭状态，如图 5.19（b）所示。

图 5.18 蝴蝶阀

球阀的优点是在开启状态时实际上没有水头损失，止水严密，结构上能承受高压，缺点是结构较复杂，尺寸和重量较大，造价高。球阀适用于高水头电站。

5.2.6.2 伸缩节

伸缩节由钢板焊接而成，其结构型式如图 5.20 所示，通常采用的有单套筒伸缩节和双套筒伸缩节，前者只允许钢管做轴向移动，而后者还可允许两侧钢管有小的角位移，以适应地基少量的不均匀沉陷。

5.2.6.3 通气阀

通气阀常布置在阀门之后，其功用与通气孔相似。当阀门紧急关闭时，管道中的负压使通气孔打开进气；管道充水时，管道中的空气从通气阀排出，然后利用水压将通气阀关

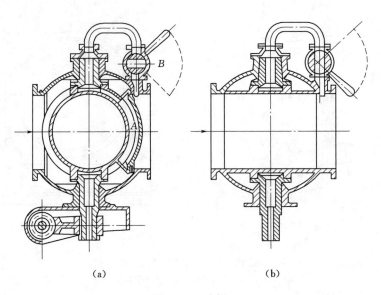

（a）　　　　　　　　　　　（b）

图 5.19　球阀

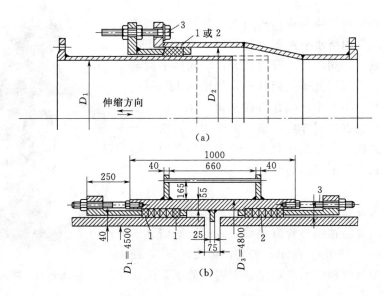

图 5.20　伸缩节（单位：mm）

（a）单套筒伸缩节；（b）双套筒伸缩节

1—橡皮填料；2—大麻或石棉填料；3—拉紧螺栓

闭。在可能产生负压的供水管路上，有时也需设通气阀。

5.2.6.4　进人孔

　　进人孔是工作人员进入管内进行观察和检修的通道。明钢管的进人孔宜设在镇墩附近，以便固定钢丝线、吊篮和布置卷扬机等。进人孔在管道横断面上的位置以便于进人为原则，其形状一般做成 450～500mm 直径的圆孔。图 5.21 为其一种。进人孔间距视具体情况而定，一般可取 150m。

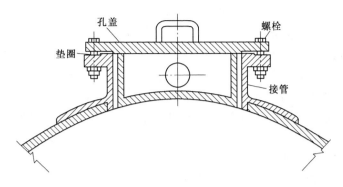

图 5.21 进人孔

5.2.6.5 排水和观测设备

管道的最低点应设排水管，以便在检修管道时排除其中积水和闸门（阀门）漏水。

大中型压力管道应有进行应力、沉陷、振动、外水压力、腐蚀、磨损等原型观测设备。

5.2.7 地面压力钢管的结构计算[3,4]

5.2.7.1 管壁厚度的初步估算

在进行钢管设计和荷载计算时，需首先初步确定管壁厚度，以便在后期进行强度计算与校核。

地面压力钢管的主要荷载是内水压力，由它在管壁中所形成的环拉应力是控制管壁厚度的主要因素。设钢管的直径为 D(cm)，作用水头为 H(m)，其中包括水锤压力在内，则内水压强 $p=9.81H(10^3 \text{Pa})$，管壁单位管长所承受的拉力为 $T(10^3 \text{N})$。若钢管被通过直径的平面 AB 切开，如图 5.22 所示。由材料力学中所述的"锅炉公式"，则有

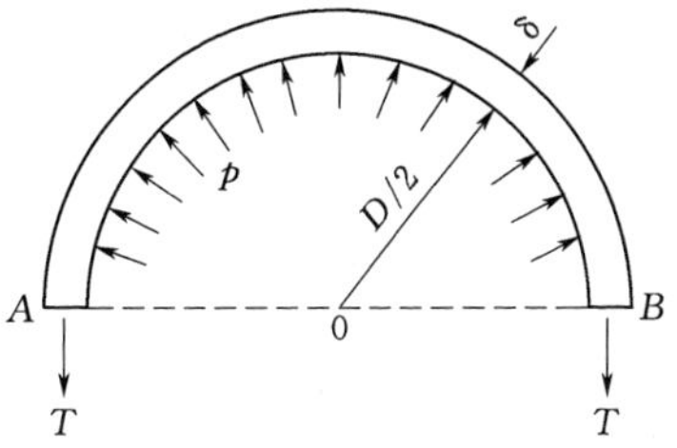

图 5.22 均匀内水压力作用图

$$2T=pD$$
$$T=\frac{pD}{2}$$

设管壁厚度为 δ(cm)，管壁应力为 $\sigma(10^6 \text{Pa})$，则拉应力 T 可写为

$$T=\sigma\delta$$

由上两式相等，可得

$$\delta=\frac{pD}{2\sigma}(\text{cm}) \tag{5.5}$$

若将 σ 用钢材的允许应力 $[\sigma]$ 代替，并考虑焊接的影响，则管壁厚度可按式（5.6）估算。

$$\delta=\frac{pD}{2[\sigma]\phi}(\text{cm}) \tag{5.6}$$

式中的钢材允许应力 $[\sigma]$ 值可按规范选取，对 A_3 钢可取 $[\sigma]=124.0\times10^6 \text{Pa}$；钢管焊接系数 ϕ 可取 0.9（单面对接焊）和 0.95（双面对接焊）。

由式（5.6）可以计算出管壁的初拟计算厚度，考虑到钢管在运行中的锈蚀与磨损，给计算厚度加 2mm 的锈蚀裕量并取为以毫米（mm）为单位的整数，则可得管壁的结构厚度，又考虑到制造、运输和安装过程中管壁应有一定的刚度，避免产生过大的椭圆度，所以所采用的管壁厚度应不小于规范规定的最小厚度。

在实际计算过程中，按结构厚度计算荷载（管身自重等），按初拟的计算厚度进行管身应力计算，通过强度校核，最终确定管壁的计算厚度和实际采用的结构厚度。

5.2.7.2　钢管上的作用力

地面压力钢管上的作用力按其作用的方向可分为轴向力、法向力和径向力。

轴向力是指沿钢管轴线方向的力，作用在钢管上的轴向力主要有钢管自重的轴向分力、作用在阀门或堵头上的内水压力、温度变化时水管与支墩的摩擦力和伸缩节处的摩擦力等，见表 5.2。该轴向力通过管壁传给镇墩，同时在管壁上产生轴向应力。

法向力是指沿管轴法线方向（垂直于管轴线方向）的力，它是管重和水重在法线方向的分力。

表 5.2　　　　　　　　　　　　　　压力钢管轴向力一览表

编号	作用力名称	计算公式	作用力示意图	备　注
1	水管自重的轴向分力	$A_1 = g_T L_1 \sin\varphi$		g_T—每米长水管重量 L_1—管段的计算长度
2	作用在阀门或堵头上的内水压力	$A_2 = \dfrac{\pi}{4} D_0^2 \gamma H$		γ—水的容重 H—该处的水头
3	水管转弯处的内水压力	$A_3 = \dfrac{\pi}{4} D_0^2 \gamma H$		
4	水管直径变化段的内水压力	$A_4 = \dfrac{\pi}{4} (D_{01}^2 - D_{02}^2) \gamma H$		
5	伸缩节变化处的内水压力	$A_5 = \dfrac{\pi}{4} (D_1^2 - D_2^2) \gamma H$		
6	水流对管壁的摩擦力	$A_6 = \dfrac{\pi}{4} D_0^2 \gamma h_w$		h_w—计算管段的水头损失
7	温度变化时伸缩节填料的摩擦力	$A_7 = \pi D_1 b f_K \gamma H$		f_K—填料与管壁的摩擦系数 $b f_K \gamma H$ 应不小于 0.75t/m
8	温度变化时水管与支墩的摩擦力	$A_8 = \sum f (Q_P + Q_W) \cos\varphi$		Q_P—一跨的管重 Q_W—一跨的水重 f—管壁与支墩的摩擦系数

编号	作用力名称	计算公式	作用力示意图	备　注
9	水在水管转弯处的离心力	$A_9 = \dfrac{\pi}{4} D_0^2 \dfrac{\gamma V^2}{g}$		R—离心力 A_9—离心力在管轴方向的分力
10	水管横向变形引起的力（管壁厚度不变）	$A_{10} = \mu \sigma \pi D \delta$		μ—泊松比 σ—管壁的环拉应力 δ—管壁的厚度
11	温度变化时的管壁的力（管壁厚度不变）	$A_{11} = \alpha E \Delta t \pi D \delta$		α—线膨胀系数 E—弹性模量 Δt—温差

管重产生的法向力 Q_p，可近似表达为

$$\left. \begin{array}{l} Q_{p1} = q_{p1} L_1 \cos\varphi_1 \\ Q_{p2} = q_{p2} L_2 \cos\varphi_2 \end{array} \right\} \tag{5.7}$$

式中：q_{p1}、q_{p2} 为镇墩上、下游管段单位管长的管重；φ_1、φ_2 为镇墩上、下游管段的倾角；L_1、L_2 为镇墩上、下游相邻支墩间管道长度的 1/2。

水重产生的法向力 Q_w，可近似表达为

$$\left. \begin{array}{l} Q_{w1} = q_{w1} L_1 \cos\varphi_1 \\ Q_{w2} = q_{w2} L_2 \cos\varphi_2 \end{array} \right\} \tag{5.8}$$

式中：q_{w1}、q_{w2} 为镇墩上、下游管段单位管长的水重。

法向力由钢管传给支墩、镇墩，它使钢管产生弯曲，在管壁中产生弯曲应力，并使横断面承受剪应力（图 5.23）。

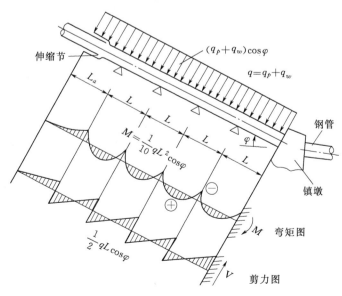

图 5.23　法向力引起的弯矩及剪力

123

径向力是指沿钢管半径方向的力，对管壁来说径向力是由内水压力形成的。

5.2.7.3　管身应力分析

支承在若干中间支墩上的直线管线在法向力的作用下相当于一根连续梁（图 5.23），一般取管径和壁厚相同管段的最末一跨作为计算跨。该跨的管身应力分析可取三个控制性断面，如图 5.24 所示，它们是跨中 1—1 断面（此处钢管的正弯矩最大）、支承环影响的临界断面 2—2（此处钢管不受支承环的约束，但还有较大的弯矩和剪力）、支承环断面 3—3（此处钢管的负弯矩最大、剪力最大，而且钢管还承受着支承环的约束）。

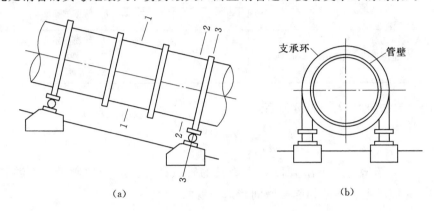

图 5.24　管身应力分析的三个断面

1. 跨中断面 1—1 的管壁应力

管壁应力计算所选取的坐标系统如图 5.25 所示。以 x 表示管道轴向，r 表示管道径向，θ 表示管道切向（环向），这三个方向的正应力分别以 σ_x、σ_r、σ_θ 表示，并以拉应力为正。图中表明了管壁单元体的应力状态，剪应力 τ 下标的第 1 个符号表示此剪应力所在的面（垂直 x 轴称为 x 面，余同），第 2 个符号表示剪应力的方向，如 $\tau_{x\theta}$ 表示在垂直 x 轴的面上沿 θ 向作用的剪应力。

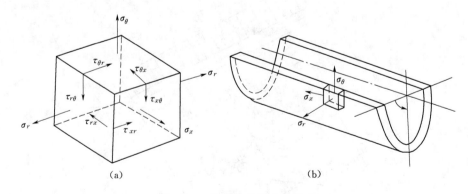

图 5.25　管壁单元体应力状态

（1）切向（环向）应力 σ_θ。管壁切向应力主要由内水压力引起。对于水平管段，管道横截面上的水压力见图 5.26（a），它可看作由图 5.26（b）的均匀水压力和图 5.26（c）的满水压力组成。这两部分的水压力在管壁中引起的切向应力为

$$\sigma_\theta = \frac{\gamma HD}{2\delta} + \frac{\gamma D^2}{4\delta}(1-\cos\theta) \tag{5.9}$$

式中：D、δ 为管道内径和管壁计算厚度，cm；γ 为水的容重，$\gamma = 9810\text{N/m}^3$；$H$ 为管顶以上的计算水头，cm；θ 为管壁的计算点与垂直中线构成的圆心角，如图 5.26（c）所示。

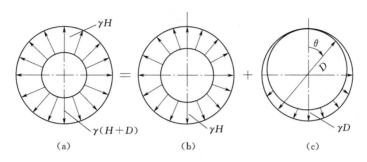

图 5.26 水管横截面上的水压力

式（5.9）等号右端第一项为由均匀水压力引起的切向应力，第二项为满水压力引起的切向应力。若令管道中心的就算水头为 H_p，则有 $H_p = H + D/2$，式（5.9）可写成

$$\sigma_\theta = \frac{\gamma H_p D}{2\delta} - \frac{\gamma D^2}{4\delta}\cos\theta \tag{5.10}$$

对于倾斜的管道，若管轴与水平线的倾角为 φ，则式（5.10）应写成

$$\sigma_\theta = \frac{\gamma H_p D}{2\delta} - \frac{\gamma D^2}{4\delta}\cos\theta\cos\varphi \tag{5.11}$$

对于水电站压力钢管，式（5.11）等号右端的第二项是次要的，只有当 $\dfrac{D}{2}\cos\theta\cos\varphi > 0.05 H_p$ 时才有计入的必要。

考虑到钢板厚度的误差及运行中的锈蚀和磨损，实际采用的管壁厚度（结构厚度）应在计算厚度基础上再加 2mm 裕量。压力管道的内水压力一般越向下游越大，为了节约钢材，通常将管道分成若干段，每段采用不同的管壁厚度，按该段最低断面处的内水压力确定。

（2）径向应力 σ_r。管壁内表面的径向应力 σ_r 等于该处的内水压强，即

$$\sigma_r = -\gamma H_p \tag{5.12}$$

式中的负号表示压应力，在管壁外表面 $\sigma_r = 0$。

（3）轴向应力 σ_x。跨中断面轴向应力由以下两部分组成：

1）法向力作用下产生的轴向弯曲应力 σ_{x1}。水重和管重在法向的均布荷载使钢管产生弯曲，其跨中弯矩 $M(\text{N·m})$ 可按多跨连续梁求得，则轴向弯曲应力 σ_{x_1} 为

$$\sigma_{x_1} = -\frac{My}{J} = -\frac{4M}{\pi D^2 \delta}\cos\theta \tag{5.13}$$

式中：J 为圆环断面的惯性矩，其值为 $\dfrac{1}{8}\pi D^3\delta$；$y = \dfrac{D}{2}\cos\alpha$，在 $\theta = 0°$ 和 $180°$，即 $y = \pm\dfrac{D}{2}$，σ_{x_1} 值最大。

$$\sigma_{x_1} = \mp \frac{4M}{\pi D^2 \delta} \tag{5.14}$$

2）轴向作用力产生的轴向应力 σ_{x_3}。设钢管轴向作用力在最不利荷载组合（按温升、温降组合）情况下的合力为 $\Sigma A(N)$，则由此产生的轴向应力 σ_{x_3} 为

$$\sigma_{x_3} = \frac{\Sigma A}{\pi D \delta} \tag{5.15}$$

跨中断面的剪应力为零，至此求出了全部应力分量。

2. 支撑环附件断面 2-2 的管壁应力

断面 2-2 在支承环附件，但在支承环的影响范围之外，故仍为膜应力区。

断面 2-2 的应力分量 σ_θ、σ_r、σ_{x_1}、σ_{x_3} 的计算公式与断面 1-1 相同。此外，断面 2-2 中尚有剪力所引起的剪应力。管重和水重在支承环处引起的剪力可将管道视为连续梁进行计算，近似可取为 $Q = (qL\cos\varphi)/2$，q 为每米长的管重和水重，L 为支承环中心距，φ 为管道倾角。在垂直于 x 轴的截面上，此剪力 Q 在管壁中引起的 θ 向剪应力为

$$\tau_{x\theta} = \frac{QS}{bJ} = \frac{Q}{\pi r \delta}\sin\theta \tag{5.16}$$

式中：S 为管壁计算点水平线以上管壁面积对中和轴的静矩，$S = 2r^2\delta\sin\theta$；J 为管壁的截面惯性矩，$J = \pi r^3\delta$；r 为管道半径；b 为受剪截面宽度，$b = 2\delta$；θ 为管顶至计算点的圆心角，当 $\theta = 0°$ 和 $180°$ 时，即在管顶和管底，$\tau_{x\theta} = 0$；当 $\theta = 90°$ 和 $270°$ 时，剪应力最大，$\tau_{x\theta} = Q/\pi r \delta$。

3. 支环及环旁断面 3-3 的管壁应力

（1）轴向应力 σ_x。支撑环处的管壁由于支撑环的约束，在内水压力作用下发生局部弯曲，如图 5.27 所示。因此，与断面 2-2 相比，增加了局部弯曲应力 σ_{x_2}，切向应力 σ_θ 也因支承环的影响而改变。

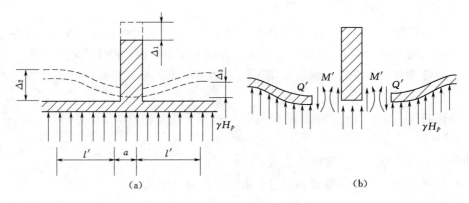

图 5.27　管壁局部弯曲示意图

支承环在管壁中引起的局部弯曲应力随离开支承环的距离而很快衰减，因此影响范围是不大的（超过这个范围可忽略不计），其等效宽度：

$$l' = \frac{\sqrt{r\delta}}{\sqrt[4]{3(1-\mu^2)}} = 0.78\sqrt{r\delta} \tag{5.17}$$

式中：r 和 δ 为钢管的半径和壁厚；μ 为钢材的泊桑比，一般取 $\mu = 0.3$。

从图 5.27（b）可以看出，支承环除直接承受一小部分内水压力外，主要还承受管壁

传来的剪应力 Q'。在这些力的作用下，支承环的径向位移

$$\Delta_1 = (\gamma H_p a + 2Q') \frac{D^2}{4EF'_K} \qquad (5.18)$$

式中：F'_K 为支撑环的净截面（包括衔接段 a 的管壁面积）。

管壁在内水压力 γH_p 的作用下，若无支撑环的约束，则径向位移

$$\Delta_2 = \frac{\sigma_\theta}{E} \frac{D}{2} = \frac{\gamma H_p D^2}{4E\delta} \qquad (5.19)$$

加劲环处的管壁在剪力 Q' 和弯矩 M' 的共同作用下，只能产生径向位移而不能转动（无角位移），可以证明，只要满足这样的条件，必须

$$M' = \frac{1}{2} Q' l' \qquad (5.20)$$

在上述 Q' 和 M' 的共同作用下，该处管壁径向缩小

$$\Delta_3 = \frac{3(1-\mu^2)Q'}{E\delta^3} (l')^3 \qquad (5.21)$$

若不计支撑环高度的变化，根据相容条件 $\Delta_3 = \Delta_2 - \Delta_1$，并利用式（5.18）～（5.21）得

$$Q' = \beta l' \gamma H_p \qquad (5.22)$$

$$M' = \frac{1}{2} \beta (l')^2 \gamma H_p \qquad (5.23)$$

$$\beta = \frac{F'_K - a\delta}{F'_K + 2\delta l'} \qquad (5.24)$$

Q' 和 M' 为沿圆周向单位长度的剪力和弯矩。M' 在管壁引起的局部应力（令 $\mu = 0.3$）

$$\sigma_{x_2} = \frac{6M'}{\delta^2} = 1.82\beta \frac{\gamma H_p D}{2\delta} \qquad (5.25)$$

由于

$$\frac{\gamma H_p D}{2\delta} = \sigma_\theta$$

故

$$\sigma_{x_2} = 1.82\beta\sigma_\theta \qquad (5.26)$$

β 的数值决定于支承环的截面积 F'_K，当 F'_K 很大时，β 接近于 1，则局部弯曲应力 σ_{x_2} 为切向应力 σ_θ 的 1.82 倍；若无支撑环，$F'_K = a\sigma$，$\beta = 0$，$\sigma_{x_2} = 0$。

支承环处管壁的轴向应力 $\sigma_x = \sigma_{x_1} + \sigma_{x_2} + \sigma_{x_3}$。$\sigma_{x_2}$ 的影响范围为 l'，离开支承环 l' 以外的管壁可忽略 σ_{x_2}。

（2）剪应力 τ_{xr}。支撑环的约束在管壁中引起的剪应力

$$\tau_{xr} = \frac{6Q'}{\delta^3} \left(\frac{\delta^2}{4} - y^2 \right) \qquad (5.27)$$

式中：Q' 由式（5.22）求得；y 为沿管壁厚度方向的计算点到管壁截面形心的距离。

管壁的内外缘，$y = \pm\delta/2$，$\tau_{xr} = 0$；管壁中点，$y = 0$，剪应力最大

$$\tau_{xr} = \frac{3Q'}{2\delta} \qquad (5.28)$$

由支座剪力 Q 所引起的剪应力 $\tau_{x\theta}$ 可按式（5.16）计算。

（3）切向应力 σ_θ。在断面 3—3 上，作用在支承环上的主要荷载有：在内水压力作用

下，管壁对支承环的剪力，其值为 $2Q'$；支撑环直接承受的内水压力；由管重和水重引起的向下剪力；支承环自重。

由管壁对支承环的剪力和内水压力引起的切向应力为

$$\sigma_{\theta_1}=\frac{(2Q'+\gamma H_p a)D}{2F'_K}=\frac{\gamma H_p r}{F'_K}(1.56\beta\sqrt{r\delta}+a) \tag{5.29}$$

由管重和水重引起的向下剪力而产生的应力为

$$\sigma_{\theta_2}=\frac{M_K}{W_K} \tag{5.30}$$

$$\sigma_{\theta_3}=\frac{N_K}{F_K} \tag{5.31}$$

$$\tau_{\theta r}=\frac{T_K S_y}{a J_K} \tag{5.32}$$

式中：W_K、F_K、J_K、S_y 分别为支承环的断面模量、断面面积、断面惯性矩、某计算点以上的面积矩。

支承环自重引起的应力一般很小，可以不考虑。

支承环的切向应力为 $\sigma_{\theta_1}+\sigma_{\theta_2}+\sigma_{\theta_3}$。支承环附近管壁的切向应力等于支承环内缘的切向应力。

三个断面的应力计算公式汇总表见表 5.3。

表 5.3　　　　　　　　各计算断面的应力公式汇总表

序号	断面	应力种类	计算公式 断面 1-1	断面 2-2	断面 3-3
1	纵向	正应力	$\sigma_\theta=\dfrac{\gamma D}{2\delta}\left(H_p-\dfrac{D}{2}\cos\theta\cos\varphi\right)$	$\sigma_\theta=\dfrac{\gamma D}{2\delta}\left(H_p-\dfrac{D}{2}\cos\theta\cos\varphi\right)$	$\sigma_{\theta_1}=\dfrac{\gamma H_p r}{F'_K}(2\beta l'+a)$
2		正应力			$\sigma_{\theta_2}=\pm\dfrac{M_K}{W_K}$
3		正应力			$\sigma_{\theta_3}=\dfrac{N_K}{F_K}$
4		剪应力			$\tau_{\theta r}=\tau_{r\theta}=\dfrac{T_K S_K}{a J_K}$
5	横向	正应力	$\sigma_{x_1}=\pm\dfrac{My}{J}=\pm\dfrac{2qL^2}{5\pi D^2\delta}$ ①	$\sigma_{x_1}=\mp\dfrac{My}{J}=\mp\dfrac{2qL^2}{5\pi D^2\delta}$	$\sigma_{x_1}=\mp\dfrac{My}{J}=\mp\dfrac{2qL^2}{5\pi D^2\delta}$
6		正应力			$\sigma_{x_2}=\pm1.82\beta\dfrac{\gamma H_p D}{2\delta}$ ②
7		正应力	$\sigma_{x_3}=\dfrac{\sum A}{\pi D\delta}$	$\sigma_{x_3}=\dfrac{\sum A}{\pi D\delta}$	$\sigma_{x_3}=\dfrac{\sum A}{\pi D\delta}$
8		剪应力		$\tau_{x\theta}=\dfrac{Q}{\pi r\delta}\sin\theta$	$\tau_{x\theta}=\dfrac{Q}{\pi r\delta}\sin\theta$
9		剪应力			$\tau_{xr}=\dfrac{\gamma H_p}{\delta}\beta l'$
10	径向	正应力	$\sigma_r=-\gamma H_p$	$\sigma_y=-\gamma H_p$	$\sigma_r=-\gamma H_p$

注　①当 $y=\pm\dfrac{D}{2}$，$M=\dfrac{1}{10}ql^2$ 时，$\sigma_{x_1}=\dfrac{2qL^2}{5\pi D^2\delta}$。

　　②管壁内缘为＋，外缘为－。

5.2.7.4 管壁强度校核

管壁承受三向正应力和剪应力，其强度验算应按合成应力进行，规范规定按第四强度理论进行强度校核，即各计算点的应力应满足：

$$\sigma=\sqrt{\frac{1}{2}\big[(\sigma_x-\sigma_r)^2+(\sigma_r-\sigma_\theta)^2+(\sigma_\theta-\sigma_x)^2\big]+3(\tau_{xr}^2+\tau_{r\theta}^2+\tau_{\theta x}^2)}\leqslant\phi[\sigma] \quad (5.33)$$

当忽略径向应力时，上式可简写为

$$\sigma=\sqrt{\sigma_x^2+\sigma_\theta^2+\sigma_x\sigma_\theta+3\tau_{\theta x}^2}\leqslant\phi[\sigma] \quad (5.34)$$

当不满足式（5.33）或式（5.34）时，则应适当加大管壁厚度，重新验算。

以上仅讨论了钢管在正常运用情况下的管壁应力和强度校核，对其他工况如放空充水、水压试验和地震等情况，此处不再赘述，可参阅有关设计手册。

5.2.7.5 管壁外压稳定校核

钢管是一薄壁圆筒结构，它能承受较大的内水压力，但在某些情况下，如管内出现负水锤或钢管放空时因通气孔阻塞使管内出现真空现象，此时钢管将承受均匀外压力（即大气压力）有可能被压瘪而丧失稳定，因此必须根据外压稳定的要求来校核管壁的厚度。

为了使问题简化，可不考虑钢管的支承条件，而把钢管看作是一均匀而无限长的薄壁管进行分析，可以得出钢管弹性稳定的临界外压力 p_{cr}，为了安全起见并使其大于或等于 k（安全系数）倍的实际外压力 p，即

$$P_{cr}=\frac{2E}{(1-\mu)^2}\left(\frac{\delta}{D}\right)^3\geqslant kp \quad (5.35)$$

明钢管抗外压稳定安全系数取 2.0。如果不满足要求，一般可考虑设置加劲环，图 5.28 列出了常见的三种加劲环断面型式。

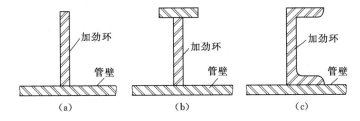

图 5.28 加劲环的三种断面型式

对于设置加劲环的管壁，临界外压：

$$P_{cr}=\frac{E}{(n^2-1)\left(1+\frac{n^2l^2}{\pi^2r^2}\right)}\left(\frac{\delta}{r}\right)+\frac{E}{12(1-\mu^2)}\left[n^2-1+\frac{2n^2-1-\mu}{1+\frac{n^2l^2}{\pi^2r^2}}\right]\left(\frac{\delta}{r}\right)^3 \quad (5.36)$$

式中：l 为加劲环的间距；n 为屈曲波数。

需假定不同的 n，用试算法求出最小的 P_{cr}。对应于最小的 P_{cr} 的 n 值可按下式估算。

$$n=1.63\left(\frac{D}{l}\right)^{0.5}\left(\frac{D}{\delta}\right)^{0.25} \quad (5.37)$$

式中：D 为管径。

按式（5.37）求出 n，取相近的整数后代入式（5.36）求出最小的 P_{cr}。

以上两式适用于 $\sigma_{cr}=\dfrac{P_{cr}r}{\delta}\leqslant 0.9\sigma_s$ 情况。当 $\sigma_{cr}>0.9\sigma_s$ 时，管壁将因压应力过大而丧失承载能力，已不是弹性稳定问题，不在本书阐述范围之内。

5.3　有压隧洞及埋藏式钢管

5.3.1　水电站有压隧洞工作的特点[3]

一般情况下，引水式水电站在独立布置进水口以后大都采用圆断面的压力隧洞引水，这样可以使引水线路较短，避开沿线地表的不利地形及地质条件，也可以不受地表气候影响。当隧洞线路较长时，为了减小其中的水锤压力和改善机组的运行条件，在靠近厂房处须设置调压室，如图 7.1 所示。在调压室中具有自由水面，水锤波在调压室处即得到反射，这样调压室便将隧洞分成两段：在调压室和进水口之间的隧洞，其中可基本上不传播水锤压力，称为压力引水隧洞，这种隧洞往往布置的线路较长、纵坡很小（大都在 1‰～2‰之间），使其承受的水压力较小，水压力的数值主要取决于水库和调压室中的水位变化；调压室至厂房的一段隧洞，由于其中承受着较大的水头落差，而且还存在着水锤压力，故称为高压引水隧洞。

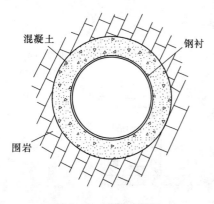

图 5.29　隧洞式钢管

压力引水隧洞多处于山岩深层，一般情况下地质条件较好，又因承受水压力较小，故常采用单层或双层钢筋混凝土衬砌。而高压引水隧洞往往靠近山坡，地质条件较差，为了防渗和保持山坡稳定，多采取在岩体中埋置钢管，钢管与岩体之间充填素混凝土，使钢管、混凝土与围岩联合承担内水压力，这种结构型式的高压引水隧洞称为地下埋管或埋藏式钢管，如图 5.29 所示。埋藏式钢管在施工时，其钢衬可作为内模板，并省去了钢筋架立和绑扎的工作，而且混凝土的浇筑亦可采用混凝土泵进行，因而对施工非常有利。

埋藏式钢管与地面钢管相比，它可以缩短管道长度，在地质条件较好时还可利用围岩承担部分或大部分内水压力，从而减小管壁厚度以节省钢材。目前国内外较高水头的水电站上广泛采用了这种埋藏式钢管。

5.3.2　埋藏式钢管的布置型式[6,7]

埋藏式钢管的布置型式通常有竖井式、斜井式和平洞式三种。

5.3.2.1　竖井式钢管

竖井式钢管的轴线是垂直的，它适用于首部开发的地下水电站，如图 8.42 所示，这样可以使压力隧洞最短，从而减小水锤压力和隧洞的工程量。竖井的开挖通常是先自下而上地开挖导洞，然后自上而下地进行全断面开挖；钢管的安装和混凝土的回填，一般是自下而上进行的。

5.3.2.2 斜井式钢管

斜井式钢管应用最广，斜井的坡度除受地形、地质影响外，常受施工方法的控制：自上而下开挖出渣时，坡度宜用 $30°\sim35°$；自下而上开挖出渣时，坡度可在 $45°$ 左右。

5.3.2.3 平洞式钢管

平洞式一般作为过渡段使用。例如，调压室以后需要经过一段平洞和斜井相连接；斜井在进入厂房之前也需要转为平洞。

埋藏式压力钢管应尽可能地布置在坚固完整的岩体中，一般当完整岩石的覆盖厚度超过三倍开挖洞径时才宜考虑围岩分担内水压力。

5.3.3 埋藏式钢管的结构和构造

埋藏式钢管相当于多层衬砌的隧洞，钢衬的作用是承担部分内水压力和防止渗漏，回填混凝土的作用是将部分内水压力传给围岩，因此回填混凝土与钢衬和围岩之间必须紧密结合。混凝土的厚度主要取决于钢管的安装和自身浇筑的需要，如钢衬需要在外部施焊时，一般可取为 0.5m。在这样小的空间中浇筑混凝土一定要注意质量，尤其在斜井和平洞的顶拱和底拱处，平仓振捣困难，稀浆集中，容易形成空孔。

由于混凝土干缩和钢衬充水后的冷缩，在钢衬和混凝土之间、混凝土与围岩之间均存在有一定的缝隙，为了提高围岩的承载能力，常须顺次进行以下灌浆：

（1）顶拱回填灌浆。灌浆工作至少在混凝土浇筑 14 天后进行，灌浆压力一般用 $0.2\sim0.5$MPa。

（2）接缝灌浆。在回填灌浆 14 天后，进行混凝土与围岩间、混凝土与钢衬间的接缝灌浆，并宜在气温较低时进行。灌浆压力一般用 $0.2\sim0.5$MPa。

（3）围岩固结灌浆。一般在围岩较破碎时进行固结灌浆，完整的岩石可不进行固结灌浆。固结灌浆孔深一般在 4m 左右，灌浆压力为 $0.5\sim1.5$MPa。

灌浆通过钢管上预留的灌浆孔进行，并应在灌浆后封堵，以防运行后发生内水外渗。

5.3.4 埋藏式钢管在承受内水压力时的强度计算[6,7]

钢衬在承受内水压力后产生向外变位，使回填混凝土受拉，由于环向拉应力很容易超出混凝土的抗拉强度，于是回填混凝土产生径向裂缝而只能起到传递径向力的作用。如图 5.30 所示，设钢衬的内半径为 r_0、壁厚为 δ、内水压强为 p_0，在钢衬承受 p_0 的一部分后，传给回填混凝土，并设回填混凝土传给围岩的压强为 p_2。回填混凝土与钢衬和围岩间施工缝隙用 Δ_1、Δ_2 表示（图 5.30），其取决于混凝土的浇筑质量和是否进行灌浆，一般在 $0.1\sim0.4$mm 之间，再加上钢衬的冷缩缝隙，则结构总的初始裂隙 Δ_0 为

$$\Delta_0 = \Delta_1 + \Delta_2 + (1 + \mu_s)\alpha_s \Delta t r_0 \tag{5.38}$$

式中：α_s 为钢材的线膨胀系数，可取 $\alpha_s = 1.2 \times 10^{-5}/℃$；$\Delta t$ 为接缝灌浆时的月平均温度与钢衬运行时最低温度之差，一般取 $\Delta t = 10 \sim 20℃$。

根据结构各层受力后变位相容的原理，得出钢衬的传递系数 ε 为

$$\varepsilon = \frac{p_1}{p_0} = \frac{\dfrac{r_0}{\delta} - \dfrac{E_s}{r_0 p_0}\Delta_0}{\dfrac{r_0}{\delta} + (1 + \beta_c)\dfrac{E_s}{E_c}\ln\left(\dfrac{r_2}{r_0}\right) + (1 + \beta_r)(1 + \mu_r)\dfrac{E_s}{E_r}} \tag{5.39}$$

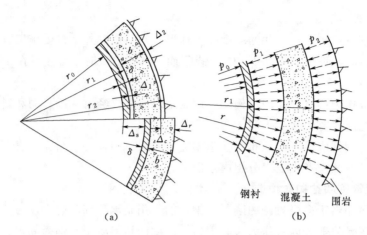

图 5.30　隧洞式钢管的受力和变位图

式中：β_c、β_r 分别为混凝土和围岩的塑性变形系数（塑性变形与弹性变形之比），β_c 一般可以不计，β_r 视围岩的好坏和是否进行固结灌浆而定，一般在 0.2～0.4 之间；E_r、μ_r 分别为围岩的弹性模量和泊松比，可由试验求得或查阅参考文献 [2]；E_s、E_c 分别为钢材和混凝土的弹性模量。

由上式求得传递系数 ε 之后，则钢衬的环向拉应力 σ_1 为

$$\sigma_1 = \frac{p_0 r_0}{\delta}(1-\varepsilon) \leqslant [\sigma] \tag{5.40}$$

若钢衬的厚度 δ 未知，则可用下式求钢衬的传递系数 ε 和钢衬的厚度 δ。

$$\varepsilon = \frac{\dfrac{[\sigma]}{p_0} - \dfrac{E_s}{r_0 p_0}\Delta_0}{(1+\beta_c)\dfrac{E_s}{E_c}\ln\left(\dfrac{r_2}{r_0}\right) + (1+\beta_r)(1+\mu_r)\dfrac{E_s}{E_r}} \tag{5.41}$$

$$\delta = \frac{p_0 r_0}{[\sigma]}(1-\varepsilon) \tag{5.42}$$

传递系数 ε 一般在 0～1 之间，若 $\varepsilon \geqslant 1$，则不需要钢衬；若 $\varepsilon \leqslant 0$，则全部内水压力由钢衬承担。

5.3.5　埋藏式钢管的外压稳定计算[3,4]

埋藏式钢管在内部放空时，由于外压的存在和作用，钢衬也有稳定问题，它与地面式钢管相比，虽然受回填混凝土的约束，所能承受的临界外压力有所提高，但钢衬所承受的外压力值却远大于大气压力，国内外埋藏式钢管的一些重大事故，多数是由于钢衬失稳所造成的，所以在设计施工中应给予足够的重视。

钢衬可能承受的外压力有：内部放空时的外部水压力；混凝土与钢衬之间的接缝灌浆压力；回填混凝土时混凝土的流态压力。钢衬的外压稳定应在以上三者中选择最大值进行计算，对第三种压力，钢衬尚未受到混凝土的约束，其受力情况与地面钢管相似，但对平洞或斜井流态混凝土的压力沿圆周是不均匀的。

钢衬能承受的临界外压力 p_{cr} 与钢衬失稳后的屈曲形状有很大关系，同时也与初始缝隙，外压力的大小与分布以及钢衬的初始不圆度和局部缺陷等有关，因此一些理论公式很

难精确反映实际情况。在初步计算时可采用经验公式（5.43）。

$$P_{cr} = 3440 \left(\frac{\delta}{r_0} \right)^{1.7} \sigma_s^{0.25} \geqslant kp \tag{5.43}$$

式中：σ_s 为钢材屈服点应力；p 为选择的最大实际外压力；k 为安全系数，对光面钢衬可取 $k=2.0$。

式（5.43）是根据不同国家不同试验者在不同时期的 38 个模型试验资料的基础上建立的，而且有很好的相关性。

当光面钢衬经式（5.43）验算不能满足抗外压稳定的要求时，考虑到经济上的合理性，一般也不采取增大钢衬厚度的办法，而是在钢衬外部焊接刚性环或锚筋。锚筋包括锚片和锚环，如图 5.31 所示，它可以充分发挥混凝土对钢衬的约束作用，节省钢材，便于加工焊

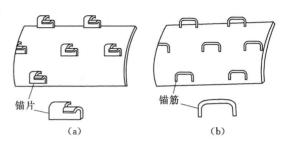

图 5.31 锚片式和锚环式钢衬
(a) 锚片式；(b) 铺环式

接，也便于浇筑混凝土，因而应用较广。对带有刚性环钢衬和带有锚筋钢衬的外压稳定计算可参考有关设计手册[6]。

5.3.6 防止钢衬受外压失稳的措施[6,7]

上面所讨论的仅是从结构方面增强钢衬抗外压的能力，而采取措施降低外压力也是保证钢衬稳定的重要方面。

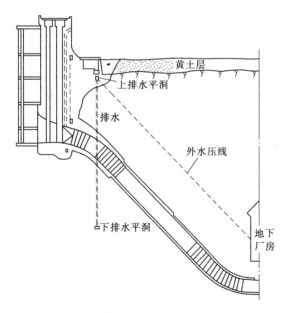

图 5.32 刘家峡水电站埋藏式钢管排水示意图

埋藏式钢管严重失稳的事故多发生于地下水压力的作用，特别是在水库蓄水之后由于水库渗漏会产生过高的地下水位，因此采取措施降低地下水位，是防止钢衬失稳的根本办法。在我国通常采用排水廊道以降低地下水位，图 5.32 是刘家峡水电站埋藏式钢管排水示意图，从图中可以看出，在进水口之后的岩石中开挖有上、下排水平洞，中间打有排水孔，下端地下厂房亦起排水廊道作用，这样可使地下水位大为降低，降低后的外水压线如图中虚线所示。

在钢衬周壁上设置排水孔，更能直接降低外水压力，但必须保证排水管可靠工作并宜于检修。图 5.33 为国外某水电站钢衬排水管的布置，为防止灌浆阻塞，它

是在接缝灌浆之后从管内钻孔设置的。图 5.34 为我国绿水河水电站钢衬排水管的布置，为防止运行时阻塞经常通以压缩空气和用酸冲洗。

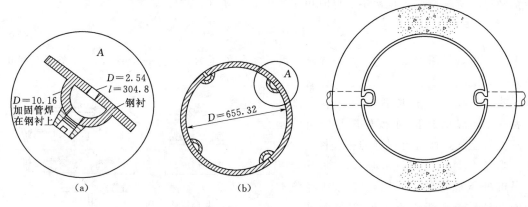

图 5.33 钢衬排水管布置示意图（单位：cm） 　　图 5.34 绿水河水电站埋藏式
　　　　　　　　　　　　　　　　　　　　　　　　　　　钢管排水示意图

　　做好钢衬与外围混凝土之间的接缝灌浆，减小施工缝隙，也有利于钢衬的抗外压稳定。

　　严格控制流态混凝土每次的浇筑高度，使其不超过钢衬的稳定要求，否则可在钢衬内部架设临时支承。

5.4 坝内式钢管

　　坝后式水电站的压力管道，为了防止外围混凝土开裂渗水和坝体承受过大的管内水压力，一般都采取在坝内埋设钢管，所以坝内布置的压力引水钢管也称为坝内式钢管或坝内埋管，这种管道既减小了水头损失也方便了施工（钢管可作为施工时的内模板）。

　　坝内钢管通常有两种埋设方式：一种是钢管与坝体之间用弹性垫层分开，钢管承受全部内水压力，可按地面钢管设计；另一种是钢管与外围混凝土整体浇筑在一起，两者共同承担内水压力，这样可以减小钢材用量，但要求钢管外围混凝土的厚度不小于一倍的管径。对后一种管道：在施工时可先在坝体内预留管槽以供敷设管道，待钢管安装就绪后再用混凝土回填，这样可以减少坝体施工和钢管安装的矛盾；管槽的尺寸应满足钢管安装和混凝土回填的要求，使钢管的两侧和底部有 1m 的空间；斜管段底部可采用台阶过渡，管槽的两侧应预留键槽和灌浆盒，或采用打毛、设插筋等措施以保证回填混凝土和坝体一期混凝土有良好的结合。

5.4.1 坝内式钢管的布置[3,4]

5.4.1.1 立面布置

　　坝内式钢管在立面上的布置一般采用以下三种方式。

　　（1）坝内斜管布置如图 5.1 中的实线所示，坝内管轴线大致与下游坝坡平行。这种布置可使进水口放在较高的位置，并可降低闸门和启闭设备的造价，但其管线较长、转弯较多、水头损失较大、钢材用量也较多。

　　（2）坝内平管和平斜管布置如图 5.1 下部虚线所示，其优点是管道长度短，转弯少。

缺点是进水口和管道位置较低,它们所承受的水压力增大。

(3)坝后背管布置如图5.1点划线所示,为了不削弱坝体,将钢管布置在坝体后的斜坡上,这样施工干扰较少,并可加快施工进度。坝后背管可以看作是支承在连续管床上的地面压力钢管,内水压力完全由钢管承受。如已建的东江水电站,在拱坝的下游面上就布置了坝后背管,并在钢管外面用钢筋混凝土包裹。

5.4.1.2 平面布置

坝内式钢管在平面上的布置如图5.35所示,一般进水口均匀布置在坝段的中央。当厂房和坝体之间设有永久缝时,可将机组段与坝段错开布置,如图5.35(b)所示,这样可使管道也布置在坝段中央以保证外围混凝土所必需的厚度;若厂坝之间不设永久缝而且坝段和机组段的分缝在一条直线上时,则管道就布置为斜向,这可能使外围混凝土因厚度不能满足要求而不参与承受内水压力。

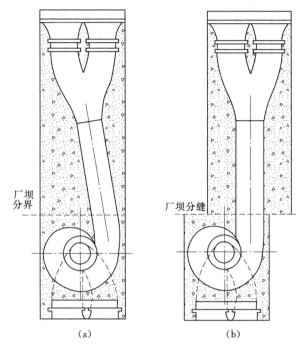

图5.35 坝内式钢管在平面上的布置方式

5.4.2 坝内式钢管的结构计算[3,4]

坝内式钢管的结构计算包括内部钢管和外围钢筋混凝土的强度计算。当钢管与外围混凝土之间设置垫层或外围混凝土最小厚度等于或小于管道半径时,内水压力完全由钢管承受,则钢管按地面钢管设计。以下着重讨论在均匀内水压力作用下钢管与外围混凝土联合受力的情况及其结构计算。

根据管道距坝体边界的距离,外围混凝土可能是一侧、两侧或三侧为有限域,为了便于计算,可将结构按边界最小距离看作是圆孔周边均为有限域的轴对称结构,并作为平面变位问题考虑,如图5.36所示。

坝内式钢管在内水压强 p_0 的作用下产生向外变位,从而将一部分作用力传给外围混凝土,此时混凝土可能出现三种情况:一是混凝土未开裂;二是混凝土开裂但未裂穿;三是混凝土已裂穿。对于第一种情况,由于混凝土的抗拉强度很小,在一般情况下不易做到。对于开裂的情况,这很大程度上取决于钢管与混凝土之间的初始缝隙 Δ_0,它是由混凝土干缩和钢管充水后冷缩所形成的,可以由下式表示:

$$\Delta_0 = \Delta_1 + (1 + \mu_s)\alpha_s \Delta t r_0 \tag{5.44}$$

式中:Δ_1 为钢管与外围混凝土之间的施工裂缝,它与混凝土的浇筑质量和是否进行灌浆有关,一般在 $0.1 \sim 0.3$ mm。

在初步计算时,可取 $\Delta_0 = 0.5 \sim 1.0$ mm,此初始缝隙在钢管承受内水压力变位时

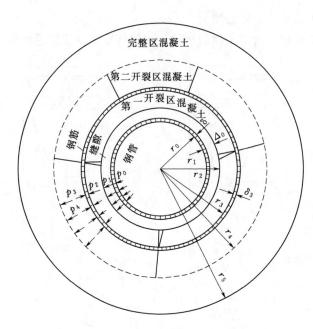

图 5.36　坝内式钢管计算简图

为零。

计算式时须先初步估算钢管壁厚 δ 和外围钢筋数量，并将此钢筋折算为连续的壁厚 δ_3 的钢管。其结构布置如图 5.36 所示：图中钢管的内半径为 r_0、壁厚为 δ、内水压强为 p_0；初始缝隙为 Δ_0；r_1 为钢管的外半径（$r_1 = r_0 + \delta + \Delta_0$）；$r_2$、$r_3$ 为钢筋保护层的内、外半径（单层钢筋的保护层厚度去 10cm，两层或三层取 20～40cm）；r_4 为混凝土开裂区的外半径；r_5 为混凝土圈的外半径。由此坝内式钢管的结构计算可按下列步骤进行。

1. 判别混凝土的开裂情况

设混凝土的开裂深度用相对 ψ 表示，即 $\psi = \dfrac{r_4}{r_5}$。钢管及外围钢筋混凝土各层之间的受力情况如图 5.36 所示，根据各部分变形相容的原理和混凝土受拉强度的限制，在忽略一些微小项后，得出 ψ 的关系式为

$$\psi \frac{1-\psi^2}{1+\psi^2}\left\{1+\frac{E_s'}{E_c'}\left(\frac{\delta}{r_0}+\frac{\delta_3}{r_3}\right)\left[\ln\left(\psi\frac{r_5}{r_3}\right)+\left(\frac{1+\psi^2}{1-\psi^2}+\mu_c'\right)\right]\right\}=\frac{p_0-E_s'\frac{\delta\Delta_0}{r_0^2}\frac{r_0}{r_5}}{[R_t]} \qquad (5.45)$$

式中：E_s' 为钢材在平面变位情况下的弹性模量，其值为 $E_s' = \dfrac{E_s}{1-\mu_s^2}$；$E_c'$ 为混凝土在平面变位情况下的弹性模量，其值为 $E_c' = \dfrac{E_c}{1-\mu_c^2}$；$E_c$ 和 μ_c 为混凝土的弹性模量和泊松比，$\mu_c' = \dfrac{\mu_c}{1-\mu_c}$；$[R_t]$ 为混凝土的允许拉应力。

在式（5.45）中 p_0、δ、δ_3、Δ_0 为已知，当管道的结构布置和材料确定之后 r_0、r_3、r_5、E_s'、E_c'、μ_c' 均为定值，由此便可求解 ψ，但该式不可能直接求解，只能用试算法求解，ψ 有双解，可取小值。若求得的

$\psi \leqslant \dfrac{r_0}{r_s}$ 时，说明混凝土未开裂；

$\psi \geqslant 1$ 时，说明混凝土已开裂；

$\dfrac{r_0}{r_s} < \psi < 1$ 时，说明混凝土已开裂但未裂穿，其开裂深度为 $r_4 = \psi r_5$。

混凝土开裂的情况亦可由图 5.37 判别，该图是根据式（5.45）绘制而成，图中曲线以上部分表示混凝土将裂穿，不参加受力，曲线以下部分表示混凝土未裂穿，参加承担内水压力。若混凝土未裂穿，ψ 值亦可在手册有关曲线中查得。

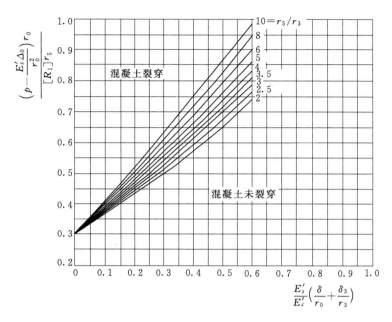

图 5.37 混凝土开裂情况判别图

2. 应力计算

（1）混凝土未开裂，混凝土分担内水压强 p_1 为

$$p_1 = \frac{p_0 - \dfrac{E_s' \Delta_0 \delta}{r_0}}{1 + \dfrac{E_s' \delta}{E_c' r_0} \left(\dfrac{r_5^2 + r_0^2}{r_5^2 - r_0^2} + \mu_c' \right)} \tag{5.46}$$

钢管的环向应力为

$$\sigma_1 = \frac{(p_0 - p_1) r_0}{\delta} \leqslant [\sigma] \tag{5.47}$$

混凝土内缘的环向应力为

$$\sigma_c = \frac{p_1 (r_5^2 + r_0^2)}{r_5^2 - r_0^2} \leqslant [R_l] \tag{5.48}$$

钢筋的应力近似为

$$\sigma_3 = \frac{E_s}{E_c} \sigma_c \leqslant [\sigma] \tag{5.49}$$

（2）混凝土未裂穿，即混凝土部分开裂，但未裂穿。此时钢筋应力 σ_3 为

$$\sigma_3 = \frac{E_s' r_5}{E_c' r_3} [R_l] \left\{ m \left[\ln \left(\psi \frac{r_5}{r_3} \right) + n \right] \right\} \leqslant [\sigma] \tag{5.50}$$

式中：$m = \psi \dfrac{1 - \psi^2}{1 + \psi^2}$；$n = \dfrac{1 + \psi^2}{1 - \psi^2} + \mu_c'$。

钢管的环向应力：

$$\sigma_1 = \frac{\sigma_3 r_3}{r_0} + \frac{E_s' \Delta_0}{r_0} \leqslant [\sigma] \tag{5.51}$$

（3）混凝土已裂穿，此时混凝土不能参与承受内水压力。

钢管传给混凝土的内水压强 p_1 为

$$p_1 = \frac{p_0 - \dfrac{E'_s \Delta_0 \delta}{r_0^2}}{1 + \dfrac{r_3}{\delta_3} \dfrac{\delta}{r_0}} \tag{5.52}$$

钢管环向应力

$$\sigma_1 = \frac{(p_0 - p_1) r_0}{\delta} \leqslant [\delta] \tag{5.53}$$

p_1 由开裂后的混凝土直接传给钢筋，则钢筋应力 σ_3 为

$$\sigma_3 = \frac{p_1 r_0}{\delta_3} \leqslant [\delta] \tag{5.54}$$

钢材允许应力$[\sigma]$在正常情况基本荷载作用下可取为 $0.6\sigma_s$（σ_s 为钢筋屈服点应力），若计算得出的应力超过或低于此容许应力时，则另行假定钢管厚度和钢筋数量重新计算，至接近或满意为止。

坝内式钢管的抗外压稳定计算可参阅上节有关部分。

5.5　分　岔　管

当水电站的供水方式采用分组供水或联合供水时，在管道末端必须设置分岔管，以便将主管中的水流分别引入水轮机中。大中型水电站上的分岔管由钢板成型焊接而成，因而也称为钢岔管，当钢岔管埋设在地下时，称为埋藏式钢岔管。对埋藏式钢岔管，若不考虑山岩分担的荷载时，亦可按地面钢岔管设计。

5.5.1　分岔管布置[3,4]

常用的分岔管布置型式有对称的 Y 型和非对称的 y 型两种，如图 5.38 所示。一般对一管二机，多采用 Y 型布置；对一管多机，多采用 y 型布置；也有采用 Y 型和 y 型组合布置的。

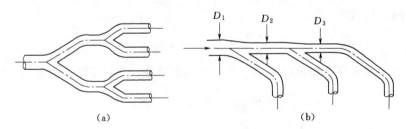

图 5.38　岔管的布置型式

(a) 对称 Y 型岔管；(b) 非对称 y 型岔管

岔管的结构复杂、水头损失集中，而且靠近厂房，所以在布置、选型、设计中应尽量做到结构合理，不产生过大的应力集中和位移，使水流平顺，水头损失减小。

5.5.2 几种常用的钢岔管[3,4]

5.5.2.1 贴边岔管

贴边岔管是在主、支管管壁互相切割的相贯线两侧用补强板加固钢岔管，如图 5.39 所示。适用于中低水头非对称型的地下埋藏式钢岔管，适用于支、主管直径之比在 0.5 以下情况。

补强钢板焊接在主、支管上，置于管外。当主、支管直径比较大时，补强钢板也可用两层，管内外各一层，其宽度用（0.2～0.4）支管直径，厚度可与管壁厚度相同。

5.5.2.2 三梁岔管

三梁岔管用三根首尾相接的曲梁作为加固构件，如图 5.40 所示。U 形梁承受较大的不平衡水压力，是梁系中的主要构件。腰梁 1 承受的不平衡水压力较小。腰梁 2 用来加固主管管壁。两根腰梁协助 U 形梁承受外力作用。

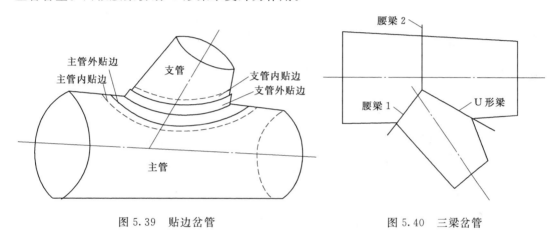

图 5.39　贴边岔管　　　　　　　　　　图 5.40　三梁岔管

三梁岔管的主要缺点是梁系中的应力主要为弯曲应力，材料强度未得到充分利用，三个曲梁（特别是 U 形梁）常常需要较大的截面，这不但浪费了材料，加大了岔管的轮廓尺寸，而且可能需要锻造，焊接后还可能需要热处理。因此，三梁岔管适用于内压较高、直径不大的明钢管。

5.5.2.3 月牙肋岔管

月牙肋岔管是三梁岔管的一种发展，是用一个完全嵌入管壳内的月牙肋板代替三梁岔管的 U 形管，并按月牙肋主要承受轴向拉力的原则来确定月牙肋的尺寸，如图 5.41 所示。月牙肋岔管的主管为倒锥管，两个支管为顺锥管，三者有一个公切球。

水工模型试验表明，在设计分流情况下，月牙肋岔管具有良好的流态，但在非对称水流情况下，插入的肋板对向一侧偏转的水流有阻碍作用，流态趋于恶化。肋板的方向对水流影响较大，在设计岔管的体型时，应注意使肋板平面与主流方向一致。

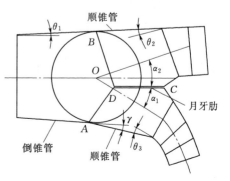

图 5.41　月牙肋岔管

5.5.2.4　球形岔管

球形岔管是由球壳、主支管、补强环和内部导流板组成，如图 5.42 所示。在内水压力作用下，球壳应力仅为同直径管壳环向应力的 1/2。但是，球形岔管突然扩大的球体对水流不利。为了改善水流条件，常在球壳内设导流板。导流板上设平压孔，不承受水压力，仅起导流作用。因此，球形岔管适用于高水头电站。

5.5.2.5　无梁岔管

无梁岔管是在球形岔管的基础上发展而成的，用三个渐变的锥管作为主、支管与球壳的连接段，从而替代了球形岔管中的补强环，需要压制的球壳面积大大减小，只剩下两个面积不大的三角体，如图 5.43 所示。

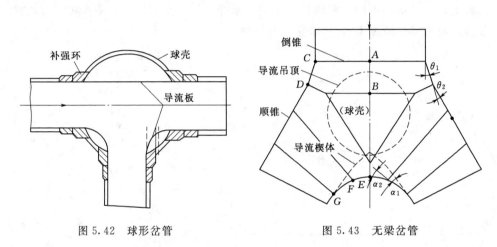

图 5.42　球形岔管　　　　　　　　图 5.43　无梁岔管

无梁岔管是由球壳、锥壳和柱壳组成，结构模型试验表明，无梁岔管的 A、B、C、D、E、F、G 等部位由于管壁不连续，是应力集中区域。爆破试验的破口多出现在这些部位。因此，无梁岔管常适用于埋管。

复 习 思 考 题

(1) 试述水电站压力管道的类型、布置及供水方式。

(2) 试述压力管道水力计算的内容及经济直径的确定方法。

(3) 试述明钢管的敷设方式，镇墩和支墩的布置设计内容，主要设备的设置、功用及运行方式。

(4) 试述明钢管管身应力分析的基本步骤。

(5) 试述分岔管的布置型式、特点及体型设计要求。

作 业 题

某水电站压力明钢管的纵剖面如图 5.44 所示。钢管内径 $D=3\text{m}$，管内最大流速 $v=5\text{m/s}$，管内壁沿程水头损失 $h_w=0.5\text{m}$，管道倾角 $\varphi=30°$，上镇墩以下 2m 处设有伸缩节，伸缩节填料长 $b=0.3\text{m}$，填料与管壁摩擦系数 $f_k=0.25$，镇墩间距 $L=80\text{m}$，支墩间距 $l=10\text{m}$，支墩为滚动式，摩擦系数 $f=0.1$。末跨跨中钢管中心处的最大静水头 $H_0=62\text{m}$，水锤压力升高 $\Delta H=0.3H_0$。钢管允许应力 $[\sigma]=1200\times10^5\text{Pa}$，焊缝影响系数 $\Phi=0.90$。支承环等附件重量和伸缩节处的水锤压力升高均忽略不计。

要求：按满水、温升情况，分别对末跨跨中断面 1-1 的管顶内缘点 A、外缘点 B 和管底内缘点 C、外缘点 D 进行应力分析及强度校核。

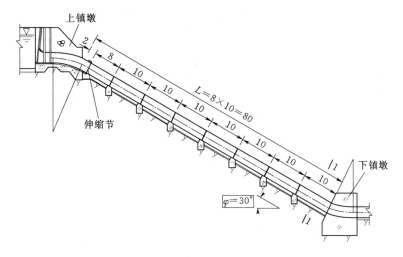

图 5.44　明钢管纵剖面图（单位：m）

提示：（1）初估管壁的计算厚度及结构厚度。

（2）计算荷载：法向力、1-1 断面处的轴向力及径向力。

（3）计算 1-1 断面处由法向力所产生的内力（弯矩、剪力）。

（4）对上述 4 个计算点，逐一进行其各向的应力分析和强度校核。

（5）确定管壁可实际采用的结构厚度。

参　考　文　献

[1]　DL/T 5398—2007　水电站进水口设计规范［S］. 北京：中国电力出版社，2007.

[2]　水电水利规划设计总院. 水工设计手册：第 8 卷水电站建筑物［M］. 北京：中国水利水电出版社，2013.

[3]　金钟元，伏义淑. 水电站［M］. 北京：中国水利水电出版社，1994.

[4]　刘启钊，胡明. 水电站［M］. 4 版. 北京：中国水利水电出版社，2010.

[5]　NB/T 35056—2015　水电站压力钢管设计规范［S］. 国家能源局发布，2015.

[6]　SL 279—2016　水工隧洞设计规范［S］. 北京：中国水利水电出版社，2016.

[7]　DL/T 5195—2004　水工隧洞设计规范［S］. 北京：中国电力出版社，2004.

第6章　水电站的水锤及调节保证计算

6.1　水锤现象及调节保证计算的任务

6.1.1　水锤现象[1-6]

水力学这门课程介绍了当压力管道末端的流量发生变化时，管道内将出现非恒定流现象，其特点是随着流速的改变压强有较显著的变化，这种现象称为水锤（亦称水击）。

图 6.1 为一压力管道的示意图。管道末端有一节流阀 A，阀门全开时管道中的恒定流速为 V_0，若忽略水头损失，管末水头为 H_0，管道直径为 d_0，水的密度为 ρ_0。

当阀门突然关闭（关闭时间 $T_s = 0$）后，阀门处的流速为零，管道中的水体由于惯性作用，仍以流速 V_0 流向阀门，首先使靠近阀门 $\mathrm{d}x$ 长的一段水体受到压缩，如图 6.1（a），在该段长度内，流速减为零。水头增至 $H_0 + \Delta H$，水的密度增至 $\rho_0 + \Delta\rho$，管径增至 $d_0 + \Delta d$。由于 $\mathrm{d}x$ 上游水体未受到阀门关闭的影响，仍以流速 V_0 流向下游，使靠近 $\mathrm{d}x$ 上游的另一段水体又受到压缩，其结果使流速、压强、水的密度和管径变化与 $\mathrm{d}x$ 段相同。这样，整个压力管道中的水体便逐步被压缩。水头变化 ΔH 称为水锤压强，其前锋的传播速度 a 称水锤波速。

当时间 $t = \dfrac{L}{a}$（L 为管长）时，

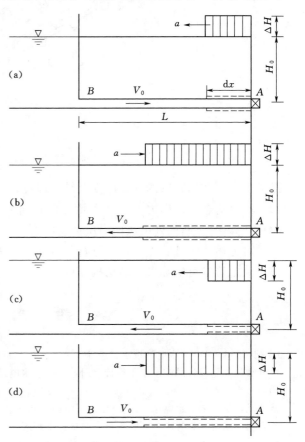

图 6.1　压力管道水锤示意图

水锤波传到 B 点。B 点的左边为水库，压强不变，右边的压强比左边高 ΔH，不能平衡，管道中的水体被挤向水库，流速为 V_0，使管道进口的压强恢复到初始状态 H_0，水的密度和管径也恢复到初始状态 ρ_0 和 d_0。可以看出，水锤波在 B 点发生了发射，发射波的绝对值与入射波相同，均为 ΔH，但符号相反，即由升压波反射为降压波，故 B 点的反射规律为异号等值反射，这是水库对水锤波反射的特点。

B 点的反射波以速度 a 向下游传播，反射波所到之处，消除了升压波的影响，使水管中水的压强、密度和管径都恢复到初始状态，但流速方向与初始状态相反，如图 6.1（b）所示。

当 $t = \dfrac{2L}{a}$ 时，管道中的压强恢复正常，但其中的水体仍以流速 V_0 向上游流动，由于阀门是关闭的，要求流速为零，故此向上游的流速 V_0 必然在阀门处引起一个压降 ΔH。可以看出，水库反射波在阀门处再一次发生反射，其数值和符号均不变，即降压波仍反射为降压波，故 A 点的反射规律为同号等值反射，这是阀门完全关闭状态下的反射特点。

阀门处的反射波仍以速度 a 向上游传播，所到处，管道内压强降为 $H_0 - \Delta H$，管径减为 $d_0 - \Delta d$，水的密度变为 $\rho_0 - \Delta \rho$，流速变为零，如图 6.1（c）所示。

当 $t = \dfrac{3L}{a}$ 时，阀门的反射波到达 B 点，B 点右边管道中的压强比左边水库低 ΔH，压强仍不能平衡，水库中的水体必然以流速 V_0 挤入水管，使水管的压强逐步恢复正常，如图 6.1（d）所示。可见，水库将阀门反射回来的降压波又反射成升压波，以速度 a 传播回去，其值仍为 ΔH，这是符合水库的"异号等值"反射规律的。

当 $t = \dfrac{4L}{a}$，水库第二次的反射波又到达 A 点，此时整个压力管道中的压强和流速都恢复到初始状态。因此，时间 $t = \dfrac{4L}{a}$ 称为水锤波的"周期"。此后水锤现象又重复以上过程。水锤波在管道中传播一个来回的时间 $t = \dfrac{2L}{a}$，称为水锤波的"相"，两相为一周期。

以上讨论忽略了摩阻的影响，摩阻的存在将带来能量的损耗，实际上，水锤波在管道中的传播不是一个振幅不变的持续振荡，而是逐渐衰减趋于消失。

事实上阀门不可能突然关闭，总有一定的历时，其水锤现象比突然关闭情况要复杂得多，但上述水锤波传播和反射的规律仍然适用，下面逐步加以讨论。

压力管道的末端装有水轮机，改变流量的结构为导叶或阀门。引起水轮机流量变化的原因很多，可归纳为以下两类：

1. 水电站正常运行情况下的负荷变化

电力系统的负荷是随着时间改变的，如水电站担任峰荷或调频，则其负荷和水轮机的流量将时刻处于变化之中，但这类变化一般比较缓慢，由此引起的水锤现象一般不起控制作用。在水电站正常运行中也可能发生较大的负荷变化，例如，系统中某电站突然事故停机或投入运行，某大型用电设备的启动或停机等，都可能要求本电站突然带上或丢弃较大负荷，以适应系统的供电要求。

2. 水电站事故引起的负荷变化

引起水电站丢弃全部或部分负荷的事故有：输电线路或母线短路，主要设备发生故障（如水轮机发电机组轴承过热、调速系统故障等）及有关建筑物发生事故等。输电线或母线短路，视主结线形式和短路性质，可能迫使水电站丢弃全部负荷或部分负荷；主要设备故障一般只使发生故障的机组停机。水电站事故引起的负荷变化一般较大，常是水锤计算的控制情况。

6.1.2　研究水锤现象的目的

水锤现象是各类水电站所共有。研究水锤现象的目的可归纳为以下四种：

（1）计算水电站过水系统的最大内水压强，作为设计或校核压力管道、蜗壳和水轮机强度的依据。

（2）计算过水系统的最小内水压强，作为布置压力管道的路线（防止压力管道内发生真空）和检验尾水管内真空度的依据。

（3）研究水锤现象与机组运行（如机组转速变化和运行的稳定性等）的关系。

（4）研究减小水锤压强的措施。

水锤现象也往往是引起压力管道和机组振动的原因之一。对于明钢管，应研究水锤引起管道振动的可能性。

6.1.3　调节保证计算的任务和内容[1-5]

6.1.3.1　调节保证计算的任务

在水电站的外界负荷突然改变后，调速系统由于惯性作用，不可能将水轮机的导叶或针阀在瞬时内调整到与改变后的负荷相适应的开度，同时，由于水锤压强的限制，这样做也是不允许的。在开度的调整过程中，水轮机的出力与外界的负荷是不平衡的。此不平衡的能量将转化为机组转速的变化。例如，在丢弃负荷时，开度调整过程中的剩余能量将转化为机组的旋转动能而使转速升高；反之，在增加负荷时，调整过程中不足的能量将由机组的动能补充而使转速降低。机组的惯性一般用飞轮力矩 GD^2 表示，G 为机组转动部分的重量，D 为转动部分的惯性直径。在 GD^2 一定的情况下，水轮机的开度变化越缓慢（即调整的时间越长），机组的转速变化越大；在开度变化一定的情况下，机组的 GD^2 越大则转速变化越小。水锤压强的变化与转速变化相反，水轮机的开度变化越迅速，水锤压强越大。所以，转速变化和水锤压强两者是矛盾的。加大机组转速的变化不但要增加机组造价而且会影响供电质量，加大水锤压强不但会加大水电站过水系统的投资而且会恶化机组的调节稳定性。因此，对两者都必须加以限制，使之不超过某一允许值。

协调水锤和机组转速变化的计算一般统称为调节保证计算。

调节保证计算的主要任务可概括为：

（1）根据水电站过水系统和水轮发电机组特性，合理地选择水轮机开度的调节时间和调节规律，使水锤压强和机组转速变化均在允许范围之内，并尽可能地减小水锤压强以降低工程投资。

（2）根据给定的机组 GD^2 和调节时间，计算转速变化，检验它是否在允许范围之内；或者相反，在给定转速变化和调节时间的情况下，计算必需的 GD^2 值。

（3）根据给定的调节时间和调节规律进行水锤计算，检验水锤压强是否在允许范围之内；或给定水锤压强，验算水电站有压过水系统是否需要设置调压室等平水设施。

调节时间直接影响机组的转速变化和水锤压强。调节规律对水锤压强的影响比对转速变化的影响更显著。合理的调节规律是指在某调节时间内使水锤压强最小而调速系统又能做到的导叶开度变化规律。

调节保证计算往往要多次反复才能把调节时间和规律、转速变化、水锤压强调整到比较理想的情况。在计算中有时需要适当调整有压引水系统和机组的有关参数。

6.1.3.2 调节保证计算的内容

1. 丢弃负荷情况

（1）转速的最大升高值。

（2）压力管道和蜗壳内的最大压力升高值。

（3）压力管道和尾水管内的最大压力降低值：前者指开度变化终了后的反水锤，其值可能超过增加负荷时的最大压力降低以检验压力管道的上弯段是否会出现负压；后者用以检验尾水管进口的真空度。

2. 增加负荷情况

（1）转速的最大降低值。

（2）压力管道内的最大压力降低值。

求出的以上各值均应在允许范围之内。

6.2 水锤的基本方程式和水锤波速

6.2.1 水锤的基本方程式[1-6]

如图 6.2 所示，水电站的压力管道（或压力隧洞）由上游水库（或压力前池）在进口 D 断面处将水流引入水轮机，在水管末端设有导叶和针阀（以下统称为阀门）以控制水轮机的过水流量。当机组负荷变化时，阀门动作改变水轮机的过水流量，管道中的流速亦随之改变，则产生了水锤现象。

在水锤现象中起主导作用的是水流的惯性和压缩性，以及管壁的弹性，为使问题简化起见，在计算中假定：

（1）水流是非黏性体，即不考虑摩擦阻力所引起的水头损失。

（2）水流是一元流动，即流速 V 与压力 H 的改变是时间 t 距离 x 的函数。

（3）压力水管为简单管路，即管道的材料、直径和管壁沿管长不变。

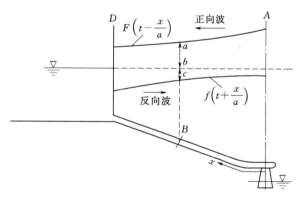

图 6.2 正向波与反向波

由此，根据水流动量和连续性原理，在水力学中导出的化简后的水锤基本方程式为

水流运动方程

$$g\frac{\partial H}{\partial x} = \frac{\partial V}{\partial t}$$

水流连续方程

$$a^2\frac{\partial V}{\partial x} = g\frac{\partial H}{\partial t}$$

$$(6.1)$$

式中：V 为管道中的流速，取流向下游为正；H 为压力水头；x 为距离，以水管末端阀门处为原点，向上游为正；t 为时间；a 为水锤速度；g 为重力加速度。

式（6.1）为一组典型的双曲型线性偏微分方程，亦称为波动方程，其通解为

$$H - H_0 = F\left(t - \frac{x}{a}\right) + f\left(t + \frac{x}{a}\right) \tag{6.2}$$

$$V - V_0 = -\frac{g}{a}\left[F\left(t - \frac{x}{a}\right) - f\left(t + \frac{x}{a}\right)\right] \tag{6.3}$$

式中：H_0、V_0 为水锤即将发生 $t=0$ 时的初始水头和初始流速；F、f 为任意波函数。

由式 (6.2)、式 (6.3) 可以看出：

(1) 水锤压力的变化值 $\Delta H = H - H_0$ 及水管中流速变化值 $\Delta V = V - V_0$，都是由两个以 $\left(t - \frac{x}{a}\right)$、$\left(t + \frac{x}{a}\right)$ 为变量的任意函数来确定的，而 $F\left(t - \frac{x}{a}\right)$ 和 $f\left(t + \frac{x}{a}\right)$ 的因次都相应于 ΔH 的因次，所以每一函数都代表压力变化的水锤波。

(2) 在一定条件下，每一函数都是常数。如保持 $\left(t - \frac{x}{a}\right)$ 为常数时，则 $F\left(t - \frac{x}{a}\right)$ 亦为常数，在时间 t 增加时，就必须相应地增加 x，所以 $F\left(t - \frac{x}{a}\right)$ 代表一沿水管向上游传播的压力波，称为正向波，如图 6.2 所示；如保持 $\left(t + \frac{x}{a}\right)$ 为常数时，则 $f\left(t + \frac{x}{a}\right)$ 亦为常数，在增加 t 时就必须相应地减少 x，所以 $f\left(t + \frac{x}{a}\right)$ 代表沿水管向下游传播的压力波，称为反向波，如图 6.2 所示。

因此，每一时刻在水管中任一断面的水锤压力为正向波与反向波波函数的代数和，如图 6.2 中的 B 断面上 $\Delta H = \overline{ab} - \overline{bc}$。同理，水管中每一时刻任一断面的流速变化值，等于正向波与反向波波函数之差乘以 "$-\frac{g}{a}$"。

(3) 对某一具体的水电站工程，F 及 f 的函数形式是由初始条件和边界条件确定的，因此能否真实地反映初始条件和边界条件的实际情况就决定了水锤问题解答的精度。

6.2.2　水锤波速[1-6]

根据水锤波的连续性定理和动量定理，考虑水体和管壁的弹性，可导出水锤波的传播速度

$$a = \frac{\sqrt{E_w \dfrac{g}{\gamma}}}{\sqrt{1 + \dfrac{2E_w}{Kr}}} \tag{6.4}$$

式中：E_w、γ 为水的体积弹性模量和容重，在一般温度和压力下，$E_w = 2.0 \times 10^3 \text{MPa}$，$\gamma = 9.8 \text{kN/m}^3$；分子 $\sqrt{E_w \dfrac{g}{\gamma}}$ 为声波在水中的传播速度，约为 1435m/s；r 为管道的半径；K 为抗力系数，对以下不同的情况取不同的数值。

6.2.2.1　明钢管

$$K = K_s = \frac{E_s \delta_s}{r^2} \tag{6.5}$$

式中：E_s 和 δ_s 为钢材弹模和管壁厚度。

若管道在轴向不能自由伸缩（平面形变问题），则 E_s 应代以 $\dfrac{E_s}{1-\mu^2}$，μ 为泊松比。对有加劲环的情况，可近似地取 $\delta_s=\delta_0+\dfrac{F}{l}$，$\delta_0$ 为管壁的实际厚度，F 和 l 为加劲环的截面积和间距。

6.2.2.2 岩石中的不衬砌隧洞

$$K=\frac{100K_0}{r} \tag{6.6}$$

式中：K_0 为围岩的单位抗力系数。

6.2.2.3 埋藏式钢管（图 6.3）

$$K=K_s+K_c+K_f+K_r \tag{6.7}$$

式（6.7）中，各变量的意义和确定方法如下：

（1）K_s 为钢衬的抗力系数。可用式（6.5）计算，计算时取 $r=r_1$，E_s 代以 $E_s/(1-\mu^2)$。

（2）K_c 为回填混凝土的抗力系数。若混凝土已裂开，可忽略其径向压缩变形，近似地取 $K_c=0$；若混凝土未裂开，则 K_c 按下式计算：

$$K_c=\frac{E_c}{(1-\mu_c^2)r_1}\ln\frac{r_2}{r_1} \tag{6.8}$$

式中：E_c、μ_c 为混凝土的弹性模量和泊松比。

（3）K_f 为环向钢筋的抗力系数。可按下式计算：

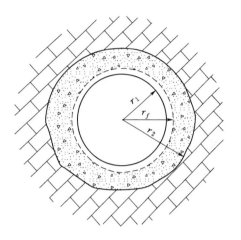

图 6.3 埋藏式钢管

$$K_f=\frac{E_s f}{r_1 r_f} \tag{6.9}$$

式中：f、r_f 为每厘米长管道中钢筋的截面积和钢筋圈的半径。

（4）K_r 为围岩的抗力系数。可用式（6.6）计算，计算时取 $r=r_2$。

应该指出，除均质薄壁管外，各组合管的水锤波速一般只能近似地确定，这与一些原始数据（如围岩的弹性抗力系数 K_0 等）的精度不高有关。对于最大水锤压强出现在第一相末的高水头水电站，水锤波速对最大水锤压强影响较大，应尽可能选择符合实际情况而又略为偏小的水锤波以策安全。水锤波速对以后各相水锤压强的影响逐渐减小，对于大多数水电站，最大水锤压强出现在开度变化接近终了时刻，在这种情况下，过分追求水锤波速的精度是没有必要的，而且一般也是难以做到的。这些在学习了后面的有关部分即可理解。在缺乏资料的情况下，明钢管的水锤波速可近似地取 1000m/s，埋藏式钢管可近似地取为 1200m/s。

6.3 直接水锤与间接水锤

6.3.1 直接水锤[1-6]

设水锤波在管道中传播一个来回所需要的时间称为水锤的相长，用 t_r 表示，则

$$t_r = \frac{2L}{a} \tag{6.10}$$

式中：L 为压力水管全长，m。

当机组丢弃负荷时（以下首先着重谈丢弃负荷情况），阀门开始关闭，随之在阀门处产生压力升高并以正向波的形式向上游传播，接着在水库遭到反射，改变符号又以反向波的形式向下游传播。设阀门的关闭时间为 T，当 $T \leqslant \frac{2L}{a}$ 时，也就是反向波尚未到达阀门 A 断面或刚刚到达还未及影响 A 断面的压力时，阀门已经关闭终止，此时阀门处的水锤压力达到最大值，这种水锤称为直接水锤。

由此，在式（6.2）、式（6.3）中略去反向波函数 $f\left(t + \frac{x}{a}\right)$，则得出 A 断面的直接水锤压力值 ΔH_d^A 为

$$\Delta H_d^A = H - H_0 = -\frac{a}{g}(V - V_0) \tag{6.11}$$

当水电站丢弃全部负荷时，则阀门关闭终了的流速 $V = 0$，则发生直接水锤时的压力为

$$\Delta H_d^A = \frac{a}{g}V_0 \tag{6.12}$$

直接水锤所产生的水锤压力值是相当巨大的，例如，当初始流速 $V_0 = 3\text{m/s}$，计算得的水锤波速 $a = 1000\text{m/s}$，在丢弃全部负荷时的直接水锤 $\Delta H_d^A = \frac{1000}{9.81} \times 3 = 306\text{m}$。因此在水电站设计中，应采取措施尽量防止或避免在压力管道中发生直接水锤。

为了方便地进行多种方案和多种工况的计算与对比，可将式（6.12）用无因次的相对值表示，先将式（6.12）改写为下列形式：

$$\frac{\Delta H_d^A}{H_0} = \frac{aV_{\max}}{gH_0}\frac{V_0}{V_{\max}} \tag{6.13}$$

令 $h = \frac{H - H_0}{H_0} = \frac{\Delta H}{H_0}$，为水锤压力相对升高值；$v = \frac{V}{V_{\max}}$，为管道中的相对流速。

则
$$v_0 = \frac{V_0}{V_{\max}} = \frac{\Omega_0}{\Omega_{\max}} = \tau_0$$

式中：v_0 为初始相对流速；Ω 为阀门的过水断面面积；τ_0 为阀门的初始开度。

又令 $\rho = \frac{aV_{\max}}{2gH_0}$，称为水管的特性常数。

将以上各关系式代入式（6.13），则得

$$h_d^A = 2\rho\tau_0 \tag{6.14}$$

6.3.2　间接水锤[1-6]

当阀门关闭时间 $T > \frac{2L}{a}$ 时，也就是反向波到达阀门断面并发生再反射时，阀门的关闭尚未终止，此时阀门 A 断面处的水锤压力受到反向波（降压波）的影响，其数值小于直接水锤压力，这种现象称为间接水锤，也是本章所讨论的主要内容。间接水锤在阀门关闭期间要经过好多相，在这期间水锤波在阀门 A 断面和水库进口 D 断面之间反复传播，

其反射、传播情况及压力变化与 A、D 断面处的初始条件和边界条件直接有关，因此要研究间接水锤则必须首先建立这些条件。

6.3.2.1　初始条件

在水锤即将发生（$t=0$）时，整个水管中的水流尚属稳定流动，此时：

水锤压力 $\qquad\qquad\qquad\qquad \Delta H_0^A = 0 \quad \Delta H_0^D = 0$

即 $\qquad\qquad\qquad\qquad\qquad\qquad h_0^A = 0 \quad h_0^D = 0 \qquad\qquad\qquad\qquad (6.15)$

水管中的流速 $\qquad\qquad\qquad\qquad V = V_0$

即 $\qquad\qquad\qquad\qquad\qquad\qquad v_0^A = v_0^D = v_0 \qquad\qquad\qquad\qquad\qquad (6.16)$

6.3.2.2　边界条件

1. 进口 D 断面的反射条件

当正向波传至上游水库进口 D 断面时，由于水库有很大的容积，水位保持不变，所以在任何时刻：

$$\Delta H^D \equiv 0, \text{即 } h^D \equiv 0 \qquad\qquad\qquad (6.17)$$

这也就是说从水库反射回来的反向波在数值上等于正向波，但符号相反。

2. 阀门 A 断面的出流条件及反射规律

（1）出流条件。对于冲击式水轮机，由针阀控制喷嘴流量，符合孔口出流的规律，因此稳定流情况下：

$$Q_0 = \Omega_0 \mu \sqrt{2gH_0}$$
$$Q_{\max} = \Omega_{\max} \mu \sqrt{2gH_0} \qquad\qquad\qquad (6.18)$$

在发生水锤后的任一时刻 t：

$$Q_t = \Omega_t \mu \sqrt{2g(H_0 + \Delta H_t^A)} \qquad\qquad\qquad (6.19)$$

式中：μ 为流量系数，并近似认为在不同流量时 μ 值不变。

将式（6.19）除以式（6.18）得

$$\frac{Q_t}{Q_{\max}} = \frac{\Omega_t}{\Omega_{\max}} \sqrt{\frac{H_0 + \Delta H_t^A}{H_0}} \qquad\qquad\qquad (6.20)$$

令 $\dfrac{Q}{Q_{\max}} = q$，称为相对流量，$\dfrac{\Omega}{\Omega_{\max}} = \tau$，称为阀门相对开度。

又因管中的相对流速

$$v = \frac{V}{V_{\max}} = \frac{\dfrac{Q}{\omega}}{\dfrac{Q_{\max}}{\omega}} = \frac{Q}{Q_{\max}} = q$$

式中：ω 为水管断面面积。

将上列关系代入式（6.20），则得出阀门处的出流条件为

$$q_t^A = v_t^A = \tau_t \sqrt{1 + h_t^A} \qquad\qquad\qquad (6.21)$$

当 $h \leqslant 0.5$ 时，式 (6.21) 可近似地写为

$$q_t^A = v_t^A = \tau_t \left(1 + \frac{1}{2} h_t^A\right) \tag{6.22}$$

(2) 反射规律。反向波在到达阀门处也要发生反射，其反射的情况与水管特性和阀门的过流特性有关。在一入射波由水库传向阀门后，其中一部分以反射波的形式折回传向水库，另一部分以透射波的形式继续向前传播，反射波与入射波的比值称为反射系数，用 r 表示。

设一反向波（入射波）f 由水库传向阀门，在其接近而尚未到达阀门 A 断面时，$h_0^A = 0$，$v_0^A = \tau$；在到达阀门并在阀门处反射时，产生一正向波（反射波）F，它们之间的关系可由水锤的基本方程式表达。

由方程式 (6.3) 得

$$F - f = -\frac{a}{g}(V - V_0) = -\frac{aV_{max}}{g}(v - v_0)$$

$$= -\frac{aV_{max}}{g}\left[\tau\left(1 + \frac{1}{2}h^A\right) - \tau\right]$$

$$= -\frac{aV_{max}}{2g}\tau h^A \tag{6.23}$$

由方程式 (6.2) 得

$$F + f = \Delta H^A = h^A H_0 \tag{6.24}$$

式 (6.23) 及式 (6.24) 相加得

$$2F = h^A H_0 - \frac{aV_{max}}{2g}\tau h^A = (1 - \rho\tau)h^A H_0$$

式 (6.23) 及式 (6.24) 相减得

$$2f = h^A H_0 + \frac{aV_{max}}{2g}\tau h^A = (1 + \rho\tau)h^A H_0$$

因此，反射系数 r 为

$$r = \frac{F}{f} = \frac{1 - \rho\tau}{1 + \rho\tau} \tag{6.25}$$

对任一时刻 t 的反射系数为

$$r_t = \frac{F(t)}{f(t)} = \frac{1 - \rho\tau_t}{1 + \rho\tau_t} \tag{6.26}$$

由此可以得出阀门 A 断面处的反射规律：

当 $\rho\tau_t > 1$ 时，$r_t < 0$，阀门处为异号反射；

当 $\rho\tau_t < 1$ 时，$r_t > 0$，阀门处为同号反射；

当 $\rho\tau_t = 0$ 时，$r_t = 1$，阀门处为同号等值反射；

当 $\rho\tau_t = 1$ 时，$r_t = 0$，阀门处不进行反射。

对反击式水轮机，通过水轮机的流量由导叶控制，其出流条件和反射规律与机型和工况有关，较为复杂，所以在初步计算中可近似地应用冲击式水轮机的出流条件与反射规律。

6.4 水锤计算的连锁方程

为了计算方便，可按时段将式（6.2）、式（6.3）简化为连锁方程式，以便于求解水锤压力随时间的变化。

在水管中取任意两个断面 B、C，相距长度为 l，如图 $6.4^{[5]}$ 所示。假设在某一时刻 t，B 断面的波函数 $F^B(t)$、$f^B(t)$ 为已知，根据式（6.2）、式（6.3）即可写出：

$$\left.\begin{aligned}H_t^B - H_0 &= F^B(t) + f^B(t) \\ V_t^B - V_0 &= -\frac{g}{a}F^B(t) + \frac{g}{a}f^B(t)\end{aligned}\right\} \tag{6.27}$$

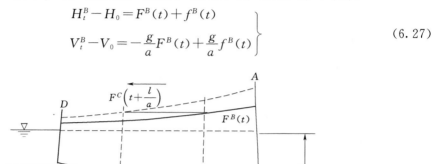

图 6.4 B、C 两断面间的水锤波

水锤波在 B、C 两断面间传播的时间为 $\frac{l}{a}$，对于 C 断面可写出 $t+\frac{l}{a}$ 时刻相应的公式：

$$\left.\begin{aligned}H_{t+\frac{l}{a}}^C - H_0 &= F^C\left(t+\frac{l}{a}\right) + f^C\left(t+\frac{l}{a}\right) \\ V_{t+\frac{l}{a}}^C - V_0 &= -\frac{g}{a}F^C\left(t+\frac{l}{a}\right) + \frac{g}{a}f^C\left(t+\frac{l}{a}\right)\end{aligned}\right\} \tag{6.28}$$

已知 F 波函数代表沿水管向上游传播的水锤波，如图 6.2 所示，故

$$F^C\left(t+\frac{l}{a}\right) = F^B(t)$$

又

$$H_t^B - H_0 = \Delta H_t^B$$

$$H_{t+\frac{l}{a}}^C - H_0 = \Delta H_{t+\frac{l}{a}}^C$$

将上述关系式代入式（6.27）、式（6.28），并从式（6.27）相应地减去式（6.28）得

$$\left.\begin{aligned}\Delta H_t^B - \Delta H_{t+\frac{l}{a}}^C &= f^B(t) - f^C\left(t+\frac{l}{a}\right) \\ V_t^B - V_{t+\frac{l}{a}}^C &= \frac{g}{a}f^B(t) - \frac{g}{a}f^C\left(t+\frac{l}{a}\right)\end{aligned}\right\} \tag{6.29}$$

所以

$$\Delta H_t^B - \Delta H_{t+\frac{l}{a}}^C = \frac{a}{g}\left(V_t^B - V_{t+\frac{l}{a}}^C\right) \tag{6.30}$$

同样，假设在某一时刻 t，断面 C 的波函数为 $F^C(t)$、$f^C(t)$ 已知，则亦可写出：

$$
\left.
\begin{aligned}
H_t^C - H_0 &= F^C(t) + f^C(t) \\
V_t^C - V_0 &= -\frac{g}{a}F^C(t) + \frac{g}{a}f^C(t)
\end{aligned}
\right\}
\tag{6.31}
$$

对于 B 断面，在 $t+\dfrac{l}{a}$ 时刻相应的公式为

$$
\left.
\begin{aligned}
H_{t+\frac{l}{a}}^B - H_0 &= F^B\left(t+\frac{l}{a}\right) + f^B\left(t+\frac{l}{a}\right) \\
V_{t+\frac{l}{a}}^B - V_0 &= -\frac{g}{a}F^B\left(t+\frac{l}{a}\right) + \frac{g}{a}f^B\left(t+\frac{l}{a}\right)
\end{aligned}
\right\}
\tag{6.32}
$$

已知 f 波函数为沿水管向下游传播的水锤波，故

$$
f^B\left(t+\frac{l}{a}\right) = f^C(t)
$$

又

$$
H_t^C - H_0 = \Delta H_t^C
$$

$$
H_{t+\frac{l}{a}}^B - H_0 = \Delta H_{t+\frac{l}{a}}^B
$$

将上述关系式代入式（6.31）、式（6.32），并从式（6.31）相应地减去式（6.32）得

$$
\left.
\begin{aligned}
\Delta H_t^C - \Delta H_{t+\frac{l}{a}}^B &= F^C(t) - F^B\left(t+\frac{l}{a}\right) \\
V_t^C - V_{t+\frac{l}{a}}^B &= -\frac{g}{a}F^C(t) + \frac{g}{c}F^B\left(t+\frac{l}{a}\right)
\end{aligned}
\right\}
\tag{6.33}
$$

所以

$$
\Delta H_t^C - \Delta H_{t+\frac{l}{a}}^B = -\frac{a}{g}\left(V_t^C - V_{t+\frac{l}{a}}^B\right)
\tag{6.34}
$$

式（6.30）、式（6.34）给出了水锤波通过 B、C 两断面时，断面中压力变化和流速变化的关系，它可以从一个时段写到另一个时段，故称为连锁方程式。为了方便地进行多种方案和多种工况的计算对比，亦可将连锁方程式用无因次的相对值表示。将式（6.30）、式（6.34）两端除以 H_0，又在等式右端乘以 $\dfrac{V_{\max}}{V_{\max}}$，并应用式（6.13）后面的关系得出：

$$
\left.
\begin{aligned}
h_t^B - h_{t+\frac{l}{a}}^C &= 2\rho\left(v_t^B - v_{t+\frac{l}{a}}^C\right) \\
h_t^C - h_{t+\frac{l}{a}}^B &= -2\rho\left(v_t^C - v_{t+\frac{l}{a}}^B\right)
\end{aligned}
\right\}
\tag{6.35}
$$

式（6.35）可以表示水管中任一管段的水锤压力传播情况。为了计算阀门 A 断面处的水锤压力，可取整个管长进行分析，这只要用管端 A、D 断面代替上述 B、C 断面，用水管全长 L 代替管段长 l，则式（6.35）依然可用。

设 $\theta = \dfrac{L}{a}$，并令 $t=0, \theta, 2\theta, \cdots, n\theta, (n+1)\theta$，分别代入式（6.35）中，便可写出两管端之间连续的连锁方程式，即

$$
\left.
\begin{aligned}
h_0^A - h_\theta^D &= 2\rho\left(v_0^A - v_\theta^D\right) \\
h_\theta^A - h_{2\theta}^D &= 2\rho\left(v_\theta^A - v_{2\theta}^D\right) \\
&\cdots \\
h_{n\theta}^A - h_{(n+1)\theta}^D &= 2\rho\left[v_{n\theta}^A - v_{(n+1)\theta}^D\right]
\end{aligned}
\right\}
\tag{6.36}
$$

及

$$\left.\begin{array}{l} h_0^D - h_\theta^A = -2\rho(v_0^D - v_\theta^A) \\ h_\theta^D - h_{2\theta}^A = -2\rho(v_\theta^D - v_{2\theta}^A) \\ \cdots \\ h_{n\theta}^D - h_{(n+1)\theta}^A = -2\rho[v_{n\theta}^D - v_{(n+1)\theta}^A] \end{array}\right\} \tag{6.37}$$

在上列连锁方程式中，式（6.36）是由阀门 A 断面写向进口 D 断面的方程式，称为正向方程；式（6.37）是由 D 断面写向 A 断面的方程式，称为反向方程。应用水锤传播的初始条件和边界条件，便可由正向方程和反向方程依次求得阀门处水锤压力随时间的变化。

6.5　水锤压力变化的计算

在进行压力水管水锤计算时，通常首先计算管道末端即阀门 A 断面（图 6.1）处的水锤压力，然后再确定水锤压力沿水管长度的分布。

6.5.1　逐相水锤的计算[5]

6.5.1.1　阀门 A 断面处逐相水锤的关系

从某一处时刻 t 开始，写出 A、D 断面间的连锁方程式为

$$\left.\begin{array}{l} h_t^A - h_{t+\theta}^D = 2\rho(v_t^A - v_{t+\theta}^D) \\ h_{t+\theta}^D - h_{t+2\theta}^A = -2\rho(v_{t+\theta}^D - v_{t+2\theta}^A) \end{array}\right\} \tag{6.38a}$$

式（6.38a）两分式相减得

$$h_t^A + h_{t+2\theta}^A - 2h_{t+\theta}^D = 2\rho(v_t^A - v_{t+2\theta}^A)$$

由于在任何时刻 $h^D \equiv 0$，所以

$$h_t^A + h_{t+2\theta}^A = 2\rho(v_t^A - v_{t+2\theta}^A) \tag{6.38b}$$

式中 $2\theta = \dfrac{2L}{a} = t_r$，即为水锤的相长，又令 $t = 0, t_r, 2t_r, \cdots, nt_r, (n+1)t_r$。分别代入式（6.38b），即可写出阀门断面一相和后一相的水锤压力之间的关系式：

$$\left.\begin{array}{l} h_0^A + h_1^A = 2\rho(v_0^A - v_1^A) \\ h_1^A + h_2^A = 2\rho(v_1^A - v_2^A) \\ \cdots \\ h_n^A + h_{(n+1)}^A = 2\rho[v_n^A - v_{(n+1)}^A] \end{array}\right\} \tag{6.39a}$$

6.5.1.2　逐相水锤的解

1. 第一相水锤的计算

由式（6.39a）写出有关第一相水锤的公式为

$$h_0^A + h_1^A = 2\rho(v_0^A - v_1^A) \tag{6.39b}$$

式中：$h_0^A = 0$；$v_0^A = \tau_0 \sqrt{1 + h_0^A} = \tau_0$；$v_1^A = \tau_1 \sqrt{1 + h_1^A}$。

同量替换式（6.39b）后得

$$h_1^A = 2\rho(\tau_0 - \tau_1 \sqrt{1 + h_1^A})$$

即

$$\tau_1 \sqrt{1 + h_1^A} = \tau_0 - \frac{h_1^A}{2\rho} \tag{6.40a}$$

在式 (6.40a) 中，若 $\tau_1 = 0$，阀门在一相之内完全关闭，则发生直接水锤。将 $\tau_1 = 0$ 代入式 (6.40a)，则得 $h_1^A = 2\rho\tau_0$，这与式 (6.14) 完全相同，所以说直接水锤是间接水锤中第一相水锤的一个特例。

2. 第二相水锤的计算

同样，由式 (6.39a) 亦可写出：

$$h_1^A + h_2^A = 2\rho(v_1^A - v_2^A) = 2\rho(\tau_1\sqrt{1+h_1^A} - \tau_2\sqrt{1+h_2^A})$$

亦即

$$\tau_2\sqrt{1+h_2^A} = \tau_1\sqrt{1+h_1^A} - \frac{h_1^A}{2\rho} - \frac{h_2^A}{2\rho} \tag{6.40b}$$

以式 (6.40a) 之关系代入式 (6.40b)，则得

$$\tau_2\sqrt{1+h_2^A} = \tau_0 - \frac{h_1^A}{\rho} - \frac{h_2^A}{2\rho} \tag{6.41}$$

3. 第三相至第 m 相的水锤计算公式

同理，亦可求得第三至第 m 相的水锤计算公式为

$$\tau_3\sqrt{1+h_3^A} = \tau_0 - \frac{h_1^A}{\rho} - \frac{h_2^A}{\rho} - \frac{h_3^A}{2\rho} \tag{6.42}$$

$$\cdots$$

$$\tau_m\sqrt{1+h_m^A} = \tau_0 - \frac{h_m^A}{2\rho} - \frac{1}{\rho}\sum_{i=1}^{m-1}h_i^A \tag{6.43}$$

在上列公式中，ρ 为常数，当知道阀门开度依时间变化的规律后，便可依次求得阀门断面处逐相水锤压力值。

6.5.2　阀门开度按直线规律变化时的最大水锤压力计算[1-6]

6.5.2.1　阀门开度随时间按直线变化的规律

设阀门 A（图 6.1）由全开（$\tau=1$）到全关（$\tau=0$）的总关闭时间为 T_s，为了简化计算，选取阀门开度随时间按直线规律变化情况，这样各相之间的开度变化 $\Delta\tau$ 即成为常数，如图 6.5 所示。

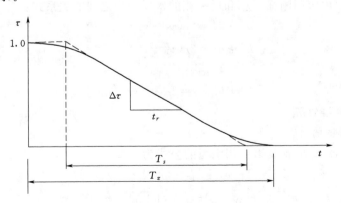

图 6.5　阀门开度随时间按直线规律变化情况

当关闭阀门时，开度逐渐减小，$\Delta\tau$ 为负值，即

$$\Delta\tau = -\frac{t_r}{T_s} = -\frac{2L}{aT_s} \tag{6.44}$$

当开启阀门时，开度逐渐增大，$\Delta\tau$ 为正值，即

$$\Delta\tau=\frac{2L}{aT_s} \tag{6.45}$$

6.5.2.2　最大水锤压力的计算

由于阀门处的反射情况不同，根据最大水锤压力出现的时间不同，可将最大水锤归纳为以下两种类型（图 6.6）：

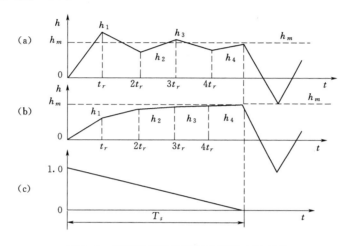

图 6.6　按直线规律关闭时的两种水锤现象

第一种，$h_1=h_{\max}$，即最大水锤压力出现在第一相末，称为第一相水锤；

第二种，$h_m=h_{\max}$，即最大水锤压力出现在阀门关闭的最后一相末，称为末相水锤。也有可能最大水锤压力出现在第一相以后的某一相，但与 h_m 相差不大，故仍用 h_m 代表。

从工程实际需要出发，对工程人员来说最感兴趣的是水锤压力的最大值而不是其变化过程。由此，根据阀门直线关闭规律可直接求得水锤压力的最大值。

1. 第一相水锤

当第一相水锤压力最大时，其值可由式（6.40a）求得

$$\tau_1\ \sqrt{1+h_1^A}=\tau_0-\frac{h_1^A}{2\rho} \tag{6.46}$$

式中：$\tau_1=\tau_0-\Delta\tau=\tau_0-\dfrac{2L}{aT_s}$。

2. 末相水锤

当第末相水锤压力最大时，可写出 $m-1$ 相和 m 相的水锤计算公式：

$$\tau_{m-1}\ \sqrt{1+h_{m-1}^A}=\tau_0-\frac{h_{m-1}^A}{2\rho}-\frac{1}{\rho}\sum_{i=1}^{m-1}h_i^A+\frac{h_{m-1}^A}{\rho} \tag{6.47}$$

$$\tau_m\ \sqrt{1+h_m^A}=\tau_0-\frac{h_m^A}{2\rho}-\frac{1}{\rho}\sum_{i=1}^{m-1}h_i^A \tag{6.48}$$

由于第 $m-1$ 相的水锤压力值和第 m 相很接近，由此可以认为 $h_{m-1}^A=h_m^A$。代入式（6.47）、式（6.48），并从式（6.47）减去式（6.48）得

$$(\tau_m - \tau_{m-1})\sqrt{1+h_m^A} = -\frac{h_m^A}{\rho}$$

即
$$-\rho\Delta\tau\sqrt{1+h_m^A} = h_m^A \qquad (6.49)$$

当阀门关闭时，$\Delta\tau = -\dfrac{2L}{aT_s}$，又 $\rho = \dfrac{aV_{max}}{2gH_0}$，由此，令

$$\sigma = -\rho\Delta\tau = \frac{aV_{max}}{2gH_0}\frac{2L}{aT_s} = \frac{LV_{max}}{gH_0T_s}$$

σ 为压力水管的另一特性常数，将 σ 值代入式 (6.49)，得

$$h_m^A = \sigma\sqrt{1+h_m^A} \qquad (6.50)$$

解式 (6.50)，得

$$h_m^A = \frac{\sigma}{2}(\sigma + \sqrt{\sigma^2 + 4}) \qquad (6.51)$$

3. 最大水锤压力值的判别

经过上述分析之后，只要判别出是发生第一相水锤最大还是发生第末相水锤最大，就可应用相应的公式求得最大水锤压力。很明显，$h_1^A > h_m^A$ 或 $h_m^A > h_1^A$，这两种类型的分界条件应为 $h_1^A = h_m^A$，故在式 (6.52a) 中：

$$\left.\begin{array}{l} \tau_1\sqrt{1+h_1^A} = \tau_0 - \dfrac{h_1^A}{2\rho} \\[3mm] h_m^A = \sigma\sqrt{1+h_m^A} \end{array}\right\} \qquad (6.52a)$$

令 $h_1^A = h_m^A$，并以 $\tau_1 = \tau_0 + \Delta\tau$，$\sigma = -\rho\Delta\tau$ 消去 h_m^A 后得

$$\sigma = \frac{4\rho\tau_0(1-\rho\tau_0)}{1-2\rho\tau_0} \qquad (6.52b)$$

以 σ 为纵坐标，以 $\rho\tau_0$ 为横坐标，绘制式 (6.52b) 曲线，如图 6.7 所示[1-6]，若 σ 和 $\rho\tau_0$ 值所对应的点子落在曲线上，这表示 $h_1^A = h_m^A$，即第一相水锤压力达到了最大值，其数值与末相水锤相同。该曲线将图分成两部分，若 σ 与 $\rho\tau_0$ 所决定的点子落在（Ⅰ）区，则 $h_m^A > h_1^A$，若落在（Ⅱ）区，则 $h_1^A > h_m^A$。

当 $\tau_0 = -\Delta\tau$，阀门在一相之内完全关闭，则发生直接水锤，该条件亦可写为

$$\rho\tau_0 = -\Delta\tau\rho = \sigma$$

所以在图 6.7 中亦可绘出 $\rho\tau_0 = \sigma$ 的 45°直线，以划分发生直接水锤的范围（Ⅲ）。

从图 6.7 中尚可看出，当 $\rho\tau_0 < 1.0$ 时经常发生第一相水锤最大。对于丢弃满负荷情况，$\tau_0 = 1$，若 $a = 1000\text{m/s}$，$V_{max} = 5\text{m/s}$，则由 $\rho\tau_0 = \dfrac{aV_{max}}{2gH_0}\tau_0 < 1$ 的条件得出 $H_0 > 250\text{m}$。故对于丢弃满负荷情况，只有在高水头水电站才会发生第一相水锤，所以第一相水锤最大是高水头水电站水锤的特征。与此相反，当 $\rho\tau_0 > 1.0$ 时，经常发生末相水锤最大，丢弃满负荷时，在同样条件下亦可得出 $H_0 < 170\text{m}$，所以末相水锤最大是中低水头水电站水锤的特征。

6.5.2.3　阀门开启时的水锤计算

以上讨论了在机组丢弃负荷关闭阀门时的水锤压力升高。同样，在机组增加负荷开启阀门时，由于水流的惯性作用在阀门处产生了压力降低，并形成水锤波在水管中往复传

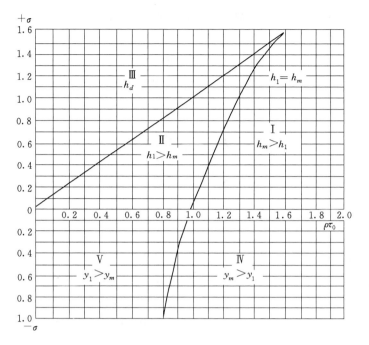

图 6.7 水锤类型判别图

播，其传播的情况，完全与关闭阀门时一样，只是正、负号相反。所以只要把上述关闭阀门时的水锤值改为负值，就会得到开启阀门时水锤压力相对降低值。

开启阀门时 $H < H_0$，设 $y = \dfrac{H - H_0}{H_0} = -\dfrac{\Delta H}{H_0}$，称为水锤压力相对降低值。显然 $y = -h$，因此在前面的公式中，以"y"代替"h"，经过同样的推论亦可得出下列公式：

第一相水锤：

$$\tau_1 \sqrt{1 - y_1^A} = \tau_0 + \frac{y_1^A}{2\rho} \tag{6.53}$$

当阀门在一相之内全部开启，$\tau_1 = 1.0$，则发生直接水锤，其值 y_d^A 可由下列求得

$$\sqrt{1 - y_d^A} = \tau_0 + \frac{y_d^A}{2\rho} \tag{6.54}$$

末相水锤：

$$y_m^A = \sigma \sqrt{1 - y_m^A} \tag{6.55}$$

或

$$y_m^A = \frac{\sigma}{2} \left(\sqrt{\sigma^2 + 4} - \sigma \right) \tag{6.56}$$

$y_1^A > y_m^A$ 和 $y_m^A > y_1^A$ 的判别，亦可在图 6.7 的 $\mathbb{N}$ 区和 $\mathbb{V}$ 区求得，此处当开启阀门时 σ 为负值。

6.5.3 水锤压力的近似解[1-6]

在以上所得出的水锤公式中，多包含有 $\sqrt{1+h}$ 或 $\sqrt{1-y}$ 项，其中 h、y 值通常均小于 0.5，为简化起见可近似地取其展开后的头两项，即

$$\sqrt{1+h} = 1 + \frac{1}{2}h, \quad \sqrt{1-y} = 1 - \frac{1}{2}y$$

将此关系分别代入有关各式，则可得出以下近似公式。

直接水锤：

$$h_d^A = 2\rho\tau_0$$

$$y_d^A = \frac{2\rho(1-\tau_0)}{1+\rho} \tag{6.57}$$

第一相水锤：

$$h_1^A = \frac{2\sigma}{1+\rho\tau_0-\sigma} \tag{6.58}$$

$$y_1^A = \frac{2\sigma}{1+\rho\tau_0+\sigma} \tag{6.59}$$

末相水锤：

$$h_m^A = \frac{2\sigma}{2-\sigma} \tag{6.60}$$

$$y_m^A = \frac{2\sigma}{2+\sigma} \tag{6.61}$$

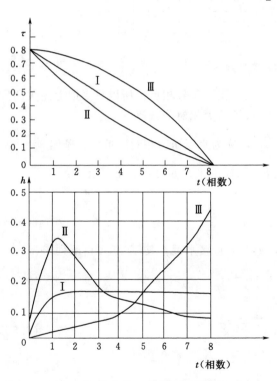

图 6.8　不同关闭规律的水锤压力

水管特性常数 ρ、σ 可事先算出，当已知阀门初始开度 τ_0 时，即可方便地按上列公式求得水电站在丢弃负荷和增加负荷时的压力值。

当水电站丢弃小负荷时，有可能使 $\tau_0 \leqslant -\Delta\tau$，则水电站上会发生直接水锤。而实际上，水轮机的空转开度（机组不带负荷而保持在额定转速下转动时的阀门开度）τ_x 通常均大于发生直接水锤时的临界开度 τ_{KP}（由于 $\rho\tau_0 = -\Delta\tau\rho = \sigma$，所以 $\tau_0 = \frac{\sigma}{\rho} = \tau_{KP}$），因而不会出现直接水锤，若需要机组由空转状态转到停机时，可采取延缓关闭时间或手动操作的方式。

6.5.4　阀门开度变化规律对水锤的影响[1-6]

前面我们所讨论的是阀门开度依直线规律变化时的水锤情况，但开度变化规律不同时，水锤变化的过程也不同。如图 6.8 所示，图上绘出了三种关闭规律，它们都具有相同的关闭时间；图 6.8 绘出了与之相应的三种水锤压力变化过程线。可以看出，关闭规律不同时对水锤压力的变化过程影响甚大。

（1）对于直线变化规律 I，我们比较熟悉，由于阀门均匀关闭，水锤压力亦逐渐升高，到后期更加缓慢并趋于末相水锤，末相水锤压力相对升高值约为 0.17。

（2）对于曲线变化规律Ⅱ，由于阀门关闭速度在开始阶段较快，水锤压力迅速上升达到最大值（约 0.35），此后因阀门关闭速度逐渐变缓，水锤压力亦逐渐减小。

（3）对于曲线变化规律Ⅲ，与规律Ⅱ相反，由于关闭速度先慢后快，因而水锤压力先小后大，其最大值约为 0.45，发生在阀门关闭终了。

由以上分析得出，直线关闭规律还是比较合理的。因此根据调速器的特性合理地调节阀门的关闭规律，获得较小的水锤压力具有很大的现实意义。

6.5.5 起始开度对水锤压强的影响[1-5]

水电站可能在各种不同的负荷情况下运行。当电站满负荷运行时，$\tau_0 = 1$；当电站一部分负荷运行时，$\tau_0 < 1$。因此，水电站因事故丢弃负荷时的起始开度 τ_0 可能有各种数值。

从式（6.60）可以看出，h_m 只与 σ 有关，而与 τ_0 无关，因此在 $h - \tau_0$ 坐标场上是一平行与 τ_0 轴的直线，如图 6.9 所示。

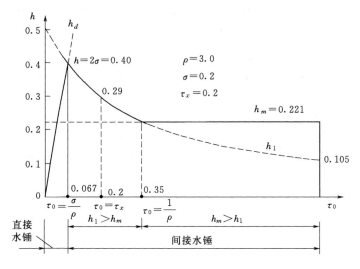

图 6.9　不同起始开度的水锤压强

从式（6.58）可以看出，h_1 随 τ_0 的减小而增大，在 $h - \tau_0$ 坐标场上是一条下降的曲线。

$$h_d = \frac{a V_{max}}{g H_0} \tau_0 = 2\rho\tau_0 \qquad (6.62)$$

式（6.62）为直接水锤公式 h_d 在 $h - \tau_0$ 坐标场上是一条通过坐标原点的直线，斜率为 2ρ。

图 6.9 是根据特性常数 $\rho = 3.0$ 和 $\sigma = 0.2$ 绘制的。分析此可得出以下结论：

（1）当 $\tau_0 > (1/\rho)$，即 $\rho\tau_0 > 1$ 时，$h_m > h_1$，最大水锤压强出现在开度变化终了。h_m 与 τ_0 无关。

（2）当 $(\sigma/\rho) < \tau_0 < (1/\rho)$ 时，$h_1 > h_m$ 最大水锤出现在第一相末，τ_0 越小 h_1 越大。

（3）当 $\tau_0 \leqslant (\sigma/\rho)$ 时，发生直接水锤。在开度直线变化时，关闭时间与 τ_0 成正比，若 $\tau_0 = 1$ 时的关闭时间为 T_s，则任意起始开度 τ_0 时的关闭时间：$T = \tau_0 T_s$，同时 $(\sigma/\rho) = (2L/aT_s)$，故不难由 $\tau_0 < (\sigma/\rho)$ 导出 $T \leqslant 2L/a$，这是发生直接水锤的条件。

（4）最大水锤发生在起始开度 $\tau_0 = \sigma/\rho$ 之时，得

$$h_{\max} = 2\rho\tau_0 = 2\sigma \qquad (6.63)$$

图 6.9 中的实线表示在不同起始开度 τ_0 时的最大水锤压强，可见在该情况下最大水锤并不发生在丢弃满负荷之时，而是发生在全部丢弃较小负荷之时。低水头电站的 ρ 值较大，在 τ_0 较小时，仍可能发生第一相水锤。但必须说明：

（1）水轮机存在空转开度 τ_x，在该开度时，机组已不能输出功率，因此机组不可能在开度小于 τ_x 的情况下运行，若 $\tau_x > (\sigma/\rho)$，则不可能发生直接水锤，亦即不会出现 $h_{\max} = 2\sigma$ 的情况。τ_x 与水轮机的型式有关：混流式水轮机 $\tau_x = 0.08\sim0.12$；转桨式水轮机 $\tau_x = 0.07\sim0.10$；定桨式水轮机 $\tau_x = 0.20\sim0.25$。

（2）以上讨论，均以开度依直线变化且关闭时间与起始开度的大小成正比这一假定为基础。开度的变化规律决定于调速系统的特性，一般在关闭终了有延缓现象，如图 6.5 所示。在丢弃小负荷时的实际关闭时间比按直线比例关系求出的要长，即大于 $\tau_0 T_s$，因此丢弃小负荷时的实际水锤压强往往并不起控制作用，只是一种在设计时应该考虑的因素。

6.5.6　开度变化终了后的水锤现象[1-2]

直到目前为止，讨论的都是开度变化过程中的水锤现象。在开度变化终了后，水锤一般并不立即消失，而有一个变化过程。研究这个过程对水轮机的调节和压力管道的设计有时是必要的，例如，阀门关闭终了后的正水锤可能经阀门反射而成负水锤，其值可能大于阀门开启时的压力降低值。

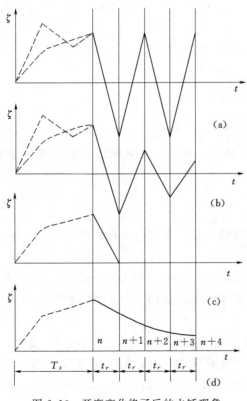

开度变化终了后的水锤现象决定于开度变化终了时的阀门反射特性。若终了开度记为 τ_c，则式（6.26）可写成

$$r = \frac{1 - \rho\tau_c}{1 + \rho\tau_c} \qquad (6.64)$$

（1）若阀门在第 n 相全部关闭，$\tau_c = 0$，$r = 1$，阀门发生同号等值反射。阀门关闭终了时的升压波经水库反射为等值的降压波返回阀门，又经阀门反射为等值降压波返回水库，两个降压波和一个升压波的叠加，使第 $n+1$ 相水锤压强与第 n 相（即阀门关闭终了时）水锤压强绝对值相等而符号相反，若不计摩阻，则阀门关闭后水锤压强成周期性不衰减振荡，如图 6.10（a）所示。

（2）若 $\tau_c > 0$，$\rho\tau_c < 1$，则 $0 < r < 1$，阀门的反射是同号减值的。根据对前一种情况的分析，可知开度变化终了（阀门未完全关闭）后的水锤出现逐渐衰减的振荡，如图 6.10（b）所示。

（3）若 $\tau_c > 0$，$\rho\tau_c = 1$，则 $r = 0$，阀门不

图 6.10　开度变化终了后的水锤现象

发生反射，水库传来的反射波到达阀门即行消失。如图 6.10（c）所示。

（4）若 $\tau_c>0$，$\rho\tau_c>1$，则 $-1<r<0$，阀门发生异号减值反射。水库传来的降压波经阀门反射为升压波，开度变化终了后不可能出现负水锤。由于阀门只发生部分反射，反射波是减值的，故随着相数的增加，水锤压强逐渐减小，如图 6.10（d）所示。

对于增加负荷情况可得到类似的结论，但此时 τ_c 较大，出现后两种情况的可能性较多。

6.6 水锤压力沿水管长度的分布

以上讨论的都是水管末端 A 点的水锤问题。设计压力管道时，不仅要知道 A 点的压强，而且需要水锤沿管长分布的资料。压力管道的强度设计需知管道沿线各点的最大水锤升压；管路布置则需知管道沿线各点的最大水锤降压，以检验管内有无发生真空的可能。在开度依直线规律变化情况下，末相水锤和第一相水锤的分布规律是不同的，如图 6.11 所示[1-6]。

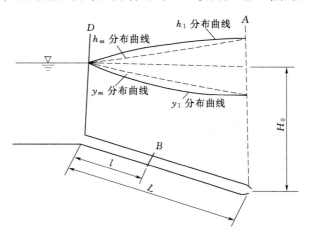

图 6.11　最大水锤压力沿管长的分布

6.6.1　末相水锤的分布规律[1-6]

由分析可知，在压力水管末端出现末相水锤时，无论是 h_m^A、还是 y_m^A，最大水锤压力沿管长都是按直线规律分布的，对管中 B 断面：

$$\left.\begin{array}{l} h_{max}^B=\dfrac{l}{L}h_{max}^A \\[2mm] y_{max}^B=\dfrac{l}{L}y_{max}^A \end{array}\right\} \tag{6.65}$$

6.6.2　第一相水锤的分布规律[1-6]

分析得出，当压力水管末端出现第一相水锤压力升高时，最大水锤压力沿管长的分布规律是一上凸的曲线；出现第一相水锤压力降低时，分布规律为一下凹的曲线。

B 断面的最大水锤压力升高值发生在 A 断面的最大水锤压力升高值传到 B 断面时，即比 A 断面出现最大水锤压力升高值的时间滞后，其值为

$$h_{max}^B=h_{\frac{2L}{a}}^A-h_{\frac{2(L-l)}{a}}^A=h_l^A-h_{\frac{2l_{AB}}{a}}^A \tag{6.66}$$

式（6.66）的近似公式是

$$h_{max}^B=\frac{2\sigma}{1+\rho\tau_0-\sigma}-\frac{2\sigma_{AB}}{1+\rho\tau_0-\sigma_{AB}} \tag{6.67}$$

式中：$\sigma_{AB}=\dfrac{(L-l)V_{max}}{gH_0T_s}=\dfrac{l_{AB}V_{max}}{gH_0T_s}$。

B 断面的最大水锤压力降低值是发生在反向波回到 B 断面的时刻，即

$$y_{max}^B=y_{\frac{2l}{a}}^A \tag{6.68}$$

式（6.68）的近似公式为

$$y_{\max}^B = \frac{2\sigma_{BD}}{1 + \rho\tau_0 + \sigma_{BD}} \tag{6.69}$$

式中：$\sigma_{BD} = \dfrac{l_{BD} V_{\max}}{g H_0 T_s}$。

6.7　水锤计算的特征线法

根据动量方程和水流连续性定理导出的水锤基本方程为[1-6]

$$g\frac{\partial H}{\partial x} + V\frac{\partial V}{\partial x} + \frac{\partial V}{\partial t} + \frac{f}{2d}|V|V = 0 \tag{6.70}$$

$$V\frac{\partial H}{\partial x} + \frac{\partial H}{\partial t} + V\sin\theta + \frac{a^2}{g}\frac{\partial V}{\partial x} = 0 \tag{6.71}$$

式中：V 为管道中的流速，向下游为正；H 为压力水头；x 为距离，以管道进口为原点，向下游为正；t 为时间；a、g 为水锤波速和重力加速度；d、θ 为管道直径和纵坡；f 为达西·维斯哈巴摩阻系数。

水锤的基本方程式（6.70）和式（6.71）有两个自变量 x 和 t，两个因变量 H 和 V，是一组拟线性双曲型偏微分方程组，难于直接求出解析解。

特征线法的原理是在 x-t 平面建立一组曲线，沿这组曲线将水锤的偏微分方程转换为常微分方程，这组常微分方程的解就是满足上述曲线所给定的 x 和 t 特定关系的偏微分方程的解。

以任意常数 λ 乘以式（6.71），并与式（6.70）相加，忽略管道坡度的影响，得

$$\lambda\left[\left(V + \frac{g}{\lambda}\right)\frac{\partial H}{\partial x} + \frac{\partial H}{\partial t}\right] + \left(V + \frac{a^2\lambda}{g}\right)\frac{\partial V}{\partial x} + \frac{\partial V}{\partial t} + \frac{f}{2d}|V|V = 0 \tag{6.72}$$

选择 λ 的两个特征值，使

$$V + \frac{g}{\lambda} = V + \frac{a^2 g}{\lambda} = \frac{\mathrm{d}x}{\mathrm{d}t} \tag{6.73}$$

则式（6.72）写成

$$\lambda\left(\frac{\partial H}{\partial x}\frac{\mathrm{d}x}{\mathrm{d}t} + \frac{\partial H}{\partial t}\right) + \left(\frac{\partial V}{\partial x}\frac{\mathrm{d}x}{\mathrm{d}t} + \frac{\partial V}{\partial t}\right) + \frac{f}{2d}|V|V = 0 \tag{6.74}$$

H 和 V 为 x 和 t 的函数。若 x 随 t 的变化而变化，则

$$\frac{\mathrm{d}H}{\mathrm{d}t} = \frac{\partial H}{\partial x}\frac{\mathrm{d}x}{\mathrm{d}t} + \frac{\partial H}{\partial t}, \quad \frac{\mathrm{d}V}{\mathrm{d}t} = \frac{\partial V}{\partial x}\frac{\mathrm{d}x}{\mathrm{d}t} + \frac{\partial V}{\partial t}$$

以之代入式（6.74），得

$$\lambda\frac{\mathrm{d}H}{\mathrm{d}t} + \frac{\mathrm{d}V}{\mathrm{d}t} + \frac{f}{2d}|V|V = 0 \tag{6.75}$$

式中：t 为自变量；H 和 V 为因变量的常微分方程；λ 的数值可从式（6.73）求出，得

$$\lambda = \pm\frac{g}{a}, \quad \frac{\mathrm{d}x}{\mathrm{d}t} = V \pm a$$

流速 V 远小于波速 a，可以略去。

由 $\lambda = +\dfrac{g}{a}$ 得

$$\left.\begin{array}{c}\dfrac{\mathrm{d}x}{\mathrm{d}t} = +a \\[2mm] \dfrac{g}{c}\dfrac{\mathrm{d}H}{\mathrm{d}t} + \dfrac{\mathrm{d}V}{\mathrm{d}t} + \dfrac{f}{2d}\,|V|V = 0\end{array}\right\} C^+ \qquad (6.76) \\ (6.77)$$

由 $\lambda = -\dfrac{g}{a}$ 得

$$\left.\begin{array}{c}\dfrac{\mathrm{d}x}{\mathrm{d}t} = -a \\[2mm] -\dfrac{g}{a}\dfrac{\mathrm{d}H}{\mathrm{d}t} + \dfrac{\mathrm{d}V}{\mathrm{d}t} + \dfrac{f}{2d}\,|V|V = 0\end{array}\right\} C^- \qquad (6.78) \\ (6.79)$$

式（6.76）和式（6.78）在 x-t 坐标场上代表两族曲线，如图 6.12 所示[1-4]。曲线 $\dfrac{\mathrm{d}x}{\mathrm{d}t} = +a$（$C^+$ 线）上的点均满足式（6.77），称正向特征线，曲线 $\dfrac{\mathrm{d}x}{\mathrm{d}t} = -a$（$C^-$ 线）上的点均满足式（6.79），称反向特征线。

式（6.77）和式（6.79）与式（6.76）和式（6.78）等价，称特征方程，其解就是水锤基本方程式（6.70）和式（6.71）的解。

若将一简单管等分成 N 段，每段长 Δx，时间步长以 $\Delta t = \Delta x / a$，如图 6.13 所示[1-4]。其中 AP 线（C^- 线）满足式（6.78），若 A 点的因变量 H 和 V 已知，则沿 C^- 线将式（6.79）积分，可得 P 点的未知量 H 和 V。

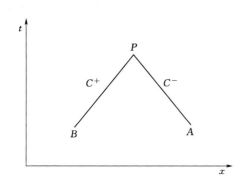

图 6.12　x-t 坐标场上的特征线图　　　　图 6.13　特征线法的计算网格

以 $a\mathrm{d}t/g = \mathrm{d}x/g$ 乘以式（6.79），引入管道的断面积 A，以流量 Q 代流速 V，积分得

$$-\int_{H_A}^{H_P}\mathrm{d}H + \frac{a}{gA}\int_{Q_A}^{Q_P}\mathrm{d}Q + \frac{f}{2gdA^2}\int_{x_A}^{x_P}|Q|Q\,\mathrm{d}x = 0 \qquad (6.80)$$

式（6.80）最后一项中 Q 随 x 的变化是未知的，若 A、P 两点的距离不大，可采用一阶近似积分代替式（6.80）的最后一项，得

$$H_P - H_A = \frac{a}{gA}(Q_P - Q_A) + \frac{f\Delta x}{2gdA^2}|Q_A|Q_A \qquad (6.81)$$

为了提高计算精度，可将式（6.81）的摩阻项略加修正而成

$$H_P - H_A = \frac{a}{gA}(Q_P - Q_A) + \frac{f\Delta x}{2gdA^2}|Q_A|Q_P \qquad (6.82)$$

同理，图 6.13 中的 BP 线（C^+ 线）满足式（6.77），以相同方法处理可得

$$H_P - H_B = -\frac{a}{gA}(Q_P - Q_B) + \frac{f\Delta x}{2gdA^2}|Q_B|Q_P \tag{6.83}$$

利用式（6.82）和式（6.83）可求出 P 点的压头 H_P 和流量 Q_P。

式（6.82）和式（6.83）可简写为

C^-：
$$H_P = C_A + S_A Q_P \tag{6.84}$$

C^+：
$$H_P = C_B - S_B Q_P \tag{6.85}$$

式中：$C_A = H_A - \dfrac{a}{gA}Q_A$，$S_A = \dfrac{a}{gA} + \dfrac{f\Delta x}{2gdA^2}|Q_A|$，

$\qquad C_B = H_B + \dfrac{a}{gA}Q_B$，$S_B = \dfrac{a}{gA} + \dfrac{f\Delta x}{2gdA^2}|Q_B|$。

有下标 A 和 B 者均为已知量，有下标 P 者均为未知量，利用以上两式可解出 H_P 和 Q_P。计算从 $t=0$ 开始，先求出 $t=\Delta t$ 时各网格结点的 H 和 Q，继而求出 $t=2\Delta t$ 时各网格结点的 H 和 Q，循此前进，直至推求到所要求的时间。

6.8　复杂管路水锤的简化计算

前面所讨论的都是简单管路中的水锤计算，但在实际工程中，压力管道的直径、管厚和管壁的材料多是沿管道长度分段变化的，对反击式水轮机在管道末端还连接着蜗壳和尾水管。这样，管道中的最大流速和水锤速度也就随之逐段发生变化，这种水管特性沿管长变化的单元供水管道称为串联管路；在联合供水和分组供水的水电站上，尚存在有分岔管，这种管道称为分岔管道，当水电站的机组数目较多时，分岔管路的布置也较复杂。串联管路和分岔管路统称为负责管路，当发生水锤时，水锤波在水管特性变化出都要发生变化和局部反射，在经过几相传播之后，水锤情况就变得异常复杂，因此在初步计算中常将复杂管路进行某些简化，采用近似的方法进行计算。

6.8.1　串联管路水锤的简化计算[1-5]

如图 6.14 所示，按水管特性的不同，可将水管划分为好几段，各段的管长、管中的最大流速和水锤波速分别为 l_1、V_1、a_1；l_2、V_2、a_2；…如装设反击式水轮机时，其中可包括蜗壳和尾水管在内，此时蜗壳可看作是水管的延长部分，阀门（导叶）设在蜗壳末端，接着是尾水管，并须注意，当关闭阀门时尾水管中产生水锤压力降低，开启阀门时则产生压力升高。

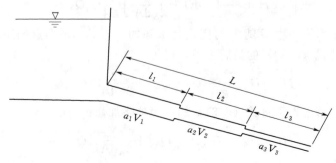

图 6.14　串联管路示意图

简化计算的主要构思是把复杂的串联管路转换为一等价的简单管路求解，这种转换后的等价管路与原管路比较，必须满足以下要求：

（1）管路总长不变，即管路总长 $L = \sum l_T + \sum l_C + \sum l_B$。

（2）水锤传播的相长不变。

（3）管路中水体的动能不变。

设等价简单管路中的最大流速为 $\overline{V}$，水锤传播速度为 $\overline{a}$，则根据相长不变的要求得

$$\overline{a} = \frac{L}{\sum \dfrac{l_T}{a_T} + \sum \dfrac{l_C}{a_C} + \sum \dfrac{l_B}{a_B}} \tag{6.86}$$

根据管道中水体动能不变的要求得

$$\overline{V} = \frac{\sum l_T V_T + \sum l_C V_C + \sum l_B V_B}{L} \tag{6.87}$$

式中：l_T、l_C、l_B 分别为压力管道、蜗壳、尾水管依其特性所划分的分段长度；a_T、a_C、a_B 分别为压力管道、蜗壳、尾水管依其特性所划分的水锤速度；V_T、V_C、V_B 分别为压力管道、蜗壳、尾水管依其特性所划分的最大流速。

由此等价简单管路的特性常数为

$$\overline{\rho} = \frac{\overline{a}\,\overline{V}}{2gH_0} \tag{6.88}$$

$$\overline{\sigma} = \frac{L\,\overline{V}}{gH_0 T_s} \tag{6.89}$$

这样便可应用前面简单管路的公式进行各项水锤计算。经验证，在一般情况下这种转换为等价管路的计算方法有足够的精度。

当计算得出等价管路末端的最大水锤压力升高值 $h_{\max}$ 后，管路中有关断面上的最大水锤压力升高值则可按 lV 的比值求得。

压力管道末端的水锤压力升高值 h_T 为

$$h_T = \frac{\sum l_T V_T}{L \overline{V}} h_{\max} \tag{6.90}$$

压力管道上任意 K 断面的压力升高值 h_K 为

$$h_K = \frac{\displaystyle\sum_{i=1}^{K} l_{Ti} V_{Ti}}{L \overline{V}} h_{\max} \tag{6.91}$$

蜗壳末端的水锤压力升高值 h_C 为

$$h_C = \frac{\sum l_T V_T + \sum l_C V_C}{L \overline{V}} \tag{6.92}$$

尾水管进口的水锤压力降低值 y_B 为

$$y_B = \frac{\sum l_B V_B}{L \overline{V}}$$

$$-\Delta H_B = y_B H_0 \tag{6.93}$$

发生在尾水管进口处全部真空值 H_B 为

$$H_B = H_S + H_B + \frac{V_b^2}{2g} \tag{6.94}$$

考虑到气蚀与振动的影响，尾水管内的最大真空值应不超过 8m 水柱（$1mH_2O =$ 9.806kPa）。

6.8.2　分岔管路水锤的简化计算[1-5]

如图 6.15（a）所示，分岔管路除了水管直径、管厚和材料沿管长变化外，还增加了分岔管和支管，而各支管的长度又不尽相同，故其中水锤波的发生、传播和反射情况较串联管路更为复杂，通常采用的简化计算方法是截肢法。

截肢法的特点是选取总长最大的一根支管，并将其余的支管截去，使其构成如图 6.15（b）所示的串联管路，然后将此串联管路转换为等价的简单管路，便可按上列方法进行水锤计算。

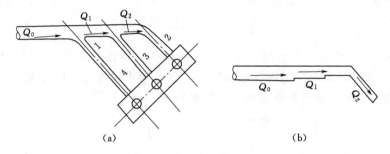

图 6.15　分岔管路的截肢法

前面所讨论的用解析法进行水锤计算，其优点是计算简便，但它经过多次简化，所得出的结果精度较差，且难以求解，为较复杂的问题。特征线法可以解任何形式边界条件下的水锤，可以较准确地反映水轮机开度的变化规律，还可较方便地求出不同负荷变化时的水锤压力变化过程，其概念明确，方法简便，可获得满意的结果。

6.9　机组转速变化的计算

当机组负荷变化时，调速器在调节阀开度的过程中，不但在压力引水系统中产生了水锤压力变化，同时也形成了机组转速变化。对于水锤压力变化的计算，前面已做了论述。机组转速变化的计算公式较多，其中较为常用的有两种。

6.9.1　苏联列宁格勒金属工厂公式[1-5]

机组丢弃负荷后，导叶由全开关至空转开度，历时 T_{s_1}，机组出力由 N_0 减至零，在这个过程中，机组的剩余能量为图 6.16 所示的阴影面积。由于导叶动作的迟滞和水锤升压的影响，$N\text{-}t$ 曲线是上凸的。此剩余能量将转化为机组转速的变化。若机组转动部分的惯量为 I，丢弃负荷前的角速度为 ω_0，丢弃负荷后的最大角速度为 ω_{max}，则

$$\int_0^{T_{s_1}} N\mathrm{d}t = \frac{1}{2} I(\omega_{max}^2 - \omega_0^2) \tag{6.95}$$

其中

$$\omega_0 = \frac{\pi n_0}{30}$$

$$\omega_{max} = \frac{\pi(n_0 + \Delta n)}{30} = \frac{\pi n_0}{30}(1+\beta)$$

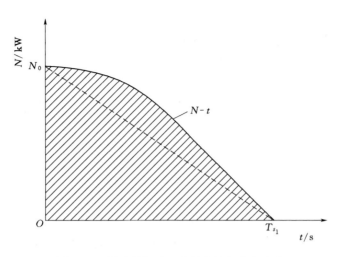

图 6.16 导叶关闭过程中的水轮机出力变化

$$I = 1000 \frac{G}{g}\left(\frac{D}{2}\right)^2 = 1000 \frac{GD^2}{4g}$$

式中：n_0 为机组额定转速，r/min；I 在工程单位制中以 kg·m·s² 计；GD^2 以 t·m² 计。

式（6.95）左边积分表示图 6.16 中阴影面积，可表达为 $\frac{1}{2} N_0 T_{s_1} f$，$f$ 为考虑 $N-t$ 线与虚直线间的所夹弓形面积的影响系数，可从图 6.17 查出。

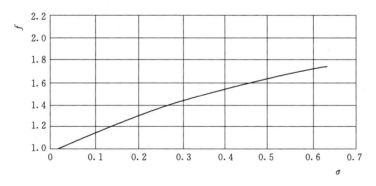

图 6.17 修正系数 f 与水锤系数 σ 的关系曲线

将以上关系代入式（6.95），简化后得

$$\beta = \sqrt{1 + \frac{365 N_0 T_{s_1} f}{n_0^2 GD^2}} - 1 \tag{6.96}$$

混流式和水斗式水轮机的 $T_{s_1} = (0.8 \sim 0.9) T_s$；轴流式水轮机的 $T_{s_1} = (0.6 \sim 0.7) T_s$。

式（6.96）的计算结果一般偏大。在机组丢弃负荷后，机组转速上升，摩阻等能量损耗也随之增大，故在导叶达到正常转速下的空转开度之前机组已停止升速，即实际的升速时间小于 T_{s_1}；此外，由于调速系统的惯性，调节动作有一迟滞时间。针对式（6.96）存在的问题，出现了一些修正公式。

6.9.2 我国原"长办"公式[1-5]

考虑到导叶的迟滞时间等因素，我国原长江流域规划办公室（简称"长办"）提出了如下的修正公式：

$$\beta = \sqrt{1 + \frac{365 N_0}{n_0^2 GD^2}(2T_c + T_n f)} - 1 \tag{6.97}$$

$$T_c = T_A + 0.5\delta T_a$$

$$T_a = \frac{n_0^2 GD^2}{365 N_0}$$

$$T_n = (0.9 - 6.3 \times 10^{-4} n_s) T_s$$

$$n_s = \frac{n_0 \sqrt{N_0}}{H^{1.25}}$$

式中：T_c 为调节迟滞时间；T_A 为导叶动作迟滞时间（电调取 0.1s，机调取 0.2s）；δ 为调速器的残留不均衡度（一般为 0.2～0.6）；T_a 为机组的时间常数，s；T_n 为升速时间；n_s 为比转速；N_0 单位为 kW。

在给定 β 的情况下，可很容易根据式（6.96）或式（6.97）反算必需的 GD^2。式（6.97）中的修正系数 f 从图 6.18 查出。

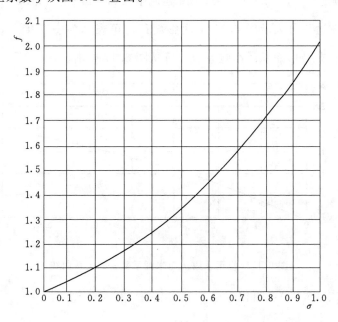

图 6.18 f-σ 关系曲线

6.10 调节保证计算的标准及改善调节保证的措施

6.10.1 调节保证计算的标准[1-5]

对于水锤压力变化和机组转速变化的允许值目前尚无统一规定，一般在计算中常采用以下标准。

1. 水锤压力计算标准

对于丢弃负荷情况，蜗壳末端最大水锤压力相对升高值一般不超过以下数值：

当 $H_0 < 40\text{m}$ $h_{max} = 0.5 \sim 0.7$

当 $H_0 = 40 \sim 100\text{m}$ $h_{max} = 0.3 \sim 0.5$

当 $H_0 > 100\text{m}$ $h_{max} = 0.3$

当 $H_0 > 400\text{m}$ $h_{max} = 0.15$

当设置减压阀或折流板时 $h_{max} = 0.20$

对于增加负荷时的负水锤，以压力水管顶部任何一点不出现负压并保持有 2m 以上的余压为限。

尾水管进口允许的最大真空度为 8m 水柱。对于大容量机组，宜适当增加安全度。高海拔地区尾水管进口处的最大真空度应满足规范特殊要求。

2. 转速变化计算标准

对于丢弃负荷情况：

丢弃 100% $\beta_{max} = 0.5 \sim 0.6$

丢弃 75% $\beta = 0.65\beta_{max}$

丢弃 50% $\beta = 0.45\beta_{max}$

丢弃 25% $\beta = 0.25\beta_{max}$

对于增加负荷情况，考虑到机组转速受系统中其他运行机组的制约，转速不可能有大的变化，通常可不计算。

6.10.2 改善调节保证的措施[1-5]

当水锤压力变化和机组转速变化的计算结果不能满足上述标准值的要求时，通常采用下列措施。

1. 减短压力水管长度

减短压力水管长度，也就是减小了水锤传播的相长，使反向波能较早地回到水管末端。起到削减水锤压力和降低机组转速变化的作用。这可从水管的特性常数 $\sigma = \dfrac{LV_{max}}{gH_0 T_s}$ 中看出，当 L 减短，σ 值减小，由此计算得的 h_1^A、h_m^A 和 β 值都将会减小。

但减短水管长度，可能要引起枢纽布置的变更，使问题变得更加复杂，因此在压力引水道较长时，常采取在靠近厂房处设置调压室。在调压室中形成自由水面，使水锤波在调压室处即遭到反射，由此可使水锤压力变化和机组转速变化的幅度大为削减。

2. 减小压力水管中的流速

减小水管中的流速，可以减小其中水体的动能，也可使 σ 值减小以达到改善调节保证的目的。但水电站的设计流量是一定的，减小流速就要求增大管径，这样往往是不经济的，所以其改善的裕度不大。

3. 增大发电机的飞轮力矩

当 β 值不能满足要求时，亦可采取加大发电机转子的重量和直径以增大飞轮力矩阻止转速的过大变化，但这样做可能会增大厂房尺寸和提高发电机的造价，同时其改善的裕度也不大。

对于小型机组，由于发电机尺寸较小，飞轮力矩不足的情况普遍存在，所以采取在主轴上另外加置飞轮。

4. 延长关闭时间 T_s

当机组丢弃全部负荷时，延长阀门的关闭时间 T_s，便减小了水管中流速变化的梯度，可以使水锤压力升高大为削减，但剩余能量的增大会使转速升高值超过标准，为此常采取如下措施：

（1）设置减压阀。如图 6.19 所示，在反击式水轮机蜗壳的外壁上装设一减压阀。当机组正常工作时，减压阀关闭，蜗壳正常工作；当机组丢弃负荷时，调速器在操作导叶关闭的同时亦打开减压阀，使管中一部分流量通过减压阀排至下游，此时导叶可在按照转速变化标准值要求的时间内关闭，这样可在满足 β 值的情况下尽可能地降低水锤压力。

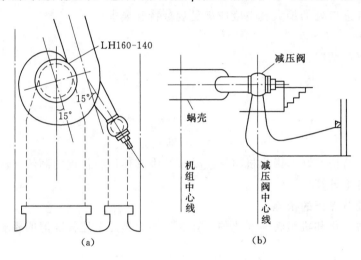

图 6.19　减压阀装置示意图

设置减压阀有可能省去调压室，表现得比较经济。但减压阀在机组增加负荷时却起不了作用，而且结构复杂、体形大，需增大厂房尺寸，同时在设计中还要注意，必须对减压阀失灵后的水锤压力进行校核计算。

（2）设置折流板。对于冲击式水轮机，在喷嘴出口装设一折流板。当机组丢弃负荷时，折流板可在 $1\sim2s$ 内动作偏转水流，此时针阀可在 $5\sim10s$ 或更长一些时间内关闭，以减小水锤压力。

折流板结构简单，造价便宜，工作可靠，所以在水锤式水轮机中普遍采用，但它对增加负荷亦起不了作用。

5. 改变水轮机的调节规律

合理的调节规律，可以降低水锤压力，这在 6.5 节中已有论述，但这需要结合调速器的特性进行分析和整定。

从以上对各种改善调节保证措施的分析中，可以看出：对大中型水电站，无论在丢弃负荷和增加负荷的情况下，设置调压室都能安全可靠地满足水电站运行的要求并可降低压力引水隧洞中的设计压力，因而是一种最有效的措施。

复 习 思 考 题

1. 试述阀门突然关闭后的水锤现象及发展过程。
2. 试述直接水锤和间接水锤的区别。
3. 试述阀门开度直线变化条件下的水锤解析计算。
4. 试分析不同起始开度对水锤压力的影响。
5. 试分析阀门开度变化终了后的水锤现象。
6. 试应用特征方程求解压力管道在阀门断面、中间断面和进口断面的水锤压力。
7. 试述复杂管路的水锤计算。
8. 试述水电站机组调节保证计算的任务和内容。
9. 试述建立机组转速变化计算的公式。
10. 试述减小水锤压强的有效措施。

作 业 题

某水电站压力管道如图 6.20 所示。压力管道采用钢管，水锤波速 $a=1000\text{m/s}$。已知阀门 A 的初始开度 $\tau_0=1.0$，相应水头 $H_0=100\text{m}$，管中最大流速为 5m/s。当阀门 A 依直线规律关闭时，由全开至全关的有效时间 $T_s=10\text{s}$。设阀门 A 由初始开度 τ_0 依直线规律关至终了开度 $\tau_c=0.3$：

（1）试分析阀门关闭终了前的水锤类型，并计算阀门断面 A 的最大水锤压强。

（2）试分析并图示说明关闭终了后的水锤现象。

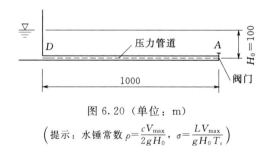

图 6.20（单位：m）

$$\left(\text{提示：水锤常数 } \rho=\frac{cV_{max}}{2gH_0},\ \sigma=\frac{LV_{max}}{gH_0T_s}\right)$$

参 考 文 献

[1] 刘启钊，胡明. 水电站 [M]. 北京：中国水利水电出版社，2010.
[2] 王世泽. 水电站建筑物 [M]. 北京：水利电力出版社，1987.
[3] 王树人，董毓新. 水电站建筑物 [M]. 北京：清华大学出版社，1984.
[4] 李仲奎，马吉明，张明. 水力发电建筑物 [M]. 北京：清华大学出版社，2007.
[5] 金钟元，伏义淑. 水电站 [M]. 北京：中国水利水电出版社，1994.
[6] 丁浩. 水电站有压引水系统非恒定流 [M]. 北京：水利电力出版社，1991.

第7章 调 压 室

7.1 调压室的功用、要求及其设置条件

7.1.1 调压室的功用[1-5]

为了减小水锤压力，常在有压引水隧洞（或水管）与压力管道衔接处建造调压室，如图7.1所示。调压室利用扩大的断面和自由水面反射水锤波，将有压引水系统分成两段：上游段为有压引水隧洞，调压室使隧洞基本上避免了水锤压力的影响；下游段为压力管道，由于其长度缩短了，从而降低了压力管道中的水锤压力值，改善了机组的运行条件。

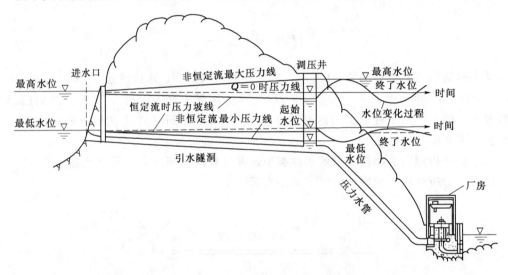

图7.1 压力引水隧洞中的压力坡线和调压室中的水位波动线

根据上面的分析，调压室的功用可归纳为以下三点：

（1）反射水锤波。基本上避免（或减小）压力管道中的水锤波进入有压引水道。

（2）缩短压力管道的长度。从而减小压力管道及厂房过流部分中的水锤压力。

（3）改善机组在负荷变化时的运行条件及系统供电质量。

按照人们的习惯，调压室的大部分或全部设置在地面以上的称为调压塔，如黑龙江省的镜泊湖水电站的调压塔；调压室大部分埋在地面之下者，则称为调压井，如官厅水电站、乌溪江水电站等的调压井。

7.1.2 调压室的基本要求

根据调压室的功用，调压室应满足以下基本要求：

（1）调压室的位置应尽量靠近厂房，以缩短压力管道的长度。

（2）能较充分地反射压力管道传来的水锤波。调压室对水锤波的反射越充分，越能减

小压力管道和引水道中的水锤压力。

（3）调压室的工作必须是稳定的，在负荷变化时，引水道及调压室水体的波动应该迅速衰减，达到新的恒定状态。

（4）正常运行时，水头损失要小。为此调压室底部和压力管道连接处应具有较小的断面积，以减小水流通过调压室底部的水头损失。

（5）工程安全可靠，施工简单方便，造价经济合理。

上述各项要求之间会存在一定程度的矛盾，所以必须根据具体情况统筹考虑各项要求，进行全面的分析比较，审慎地选择调压室的位置、型式及轮廓尺寸。

7.1.3 调压室的设置条件

如前所述，在有压引水系统中设置调压室后，一方面使有压引水道基本上避免了水锤压力的影响，减小了压力管道中水锤压力，改善了机组运行条件，从而减少了它们的造价；但另一方面却增加了设置调压室的造价，所以是否需要设置调压室应进行方案的技术经济比较来决定。我国《水电站调压室设计规范》（NB/T 35021—2014）建议以式（7.1）作为初步判别是否需要设置上游调压室的近似准则

$$T_{\omega} = \sum LV / gH \tag{7.1}$$

式中：L 为压力水道长度，m（包括蜗壳及尾水管）；V 为压力水道中的平均流速，m/s；g 为重力加速度，9.81m/s^2；H 为设计水头，m；T_{ω} 为压力水道的惯性时间常数，s。

当 $T_{\omega} < 2 \sim 4 \text{s}$，可不设调压室。

对于在电力系统单独运行或机组容量在电力系统中所占比重超过 50% 的电站，T_{ω} 宜用小值；对比重小于 10% ~ 20% 的电站，可取大值。

计算 T_{ω} 时，采用的流量与水头应为相互对应值，即采用最大流量时，应用与之相对应的额定水头；若采用最小水头，应用与之相对应的流量。

在有压尾水道中，为了避免水轮机停机时连续水流的间断，不设尾水调压室的尾水道的临界长度可按下式初步确定：

$$L_{\omega} = \frac{5 T_s}{V} \left(8 - \frac{\nabla}{900} - \frac{V_d^2}{2g} - H_s \right) \tag{7.2}$$

式中：L_{ω} 为压力尾水道的长度，m；T_s 为水轮机导叶关闭时间，s；V 为恒定运行时尾水道中之流速，m/s；V_d 为尾水管进口流速，m/s；∇ 为水轮机安装高程，m；H_s 为水轮机吸出高度，m。

最终通过调节保证计算，机组丢弃全负荷后尾水管进口的最大真空度不宜大于 $8 \text{m H}_2\text{O}$。

7.2 调压室的工作原理和基本方程

7.2.1 调压室的工作原理[1-5]

水电站在运行时负荷会经常发生变化。负荷变化时，机组就需要相应地改变引用流量，从而在引水系统中引起非恒定流现象。压力管道中的非恒定流现象（即水锤现象）在第 6 章中已经加以讨论。引用流量的变化，在"引水道-调压室"系统中亦将引起非恒定

流现象，这正是本节要加以讨论的。

在如图 7.1 所示的"引水道-调压室"系统中，当水电站以某一固定出力运行时，水轮机引用的流量 Q_0 亦保持不变，因此通过整个引水系统的流量均为 Q_0，调压室的稳定水位比上游水位低 h_{w0}，h_{w0} 为 Q_0 通过引水道时所造成的水头损失。

当电站丢弃全负荷时，水轮机的流量由 Q_0 变为零，压力管道中发生水锤现象。压力管道的水流经过一个短暂的时间后就停止流动。此时，引水道中的水流由于惯性作用仍继续流向调压室，引起调压室水位升高，使引水道始末两端的水位差随之减小，因而其中的流速也逐渐减慢。当调压室的水位达到水库水位时，引水道始末两端的水位差等于零但其中水流由于惯性作用仍继续流向调压室，使调速室水位继续升高直至引水道中的流速等于零为止，此时调压室水位达到最高点。因为这时调压室的水位高于水库水位，在引水道的始末又形成了新的水位差，所以水又向水库流去，即形成了相反方向的流动，调压室中水位开始下降。当调压室中水位达到库水位时。引水道始末两端的压力差又等于零，但这时流速不等于零，由于惯性作用，水位继续下降，直至引水道流速成到零为止，此时调压室水位降低到最低点。此后引水道中的水流又开始流向调压室，调压室水位又开始回升。这样，引水道和调压室中的水体往复波动。由于摩阻的存在，运动水体的能量被逐渐消耗。因此，波动逐渐衰减，最后全部能量被消耗掉，调压室水位稳定在水库水位。调压室水位波动过程如图 7.1 中右上方的一条水位变化过程线，当水电站增加负荷时，水轮机引用流量加大，引水道中的水流出于惯性作用，尚不能立即满足负荷变化的需要，调压室需首先放出一部分水量。从而引起调压室水位下降，这样室库间形成新的水位差，使引水道的水流加速流向调压室。当调压室中水位达到最低点时，引水道的流量等于水轮机的流量。但因室库间水位差较大，隧洞流量继续增加，并超过水轮机的需要，因而调压室水位又开始回升，达最高点后又开始下降，这样就形成了调压室水位的上下波动。由于能量的消耗，波动逐渐衰减，最后稳定在一个新的水位。此水位与库水位之差为引水道通过水轮机引用流量的水头损失。水位变化过程如图 7.1 中右下方的一条水位变化过程线。

从以上的讨论可知，"引水道-调压室"系统非恒定流的特点是大量水体的往复运动，其周期较长，伴随着水体运动有不大的和较为缓慢的压力变化。这些特点与水锤不同。在一般情况下，当调压室水位达到最高或最低点之前，水锤压力早已大大衰减甚至消失。两者的最大值不会同时出现，因此在初步估算时可将两者分开计算，取其大者。但在有些情况下，如调压室底部的压力变化较快（如阻抗式或差动式调压室）或水轮机的调节时间较长（如设有减压阀或折流板等），这时水锤压力虽小，但延续时间长，则需进行调压室波动和水锤的联合计算，或将两者的过程线分别求出，按时间叠加，求出各点的最大压力。

在增加负荷或丢弃部分负荷后，电站继续运行。调压室水位的变化影响发电水头的大小，调速器为了维持恒定的出力，随调压室水位的升高和降低，将相应地减小和增大水轮机流量，这进一步激发调压室水位的变化。调压室的水位波动，可能有两种情况：一种是逐步衰减的，波动的振幅随时间而减小；另一种是波动的振幅不衰减甚至随时间而增大，成为不稳定的波动，产生这种现象的调压室其工作是不稳定的，在设计调压室时应予以避免。

研究调压室水位波动的目的主要是：

（1）求出调压室中可能出现的最高和最低涌波水位及其变化过程，从而决定调压室的高度和引水道的设计内水压力及布置高程。

（2）根据波动稳定的要求，确定调压室所需的最小断面积。

7.2.2 调压室的基本方程[1-5]

图 7.2 为一具有调压室的有压引水系统示意图。当水轮机引用流量 Q 固定不变时，隧洞中的水流为恒定流，通过隧洞的流量即为水轮机引用流量，此时隧洞中的流速 V 和调压室中的水位 Z 均为固定的常数。

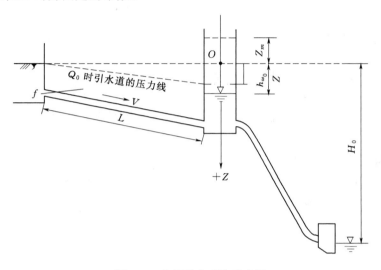

图 7.2　有压引水系统示意图

当水轮机引用流量 Q 发生变化时、调压室中水位及隧洞中流速均将发生变化，引水道中的流速 V 和调压室的水位 Z 均为时间 t 的函数。

根据水流连续性定律，水轮机在任何时刻所需要的流量 Q 系由两部分组成：来自引水道的流量 fV 和调压室流出的流量 $F\dfrac{\mathrm{d}Z}{\mathrm{d}t}$，此处 F 为调压室的断面积，$\dfrac{\mathrm{d}Z}{\mathrm{d}t}$ 为调压室水位下降速度。由此得水流的连续性方程：

$$Q = Vf + F\frac{\mathrm{d}Z}{\mathrm{d}t} \tag{7.3}$$

式中：Z 以水库水位为基准，向下为正。

在引水道内为非恒定流的情况下，如果不考虑引水道和水的弹性变形及调压室中的水体惯性，设 h_ω 为引水道中通过流量 Q 时的水头损失，Z 为调压室中瞬时水位与静水位的差值，根据牛顿第二定律，引水道中水体质量与其加速度的乘积等于该水体所受的力，即

$$Lf\,\frac{\gamma}{g}\frac{\mathrm{d}V}{\mathrm{d}t} = f\gamma(Z - h_\omega)$$

由此得出水流的动力方程：

$$Z = h_\omega + \frac{L}{g}\frac{\mathrm{d}V}{\mathrm{d}t} \tag{7.4}$$

调压室的微小水位波动将引起水轮机水头的变化，从而引起水轮机出力的变化，而机

组的负荷不变，因此调速器必须随着水头的变化相应地改变水轮机的流量，以适应负荷不变的要求。如调压室水位发生一微小变化 x，调速器使水轮机的流量相应地改变一微小数值 q，此时压力管道的水头损失为 $h_{\omega m}$，由此得等式：

$$\gamma Q(H_0 - h_{\omega_0} - h_{\omega m_0})\eta_0 = \gamma(Q_0 + q)(H_0 - h_{\omega_0} - x - h_{\omega m})\eta$$

当水轮机的水头和流量变化不大时，可近似地假定效率 η 保持不变，即 $\eta = \eta_0$，由此得等出力方程：

$$Q(H_0 - h_{\omega_0} - h_{\omega m_0}) = (Q_0 + q)(H_0 - h_{\omega_0} - x - h_{\omega m}) \tag{7.5}$$

式中：$h_{\omega m_0}$ 为压力管道通过流量 Q_0 时的水头损失值；h_{ω_0} 为引水道通过流量 Q_0 时的水头损失值。

式（7.3）～式（7.5）是进行调压室水力计算的基本方程式。

7.3 调压室的布置方式及结构型式

7.3.1 调压室的基本布置方式[1-3]

根据水电站不同的条件和要求，调压室可以布置在厂房的上游或下游，有些情况在厂房的上下游都需要设置调压室而成双调压室系统。调压室在引水系统中的布置有以下四种基本方式。

7.3.1.1 上游调压室（引水调压室）

调压室在厂房上游的有压引水道上，如图 7.2 所示，它适用于厂房上游有压引水道比较长的情况下，这种布置方式应用最广泛，后面还要较详细地讨论。

7.3.1.2 下游调压室（尾水调压室）

当厂房下游具有较长的有压尾水隧洞时，需要设置下游调压室以减小水锤压力，如图 7.3 (a) 所示，特别是防止丢弃负荷时产生过大的负水锤，因此尾水调压室应尽可能地靠近水轮机。

尾水调压室是随着地下水电站的发展而发展起来的，均在岩石中开挖而成，其结构型式，除了满足运行要求外，通常还决定于施工条件。

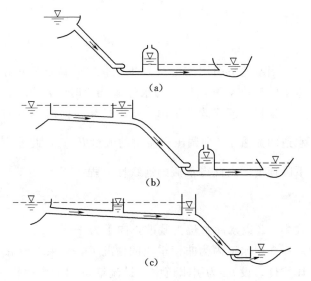

图 7.3 调压室的几种布置型式
（a）尾水调压室；（b）上下游双调压室系统；
（c）上游双调压室系统

尾水调压室的水位变化过程，正好与引水调压室相反。当丢弃负荷时，水轮机流量减小，调压室需要向尾水隧洞补充水量，因此水位首先下降，达到最低点后再开始回升；在增加负荷时，尾水调压室水位首先开始上升，达最高点后再开始下降。在电站正常远行时，调压室的稳定水位高于下游水位，其差值等于尾水隧洞中的水头损失。尾水调压室的水力计算基本原理及公式与上游调压室相同，应用时要注意符号的方向。

7.3.1.3　上下游双调压室系统

在有些地下式水电站中，厂房的上下游都有比较长的有压输水道，为了减小水锤压力，改善电站的运行条件，在厂房的上下游均设置调压室而成双调压室系统，如图 7.3 （b）所示。当负荷变化水轮机的流量随之发生变化时，两个调压室的水位都将发生变化，而任一个调压室的水位的变化，将引起水轮机流量新的改变，从而影响到另一个调压室的水位的变化，因此两个调压室的水位变化是相互制约的，使整个引水系统的水力现象大为复杂，当引水隧洞的特性和尾水隧洞接近时，可能发生共振。因此设计上下游双调压室时，不能只限于推求波动的第一振幅，而应该求出波动的全过程，研究波动的衰退情况，但在全弃负荷时，上下游调压室互不影响，可分别求其最高和最低水位。

7.3.1.4　上游双调压室系统

在上游较长的有压引水道中，有时设置两个调压室，如图 7.3 （c）所示。靠近厂房的调压室对于反射水锤波起主要作用，称为主调压室；靠近上游的调压室用以反射越过主调压室的水锤波，改善引水道的工作条件，帮助主调压室衰减引水系统的波动，因此称之为辅助调压室。辅助调压室越接近主调压室，所起的作用越大，反之，越向上游其作用越小。引水系统波动衰减由两个调压室共同担当，增加一个调压室的断面，可以减小另一个调压室的断面，但两个调压室所需要的断面之和大于只设置一个调压室时所需的断面。当引水道中有施工竖井可以利用时，采用双调压室方案可能是经济的；有时因电站扩建，原调压室容积不够而增设辅助调压室；有时因结构、地质等原因，设置辅助调压室以减小主调压室的尺寸。

上游双调压室系统的波动是非常复杂的，相互制约和诱发的作用很大，整个波动并不呈简单的正弦曲线，因此，应合理选择两个调压室的位置和断面，使引水系统的波动能较快地衰减。

7.3.2　调压室的基本结构型式[1-8]

对不同的水电站，由于其调压室的布置条件和功能要求等均有所不同，因此往往需要采用不同的调压室结构布置型式。目前，在实际工程中较为常用的调压室有以下几种基本结构型式，如图 7.4 所示。

7.3.2.1　简单式调压室

如图 7.4 （a）、图 7.4 （b）所示，简单式调压室包括无连接管与有连接管两种型式，连接管的断面面积应不小于调压室处压力水道断面面积，简单式调压室的特点是结构型式简单，反射水锤波的效果好，但在正常运行时隧洞与调压室的连接处水头损失较大，当流量变化时调压室中水位波动的振幅较大，衰减较慢，所需调压室的容积较大，因此一般多用于低水头或小流量的水电站。

7.3.2.2　阻抗式调压室

将简单式调压室的底部，用断面较小的短管或孔口与隧洞和压力管道连接起来，即为阻抗式调压室，如图 7.4 （c）、图 7.4 （d）所示。由于进出调压室的水流在阻抗孔口处消

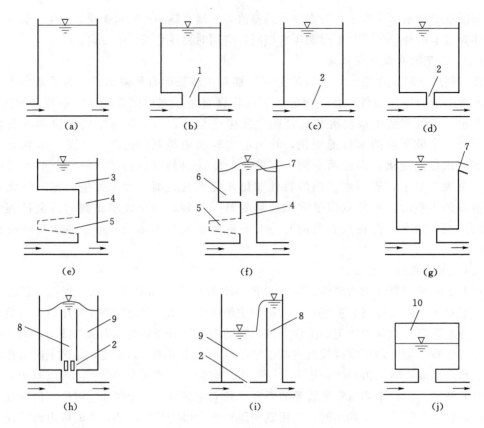

图 7.4 调压室的基本结构型式

1—连接管；2—阻抗孔；3—上室；4—竖井；5—下室；6—储水室；7—溢流堰；
8—升管；9—大室；10—压缩空气

耗了一部分能量，所以水位波动振幅减小，衰减加快了，因而所需调压室的体积小于简单式，正常运行时水头损失小。但由于阻抗的存在，水锤波不能完全反射，隧洞中可能受到水锤的影响，设计时必须选择合适的阻抗。

7.3.2.3 水室式调压室

水室式调压室由竖井和上室、下室共同或分别组成 [图 7.4 (e)、图 7.4 (f)]；水室式调压室的上室供丢弃负荷时储水用，下室供增加负荷时补给水量用。当丢弃负荷时，竖井中水位迅速上升，一旦进入断面较大的上室，水位上升的速度便立即缓慢下来；增加负荷时水位迅速下降至下室，并由下室补充不足的水量，因而限制了水位的下降。由于丢弃负荷时涌入上室中水体的重心较高，而增加负荷时由下室流出的水体重心较低，故同样的能量，可存储于较小的容积之中，所以这种调压室的容积比较小，适用于水头较高和水库工作深度较大的水电站。

7.3.2.4 溢流式调压室

溢流式调压室的顶部有溢流堰，如图 7.4 (g) 所示。当丢弃负荷时，水位开始迅速上升，达到溢流堰顶后开始溢流，限制了水位的进一步升高。有利于机组的稳定运行，溢出的水量可以设上室加以储存，也可排至下游。

7.3.2.5 差动式调压室

如图 7.4 (h)、图 7.4 (i) 所示，差动式调压室由两个直径不同的圆筒组成，中间的圆筒直径较小，上有溢流口，通常称为升管，其底部以阻力孔口与外面的大井相通，它综合地吸取了阻抗式和溢流式调压室的优点，但结构较复杂。

7.3.2.6 气垫式调压室

如图 7.4 (j) 所示，气垫式调压室自由水面之上的密闭空间中充满高压空气，利用调压室中空气的压缩和膨胀，来减小调压室水位的涨落幅度。此种调压室可靠近厂房布置，但需要较大的稳定断面，还需配置压缩空气机，定期向气室补气，增加了运行费用。在表层地质地形条件不适于做常规调压室或通气竖井较长，造价较高的情况下，气垫调压室是一种可供考虑选择的型式，多用于高水头、地质条件好、深埋于地下的水道。典型布置如图 7.5 所示。

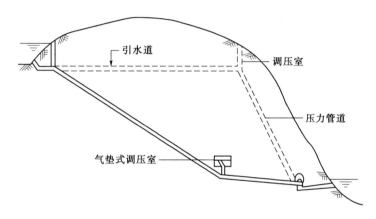

图 7.5 气垫式调压室与常规调压室比较图

有时，还可根据水电站的具体条件和要求，将不同型式调压室的特点组合在一个调压室中，形成组合式调压室。

7.4 调压室水位波动的解析计算

调压室水位波动计算常用的方法有解析法和逐步积分法。解析法较简便，可直接求出最高和最低水位，但不能求出波动的全过程，常用以初步决定调压室的尺寸。逐步积分法是通过逐步计算以求出最高和最低水位，其最大的优点是可以求出波动的全过程和求解较复杂的问题。逐步积分法可分为图解法和数值计算（列表法）法，两者原理相同。图解法简便、醒目，数值计算法较精确。逐步积分法一般用于后期的设计阶段。近年来随着电子计算机的发展，在工程设计中已越来越多地采用数值解法，以同时解决调压井涌波、水锤压力及机组速率上升的复杂计算，特别是研究各参数的影响时，数值算法更为优越。下面主要介绍简单式和阻抗式调压室的水位波动计算解析法。

7.4.1 丢弃全负荷情况[1-5]

当丢弃负荷后，水轮机的流量 $Q=0$，连续性方程式（7.3）变为

$$fV + F\frac{dZ}{dt} = 0 \tag{7.6}$$

在水流进出调压室时，如考虑由于转弯、收缩和扩散引起的阻抗孔口水头损失 K，则动力方程式（7.4）变为

$$Z = h_\omega + K + \frac{L}{g}\frac{dV}{dt} \tag{7.7}$$

式中：$h_\omega = \alpha V^2 = h_{\omega_0}\left(\frac{V}{V_0}\right)^2$，其中，$\alpha$ 为水头损失系数（为一常数）。$K = K_0\left(\frac{Q}{Q_0}\right)^2 = K_0\left(\frac{V}{V_0}\right)^2$，其中 h_{ω_0} 和 K_0 分别为流量 Q_0 流过引水道和进出调压室所引起的水头损失。

令 $y = \frac{V}{V_0}$，$V = yV_0$，$dV = V_0 dy$，将以上关系代入式（7.7），两边除以 h_{ω_0}，并令 $\eta = \frac{K_0}{h_{\omega_0}}$，则得

$$\frac{Z}{h_{\omega_0}} = (1+\eta)y^2 + \frac{LV_0}{gh_{\omega_0}}\frac{dy}{dt} \tag{7.8}$$

将 $V = yV_0$ 代入式（7.7），并和式（7.8）消去 dt，得

$$\frac{Z}{h_{\omega_0}} = (1+\eta)y^2 - S\frac{d(y^2)}{dZ} \tag{7.9}$$

$$S = \frac{LfV_0^2}{2gFh_{\omega_0}}$$

$$\frac{d(y^2)}{dZ} = 2y\frac{dy}{dZ}$$

再令 $X = \frac{Z}{S}$，$X_0 = \frac{h_{\omega_0}}{S}$，即 $Z = SX$，$dZ = SdX$，代入上式，得

$$\frac{X}{X_0} = (1+\eta)y^2 - \frac{d(y^2)}{dX} \tag{7.10}$$

系数 S 具有长度因次，用以表示"引水道-调压室"系统的特性。X 和 X_0 均为无因次的比值。

式（7.10）为变数 X 和 y^2 的一阶线性微分方程式，积分后得

$$y^2 = \frac{(1+\eta)X_0 + 1}{(1+\eta)^2 X_0} + Ce^{(1+\eta)X}$$

积分常数 C 可由起始条件决定。波动开始时，$t = 0$，$V = V_0$，即 $y = 1$，$Z = h_{\omega_0}$，$X = X_0$，得

$$C = \frac{\eta(1+\eta)X_0 - 1}{(1+\eta)^2 X_0}e^{-(1+\eta)X_0}$$

故式（7.10）的最后解答为

$$y^2 = \frac{(1+\eta)X + 1}{(1+\eta)^2 X_0} + \frac{\eta(1+\eta)X_0 - 1}{(1+\eta)^2 X_0}e^{-(1+\eta)(X_0 - X)} \tag{7.11}$$

对于调压室的任何水位（用 X 表示），可用上式算出与之对应的引水道的流速 $V = V_0 y$，也可以进行相反的计算，但不能求出流速 V 与水位 X 对于时间 t 的关系，因此，不

能求出水位波动过程。

7.4.1.1 最高水位的计算

欲求波动的最高水位 Z_m，只需求出 $X_m = \dfrac{Z_m}{S}$ 即可。在水位达到最高时，$V=0$，即 $y=0$，代入式（7.11）得

$$1+(1+\eta)X_m = [1-(1+\eta)\eta X_0]e^{-(1+\eta)(X_0-X_m)}$$

两边取对数得

$$\ln[1+(1+\eta)X_m]-(1+\eta)X_m = \ln[1-(1+\eta)\eta X_0]-(1+\eta)X_0 \qquad (7.12)$$

式中，X_m 的符号在静水位以上为负，在静水位以下为正。

式（7.12）适用于阻抗式调压室。对于简单式调压室，附加阻抗可以忽略不计，即 $\eta=0$，则式（7.12）变为

$$\ln[1+X_m]-X_m = -X_0 \qquad (7.13)$$

如流量不是减小至零，则不能应用上列公式，只好应用逐步积分法求解。

Z_m 值亦可由图 7.6 中曲线 A，根据 X_0 查出 X_m，算出 Z_m。

有压引水道的水头损失对调压室的最大涌波值影响较大。例如，对设有简单调压室的水电站，当机组丢弃全部负荷时，考虑与不考虑引水道水头损失的调压室水位最大升高值为 Z_m 与 Z_0，其比值 Z_m/Z_0 与引水道长度的关系曲线如图 7.7 所示。随引水道长度的增大，比值 Z_m/Z_0 开始迅速降低，随后则渐趋平缓：例如，引水道长 1km 时，Z_m/Z_0 减小 13%，当引水道长 20km 时，则减小 25%。

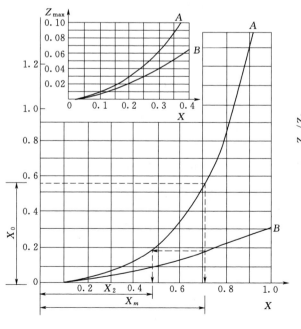

图 7.6　简单式调压室丢弃负荷最大振幅计算图

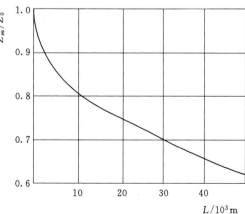

图 7.7　Z_m/Z_0 与引水道长度的关系曲线

7.4.1.2 波动第二振幅的计算

全弃负荷后，调压室水位先升至最高水位 Z_m，然而又下降至最低水位 Z_2，Z_2 称为第二振幅。进行第二振幅的计算，是为了保证调压室水位不致陷入隧洞中，以免带入空气。这时水由调压室流出，故 h_ω 和 K 的符号与前相反，用相同的方法加以处理后得

$$(1+\eta)X_m+\ln[1-(1+\eta)X_m]=(1+\eta)X_2+\ln[1-(1+\eta)X_2] \tag{7.14}$$

如 $\eta=0$，则

$$X_m+\ln(1-X_m)=X_2+\ln(1-X_2) \tag{7.15}$$

求出 X_m，随即可求出第二振幅的 $X_2=\dfrac{Z_2}{S}$。

在应用式 (7.14) 和式 (7.15) 时，要特别注意 X_m 和 X_2 的符号，前者为负，后者为正。X_2 值也可从图 7.6 中曲线 A、B 求得。

7.4.2 增加负荷情况

当突然增加负荷时，波动微分方程式不能像丢弃全负荷那样进行积分，只能做某些假定求出近似解。

当水电站的流量由 mQ_0 增至 Q_0 时，若阻抗 $\eta=0$，规范建议按下面近似公式求解最低涌动波水位 $Z_{\min}$：

$$\frac{Z_{\min}}{h_{\omega_0}}=1+(\sqrt{\varepsilon}-0.275\sqrt{m}+0.025X_0-0.9)(1-m)\left(1-\frac{m}{\varepsilon^{0.62}}\right) \tag{7.16}$$

式中 $\varepsilon=\dfrac{LfV_0^2}{gFh_{\omega_0}^2}$，为无因次系数，表示"引水道-调压室"系统的特性，与前面的 S 相比，$\varepsilon=\dfrac{2S}{h_{\omega_0}}=\dfrac{2}{X_0}$，式 (7.16) 可绘出曲线，如图 7.8 所示。

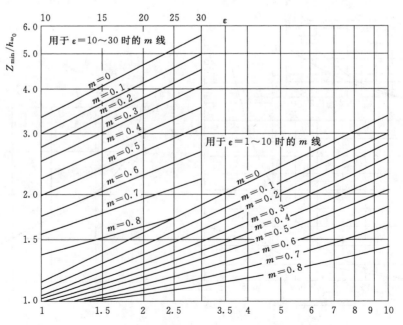

图 7.8 简单式调压室增加负荷最低振幅计算图

7.5 "引水道-调压室"系统的工作稳定性

7.5.1 调压室水位波动的工作稳定性[1-5]

水电站有压引水系统设置调压室后，非恒定流的形态发生了变化，在"引水道-调压室"系统中出现了与水锤波的性质完全不相同的波动，同时也出现了"引水道-调压室"系统的波动稳定问题，简称为"调压室的稳定问题"。

在水电站正常运行时，调压室水位因种种原因发生变化，影响着水轮机的水头（即水轮机的水头发生变化），但电力系统要求出力保持固定，调速器为了保持出力不变。必须相应地改变水轮机的流量，而水轮机流量的改变，又反过来激发调压室的波动。如调压室水位下降，水轮机的水头减小，为了保持出力不变，调速器自动地加大了导水叶的开度，使水轮机引用流量增大，但流量的增加，又激发起调压室水位新的下降，这种互相激发的作用，可能使调压室的波动逐渐增大，而不是逐渐衰减。因此，调压室的波动可能有两种：一种是动力不稳定的，这种波动的振幅随着时间逐渐增大；另一种是动力稳定的，波动的振幅最后趋近于一个常数，成为一个持续的稳定周期波动，它的一个极限情况是波动的振幅最后趋近于零，而成为一个衰减的波动。在设计调压室时，只一般地要求波动稳定是不够的，必须要求波动是衰减的。

调压室波动的不稳定现象，首先发现于德国汉堡水电站，促使托马进行研究，提出了著名的调压室波动的衰减条件。它的一个重要假定是波动的振幅是无限小的，即调压室的波动是线性的。因此，托马条件不能直接应用于大波动。

7.5.1.1 小波动稳定断面的计算公式

如调压室水位发生一微小变化 x，调速器使水轮机相应地改变一微小的流量 q。压力水管的水头损失与流量的平方成正比，当流量为 $Q_0 + q$ 时，若略去高次微量 $\left(\dfrac{q}{Q}\right)^2$，则压力水管的水头损失

$$h_{\omega m} = h_{\omega m_0}\left(\frac{Q_0 + q}{Q_0}\right)^2 = h_{\omega m_0}\left(1 + 2\frac{q}{Q_0}\right) \tag{7.17}$$

代入式（7.5），并略去微量 x 和 q 的乘积和二次项，化简后得

$$q = \frac{Q_0 x}{H_0 - h_{\omega_0} - 3h_{\omega m_0}} = \frac{Q_0 x}{H_1} \tag{7.18}$$

式中：$H_1 = H_0 - h_{\omega_0} - 3h_{\omega m_0}$。

当引用流量由 Q_0 变为 $Q_0 + q$ 时，引水道流速由 V_0 变为 $V_0 + y$，y 为流速的微增量，式（7.3）变为

$$Q_0 + q = f(V_0 + y) + F\frac{dZ}{dt} \tag{7.19}$$

因水位变化 x 是以电站正常运行时的稳定水位为基点，故 $Z = h_{\omega_0} + x$，$\dfrac{dZ}{dt} = \dfrac{dx}{dt}$，同时 $Q_0 = fV_0$，故上式可简化为

$$q = fy + F\frac{dx}{dt} = \frac{Q_0 x}{H_1} \tag{7.20}$$

由此得

$$
\left.\begin{aligned}
y &= \frac{Q_0 x}{f H_1} - \frac{F}{f}\frac{dx}{dt} = \frac{V_0 x}{H_1} - \frac{F}{f}\frac{dx}{dt} \\
\frac{dy}{dt} &= \frac{V_0}{H_1}\frac{dx}{dt} - \frac{F}{f}\frac{d^2 x}{dt^2}
\end{aligned}\right\}
\tag{7.21}
$$

当流速 $V = V_0 + y$ 时，若略去微量 y 的平方项，则引水道的水头损失为

$$
h_w = \alpha(V_0 + y) \approx \alpha V_0^2 + 2\alpha V_0 y = h_{w_0} + 2\alpha V_0 y
\tag{7.22}
$$

又

$$
\frac{dV}{dt} = \frac{d(V_0 + y)}{dt} = \frac{dy}{dt}
\tag{7.23}
$$

将 h_w、$\dfrac{dV}{dt}$ 和 $Z = h_{w0} + x$ 代入式（7.4），化简后得

$$
x = 2\alpha V_0 y + \frac{L}{g}\frac{dy}{dt}
$$

将式（7.21）中的 y 和 $\dfrac{dy}{dt}$ 值代入上式，得 "引水道-调压室" 系统在无限小扰动下的运动微分方程式，其形式为

$$
\frac{d^2 x}{dt^2} + 2n\frac{dx}{dt} + P^2 x = 0
\tag{7.24}
$$

式中

$$
\left.\begin{aligned}
n &= \frac{V_0}{2}\left(\frac{2\alpha g}{L} - \frac{f}{F H_1}\right) \\
P^2 &= \frac{g f}{L F}\left(1 - \frac{2 h_{w_0}}{H_1}\right)
\end{aligned}\right\}
\tag{7.25}
$$

运动微分方程式（7.24）代表一个有阻尼的自由振动，其阻尼项可能是正值也可能是负值。如阻尼为零，即 $n = 0$，则波动永不衰减，成为持续的周期性波动。这时如不计水头损失，丢弃全负荷后的波动振幅 Z_* 和周期 T 分别为

$$
Z_* = V_0\sqrt{\frac{L f}{g F}}
\tag{7.26}
$$

$$
T = 2\pi\sqrt{\frac{L f}{g f}}
\tag{7.27}
$$

实际上阻尼总是存在的，用式（7.26）求出的振幅一般无实用价值，但研究指出，阻尼对波动周期 T 的影响很小，因而，式（7.27）却常得到应用。例如，用逐步积分法进行水位波动计算时，就可先用式（7.26）估算波动的周期，以便选择 Δt。

假定方程式（7.24）的解为 $x = e^{\lambda t}$，代入式（7.24）得

$$
\lambda^2 + 2n\lambda + P^2 = 0
\tag{7.28}
$$

此即式（7.24）的特征方程，其根

$$
\lambda_1 = -n + \sqrt{n^2 - P^2}
$$

$$
\lambda_2 = -n - \sqrt{n^2 - P^2}
$$

有以下三种情况：

（1）$n^2 < P^2$，则 λ 具有两个复根：

$$\lambda_1 = -n + i\sqrt{P^2 - n^2}$$

$$\lambda_2 = -n - i\sqrt{P^2 - n^2}$$

以此代入 $x = e^{\lambda t}$，方程式（7.24）的两个特解为

$$x_1 = \frac{C_1}{2}(e^{\lambda_1 t} + e^{\lambda_2 t}) = C_1 e^{-nt}\cos\sqrt{P^2 - n^2}\, t$$

$$x_2 = \frac{C_2}{2i}(e^{\lambda_1 t} - e^{\lambda_2 t}) = C_2 e^{-nt}\sin\sqrt{P^2 - n^2}\, t$$

故式（7.24）的通解

$$x = e^{-nt}(C_1\cos\sqrt{P^2 - n^2}\, t + C_2\sin\sqrt{P^2 - n^2}\, t) = x_0 e^{-nt}\cos(\sqrt{P^2 - n^2}\, t - \theta) \quad (7.29)$$

因此，调压室水位变化为一周期性波动，从式（7.29）不难看出：

若 $n > 0$，因子 e^{-nt} 随时间减小，波动是衰减的。

若 $n < 0$，波动随时间增强，因此是不稳定的（扩散的）。

若 $n = 0$，系统的阻尼为零，式（7.29）为一余弦曲线，即为一持续的稳定周期波动，永不衰减。

由以上讨论可知，式（7.29）所代表的波动发生衰减的必要条件为 $n > 0$，这一条件显然也是充分的，因为式（7.29）是在 $n^2 < P^2$ 的条件下得出的。

（2）$n^2 = P^2$，式（7.24）的通解为

$$x = e^{-nt}(C_1 t + C_2)$$

波动是非周期性的，衰减的条件为 $n > 0$。

（3）$n^2 > P^2$，即当阻尼很大时，式（7.28）的两个根全为实根，代入 $x = e^{\lambda t}$ 得式（7.24）的通解为

$$x = C_1 e^{\lambda_1 t} + C_2 e^{\lambda_2 t}$$

解中无周期性因子，故波动是非周期的，衰减条件是 $\lambda_1 < 0$ 和 $\lambda_2 < 0$，即 $n > 0$ 和 $P^2 > 0$。

通过以上讨论可知，为了使"引水道–调压室"系统的波动在任何情况下都是衰减的，其必要和充分条件是 $n > 0$ 和 $P^2 > 0$。

根据 $n > 0$ 得

$$F > \frac{Lf}{2\alpha g H_1} \quad (7.30)$$

式（7.30）指出，波动衰减的条件之一是调压室的断面积必须大于某一数值，令

$$F_k = \frac{Lf}{2\alpha g H_1} \quad (7.31)$$

F_k 为波动衰减的临界断面，通常称为托马断面。差动式调压室是用大井和升管断面之和来保证的。水室式调压室是用竖井的断面来保证的。由式（7.31）可知，水电站的水头越低要求的调压室断面积越大。

根据 $P^2 > 0$ 得

$$h_{\omega_0} + h_{\omega m_0} < \frac{1}{3}H_0 \quad (7.32)$$

式（7.32）指出，为了保证波动衰减，引水道和压力水管水头损失之和要小于静水头 H_0 的 1/3。由于水头损失过大时极不经济，故此条件一般均可满足。

7.5.1.2 大波动的稳定性

当调压室的水位波动振幅较大时，不能再近似地认为波动是线性的。因此，托马条件不能直接应用在大波动。非线性波动的稳定问题是一个困难问题，目前还没有可供应用的严格的理论解答。解决"引水道-调压室"系统大波动稳定问题的最好方法是逐步积分法，它可以考虑一切必要的因素（如机组效率变化等），求出波动的过程，研究其是否衰减。

研究证明，如小波动的稳定性不能保证，则大波动必然不能衰减。为了保证大波动衰减，调压室的断面必须大于临界断面，并有一定的安全余量，一般乘以 1.05~1.1，目前偏向于采用较小的数字。

7.5.2 影响波动稳定的主要因素[1-5]

在以上推导中，引入了以下基本假定：波动是无限小的；电站单独运行，不受其他电站影响；调速器严格地保持出力为常数；机组的效率保持不变等。这些假定没有一个不是近似的。在设计调压室时，不能满足于简单地运用某一理论，重要的是对各种因素的具体分析。下面分别讨论影响调压室波动稳定的一些主要因素。

7.5.2.1 水电站水头的影响

从式（7.31）可以看出，水电站的水头越小，要求的稳定断面越大。因此，中低水头水电站多采用简单式、差动式或阻抗式调压室；在高水头水电站中，要求的稳定断面较小，常受波动振幅控制，多采用水室式调压室。

调压室的稳定断面应采用水电站在正常运行时可能出现的最低水头进行计算。

7.5.2.2 引水系统中糙率的影响

引水系统的糙率越大，水头损失系数 α 越大，F_k 越小（虽然 H_1 随糙率的增大而减小，有使 F_k 增大的趋势，但其影响远不如 α 显著），为了安全，计算 F_k 时应采用可能的最小糙率。

7.5.2.3 调压室位置的影响

因 $H_1 = H_0 - h_{\omega_0} - 3h_{\omega m_0}$，在引水路线不变的情况下，调压室越靠近厂房，压力水管越短，H_1 值越大，有利于波动的衰减。因此应使调压室尽量靠近厂房。

7.5.2.4 调压室底部流速水头的影响

研究证明，调压室底部的流速水头对波动的衰减起有利的影响，其作用与水头损失相似，但并不减小水电站的有效水头。如图 7.9 所示，若调压室底部的流速 v 与引水道其他部分的流速相同，则在公式（7.31）的 α 系数中应包括流速水头及局部损失的影响：

$$\alpha = \frac{L}{C^2 R} + \frac{1}{2g} + \frac{\sum \xi}{2g}$$

将此 α 值代入式（7.31）中，即可得考虑流速水头后的 F_k 值。

可以看出，引水道的直径越大，长度越短，流速水头的影响越显著，在这种情况下，进口、弯段等局部损失也常占很大的比重，不能忽视。

实际上，调压室底部的水流是极其紊乱的，尤其当调压室水位较低时更为显著，因此，考虑全部流速水头可能是不安全的。若调压室底部和引水道的连接处断面较大（如简

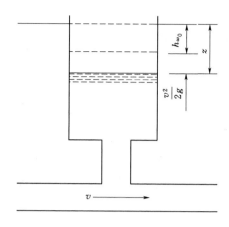

图 7.9 流速水头对调压室水位的影响

单调压室那样），则不应考虑流速水头的影响。

7.5.2.5 水轮机效率的影响

在前面的推导中，假定水轮机的效率 η 为常数，实际上，水轮机的效率随着水头和流量的变化而变化，对于单独运行的水电站，当调速机保持出力为常数时，建议按下式计算 F_k：

$$F_k = \frac{Lf(1+\Delta)}{2\alpha g\left[H - 2h_{\omega m_0}(1+\Delta)\right]} \qquad (7.33)$$

式中：H 为恒定情况下水轮机的净水头；Δ 为水轮机效率变化的无因次系数，其值为 $\Delta = \frac{H}{\eta_0}\frac{\Delta\eta}{\Delta H}$。其中 η_0 为恒定情况下，对应于净水头 H 的机组效率。

根据水轮机综合特性曲线，绘制出力为常数的 $\eta = f(H)$ 关系曲线（图 7.10）。在此曲线上定出水头为 H 时的水轮机效率 η 和 $\frac{\Delta\eta}{\Delta H}$，$\frac{\Delta\eta}{\Delta H}$ 为曲线在该点的斜率。

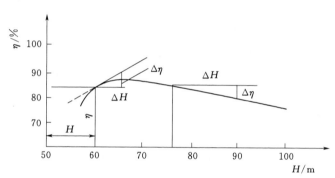

图 7.10 出力为常数时效率与水头的关系曲线

可以看出，在最高效率点左边，$\frac{\Delta\eta}{\Delta H}$ 为正值，而 η 随 H 的增加而增加，对波动的衰减不利；反之，在最高效率点的右边，$\frac{\Delta\eta}{\Delta H}$ 为负值，有利于波动的衰减。

调压室的临界断面 F_k 决定于水电站在最低水头运行之时，即相应于效率曲线的左边，故效率的变化对波动衰减不利。

7.5.2.6 电力系统的影响

水电站一般多参加电力系统运行。对于单独运行的水电站，当调压室的水位发生变化时，出力为常数的要求是由自身的调速器单独来保证的。如水电站参加电力系统运行，当调压室水位发生变化时，由系统中各机组共同保证系统出力为常数，而水电站本身的出力只有较小一些的变化，因此，参加电力系统运行有助于调压室波动的衰减。

托马条件虽有各种近似假定，但目前仍不失为调压室设计的一个重要准则。在设计调压室时应根据具体情况，进行具体分析。

7.6 调压室水力计算条件的选择

调压室的基本尺寸是由水力计算来确定的，水力计算主要包括以下三方面的内容：

(1) 研究"引水道-调压室"系统波动的稳定性，确定所要求的调压室最小断面积。

(2) 计算最高涌波水位，确定调压室顶部高程。

(3) 计算最低涌波水位，确定调压室底部和压力水管进口的高程。

进行水力计算之前，需先确定水力计算的条件。调压室的水力计算条件，除去水力条件之外，还应考虑到配电及输电的条件。在各种情况中，应从安全出发，选择可能出现的最不利的情况作为计算的条件。现讨论如下。

7.6.1 波动的稳动性计算[1-8]

调压室的临界断面，应按水电站在正常运行中可能出现的最小水头计算。上游水库的最低水位一般为死水位，但如电站有初期发电和战备发电的任务，这种特殊最低水位也应加以考虑。

引水系统的糙率是无法精确预测的，只能根据一般的经验选择一个变化范围、根据不同的设计情况，选择偏于安全的数值。计算调压室的临界断面时，引水道应选用可能的最小糙率，压力管道应选用可能的最大糙率。

流速水头、水轮机的效率和电力系统等因素的影响，一般只有在充分论证的基础上才加以考虑。

7.6.2 最高涌波水位的计算[1-8]

水库水位为正常蓄水位，共用同一调压室的（以下简称共调压室）全部机组（n 台）最大引用流量满载运行，同时丢弃全部负荷，导叶紧急关闭，作为设计工况。

水库水位为最高发电水位，全部机组同时丢弃全部负荷，相应工况做校核。

以可能出现的涌波叠加不利组合工况复核最高涌波。例如，共调压室 $n-1$ 台机组满负荷运行，最后 1 台机组从空载 Q_{zz} 增至满负荷 Q_{max}，在流入调压室流量最大时，全部机组丢弃负荷，导叶紧急关闭。

计算最高涌波时，压力引水道的糙率取最小值。

7.6.3 最低涌波水位的计算[1-8]

水库水位为死水位，共调压室 n 台机组由 $n-1$ 台增至 n 台满负荷发电或全部机组由 2/3 负荷增至满负荷（或最大引用流量），作为设计工况，压力引水道的糙率取最大值。对抽水蓄能电站，上库水位为最低水位，共调压室所有蓄能机组在最大抽水流量下，突然断电，导叶全部拒动。

水库水位为死水位，共调压室的全部机组同时丢弃全负荷，调压室涌波的第二振幅，作为校核工况，压力引水道的糙率取最小值。

组合工况可考虑上库死水位，共调压室的全部机组瞬时丢弃全负荷，在流出调压室流量最大时，一台机组启动，从空载增至满负荷；对抽水蓄能电站，上库最低水位，共调压室的蓄能机组由 $n-1$ 台增至 n 台最大功率抽水，在流出调压室流量最大时，突然断电，导叶全部拒动，压力引水道的糙率取最小值。

若电站分期蓄水分期发电，则需要对水位和运行工况进行专门分析。

7.7 调压井的结构设计

根据电站的具体条件，在初步选定调压室位置和型式，经过水力计算，确定调压室的基本尺寸以后，就需要进行结构设计，以决定各构件的具体尺寸和材料的数量并绘制施工图。

调压室可分为塔式和井式两种不同的典型结构。塔式结构是建在地面上犹如给水用的水塔，井式结构是在地下开挖成圆井或廊道，加以衬砌做成。井式结构应用广泛，如湖南镇、黄坛口等水电站的调压室均采用井式。调压井结构承受的荷载可以分为两类：基本荷载和特殊荷载。前者包括围岩压力、设计情况下的内水压力、稳定渗流情况下的外水压力、衬砌自重、设备重量和风荷载（地面塔式结构）等；后者有较核水位时的内水压力、外水压力、温度应力、灌浆压力及地震荷载等。其主要荷载为内水压力和风雪作用力。

调压井的结构主要可分为：①大井（直井）井壁，一般为埋设在基岩中的钢筋混凝土圆筒；②底板，是一块置于弹性地基上的圆板或环形板；③升管和顶板等。因此，调压井的结构计算，基本上可以看成是圆筒和圆板的计算问题。计算内力时，先分别计算，然后再考虑整体作用。

7.7.1 调压井结构的荷载及其组合[1-8]

7.7.1.1 调压井结构的主要荷载

（1）内水压力。水面高程由水力计算决定，即调压井的最高和最低水位。

（2）外水压力、上托力。决定于调压井外的地下水位。其大小可采用计算断面在地下水位线以下的水柱高度乘以相应的折减系数，折减系数可按《水工隧洞设计规范》（DL/T 5195—2004）选用。常采用排水措施，降低外水位，以保证山坡稳定和减少底板所受的上托力。

（3）灌浆压力。发生在施工灌浆时期，其数值决定于回填灌浆、固结灌浆对衬砌结构产生的压力。

（4）岩石或回填土的主动土压力。当围岩破碎或衬砌完建后，围岩仍有向井内滑动的倾向时，应考虑围岩的主动压力，此时，不再计入围岩弹性抗力。

（5）衬砌自重。一般影响很小，特别是直井部分，往往忽略不计。

（6）温度应力、收缩应力和地震力。温度应力是调压井在运行期，由于温度变化产生的应力；收缩应力是在施工期间，由于混凝土凝固收缩所产生的应力；地震烈度超过Ⅶ度时，应考虑地震力，并作为校核荷载。

7.7.1.2 荷载组合

荷载组合主要有下列三种情况：

（1）正常运行情况。最高内水压力＋温度及收缩应力＋岩石弹性抗力。

（2）施工情况。灌浆压力＋岩石或回填土主动压力＋温度及收缩应力。

（3）检修情况。最高外水压力或上托力＋岩石或回填土主动压力＋温度及收缩应力。

第（1）种通常是最不利的组合情况，配筋计算多由此情况决定。第（2）种、第（3）种情况一般可以不考虑，如遇到底板的上托力很大的不利情况时，可采用排水措施降低外水压力。

7.7.2 调压井的结构设计原理[1-7]

调压室绝大部分为地下空间结构，地面塔式结构应用很少，而地下结构受地质条件和地下水压力等因素的影响较大，往往上述因素的影响又难以准确确定，其对结构计算一般采用结构力学方法居多，对于大型工程、大尺寸、地质条件或结构型式复杂的调压室一般要用有限元法复核。以下简单地介绍用结构力学法进行调压井结构计算的假定及原理。详细的计算方法可参阅有关文献。

7.7.2.1 计算的基本假定

（1）直井衬砌假定是一个整体，断面上下一致，半径不变。

（2）直井及底板的相对厚度较小，可用薄板和薄壳理论求解。

（3）直井与岩石紧密连接，其间的摩擦力能够维持衬砌自重，因此，可假定筒底垂直变位为零。

（4）岩石为弹性介质，当衬砌变形时，岩石产生的抗力与变形成正比。

（5）底板受井壁传来的对称径向力所引起的变形很小，可忽略不计。

7.7.2.2 直井

直井的衬砌是一个埋在岩石中的圆筒，常分成几段浇成，如图 7.11 所示。各段间留有水平收缩缝，或整体浇成而不留缝。直井与底板大多做成刚接，如图 7.12 中的固定式，也可做成铰接，但铰接处需设止水且内力较大，故很少采用。

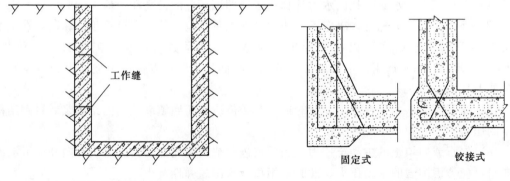

图 7.11　直井衬砌示意图　　　　图 7.12　直井和底板的连接方式

进行直井衬砌应力计算分析时，假定为底部固结顶部自由的长圆筒，用弹性力学的方法求解。

7.7.2.3 底板

调压井的底板型式有两种，当调压井为简单式时，底板为一四周固结的实心圆板；当调压井为阻抗式和差动式时，底板为一中空的圆板，由于隧洞在底板下通过，这时底板下面有一部分与岩石直接接触，另一部被隧洞穿过而悬空。环形板内缘与升管相连，外缘与外壁相接，因此，这种环形板的应力分布是很复杂的。计算环形板时，应考虑底板下隧洞穿过处不与岩石接触的影响；当底板承受外水压力时，这部分板不承受外水压力，当底板承受内水压力时，不受岩石弹性抗力的作用。

板厚与直径相比，小于 1/10 时可以看作为薄板，按薄板理论进行计算。

最后将直井底部和底板四周的不平衡弯矩和切力进行调整，得到端部的实际应力。

7.7.2.4 顶板

为了防寒和防止山坡上的石块及杂物落入调压室中，有时在调压井上部设顶板；有时把事故快速闸门布置在调压井内，把闸门的起闭机放在顶板上面，这时顶板还要承受起闭机设备及启门力等荷载。

顶板所承受的荷载与调压井的井壁和底板不同，并按不利的组合情况进行设计。

顶板的结构布置，有圆平顶板和球型顶板两种型式，如图 7.13 所示，圆的平顶板适用在调压室的半径不大的情况下，有时还利用差动式调压室升管的突出部分作为支撑，此种型式施工比较简单，其大梁可做施工期间起吊大梁。球型顶板用于半径大的情况下，此种型式可减小弯矩，因而比较经济，但施工复杂。

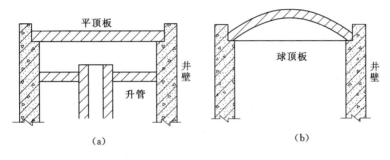

图 7.13 顶板结构型式示意图
(a) 圆平板的顶板；(b) 球形顶板

平顶板多简支在井壁上，可作为一简支圆板计算，亦可采用梁板型式。球形顶板应按球壳进行计算。

调压井顶部应留有通气孔，通气孔流量等于隧洞流量。

7.7.2.5 断面设计

调压室直井和底板都是水下结构，过去断面混凝土以不允许开裂设计。近来我国设计部门已开始采用允许裂缝开展的断面设计。是否允许裂缝开展的断面设计，应根据调压室附近岩层的厚度及破碎情况而定，以免调压室渗水造成岩层坍滑，危及压力管道和厂房的安全。目前一般仍按不允许开裂计算，但安全系数为 1。当算出的钢筋少于最小含钢率时，可按少筋混凝土设计。

当调压井的高度不大，岩石性质上下均匀时，井壁衬砌上下可用同一厚度，如图 7.14（a）所示。若井壁较高或沿高度各层岩石的性质相差较大，也可采用不同的厚度，如图 7.14（b）和（c）所示，后面两种受力较为合理，但开挖量较大，应力分析也比较复杂，为了减少开挖和回填，有时亦可做成井壁向内倾斜的型式，如图 7.14（b）中的虚线所示。

根据岩石的性质，水压力的大小、调压井的高度及断面，先大致决定衬砌的厚度。一般衬砌厚度为 50～100cm 或更大些，然后进行强度计算和裂缝校核，如不能满足，则修

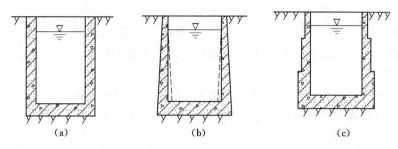

（a）　　　　　　　　　（b）　　　　　　　　　（c）

图 7.14　调压井衬砌型式示意图

改衬砌厚度重新计算。初步假定衬砌厚度时，可近似地取其等于 0.05～0.1 的调压井直径。

为了使岩石和衬砌能联合工作，增加岩石的整体性，并防止渗漏，在衬砌浇筑完成后，需进行回填灌浆和固结灌浆，前者用 2～3 个大气压，后者用 5～8 个大气压，孔距 2～3m，孔深 3～5m。

总之，调压井的衬砌与地质情况关系极大。若井身建造在风化破碎的岩层中，那么衬砌自身应具有足够的强度和刚度，以独立承受各种外加荷载。相反，若建在完整新鲜的岩石中，而且水质对岩石无侵蚀作用，则衬砌可以做得很薄，仅仅起护面作用，或采用喷锚支护。因此，设计时重要的是全面分析各方面的条件，慎重对待影响比较大的因素，选出最好的方案。

复 习 思 考 题

1. 试述调压室的作用和设置调压室的条件。

2. 试述调压室的工作原理，写出调压室的基本方程。

3. 试述简单圆筒式和阻抗式调压室的特点以及水位波动解析计算原理及方法。

4. 试述双室式、溢流式、差动式调压室的各自特点。

5. 试述"引水道-调压室"水位波动稳定性条件，小波动稳定及大波动稳定的不同，并说明影响调压室波动稳定的主要因素。

6. 选择调压室水力计算的条件。

作 业 题

某有压引水式水电站，正常运行时的静水头 $H_0 = 75～113m$，调压室前引水道长度 $L = 750m$，引水道断面积 $f = 10m^2$。若引水道的水头损失系数 $\alpha = 0.14～0.21$，相应的水头损失 $h_{\omega_0} = 1.8～2.0m$；压力管道可能的水头损失 $h_{\omega m_0} = 0.8～1.0m$。试分析确定调压室波动稳定的水力计算条件，并计算调压室的托马稳定断面积 F_k。

$$\left(提示: F_k = \frac{Lf}{2\alpha g (H_0 - h_{\omega_0} - 3h_{\omega m_0})} \right)$$

参 考 文 献

［1］ 刘启钊，胡明．水电站［M］．北京：中国水利水电出版社，2010.
［2］ 王世泽．水电站建筑物［M］．北京：水利电力出版社，1987.
［3］ 金钟元，伏义淑．水电站［M］．北京：中国水利水电出版社，1994.
［4］ 王树人，董毓新．水电站建筑物［M］．北京：清华大学出版社，1984.
［5］ 李仲奎，马吉明，张明．水力发电建筑物［M］．北京：清华大学出版社，2007.
［6］ 潘家铮．傅华，水工隧洞和调压室（调压室部分）［M］．北京：水利电力出版社，1992.
［7］ 丁浩．水电站有压引水系统非恒定流［M］．北京：水利电力出版社，1991.
［8］ 水电水利规划设计总院．NB/T 35021—2014 水电站调压室设计规范［S］．北京：中国电力出版社，2014.

第8章 水电站厂房

8.1 厂房的基本类型和厂区建筑物的组成

8.1.1 厂房的基本类型[1]

由于水电站的开发方式、枢纽布置方案、装机容量、机组型式等条件的不同，厂房的型式也是多种多样的。根据厂房在水电站枢纽中的位置及其结构特征，水电站厂房可分为以下三种基本类型。

1. 坝后式厂房

厂房位于大坝下游坝址处，厂房与坝连接在一起，发电用水直接穿过坝体引入厂房，如我国已建成的丹江口水电站，如图 8.1 所示。在坝后式厂房的基础上，将厂房和坝体之间的位置关系适当调整，厂房结构加以局部改变后形成以下厂房型式。

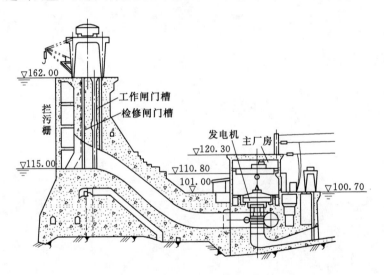

图 8.1 丹江口（坝后式）水电站横剖面图（单位：m）

（1）挑越式厂房。厂房位于溢流坝坝址处，溢流水舌挑越厂房顶泄入下游河道，如贵州的乌江渡水电站厂房，如图 8.2 所示。

（2）溢流式厂房。厂房位于溢流坝坝址处，厂房顶兼做溢洪道，如浙江新安江水电站厂房，如图 8.3 所示。

（3）坝内式厂房。厂房移入坝体空腹内，如江西上犹江水电站厂房，如图 8.4 所示。

2. 河床式厂房

厂房位于河床中，本身也起挡水作用，如广西西津水电站厂房，如图 8.5 所示。

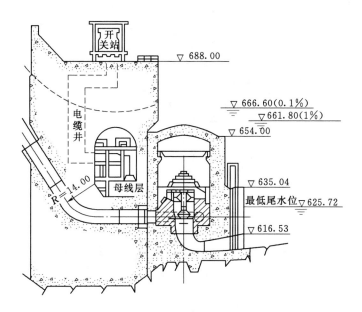

图 8.2 乌江渡（挑越式）水电站横剖面图（单位：m）

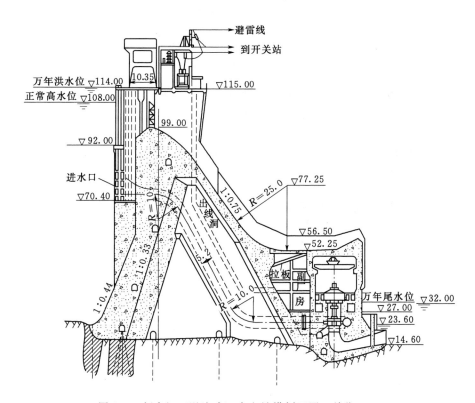

图 8.3 新安江（溢流式）水电站横剖面图（单位：m）

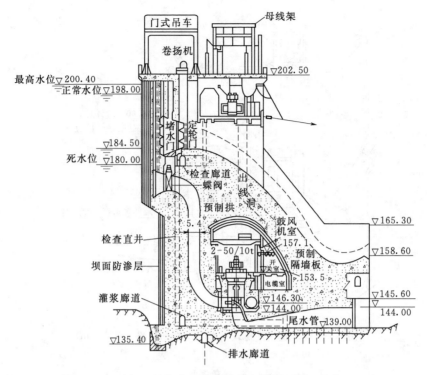

图 8.4 上犹江（坝内式）水电站厂房横剖面图（单位：m）

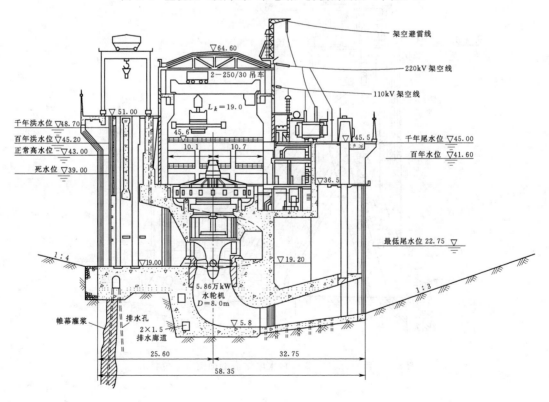

图 8.5 西津（河床式）水电站厂房横剖面图（单位：m）

3. 引水式厂房

厂房与大坝不直接相接,发电用水由引水建筑物引入厂房。当厂房设在河岸处称为引水式地面厂房,如浙江湖南镇水电站厂房,如图8.6所示。当厂房设在地下称为引水式地下厂房,如云南鲁布革水电站厂房,如图8.7所示。

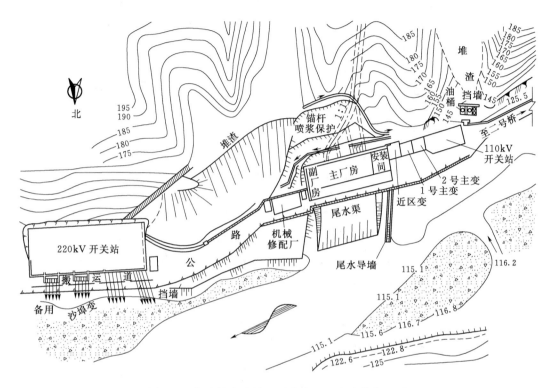

图 8.6　湖南镇水电站(引水式)厂房总体布置图

8.1.2　厂区建筑物的组成[1]

水电站厂房的任务是通过一系列的工程措施,将压力水流平顺地引入水轮机,把水能转变为机械能,带动发电机,把机械能转变成为电能,再经过主变压器升压后由输电线路送至电网。因此,在厂房中必须安装各种机电设备并合理解决这些设备的布局和相互之间的关系,为设备安装、调试、运行、检修创造条件,也给运行人员建立良好的工作环境。因此,水电站厂房是建筑物和机械、电气设备的综合体,而厂房建筑物是为安置机电设备而服务的。

1. 厂房中的机械和电气设备

为了安全可靠地将水能转化为电能,并输送到电网,水电站厂房内须配置一系列机械和电气设备。按照其性质和作用的不同,这些机械和电气设备可分为以下五大设备系统。

(1)水力系统。即水轮机及其进出水设备,包括钢管、阀门、水轮机(蜗壳、座环、导水机构、转轮、尾水管)及尾水闸门等。

(2)电流系统。电气一次回路系统,包括发电机、发电机引出线、母线、发电机电压

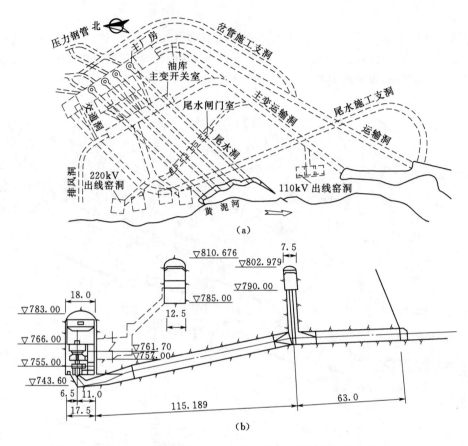

图 8.7　云南鲁布革水电站（引水式）地下厂房总体布置图

配电设备、主变压器、高压开关及配电设备等。

（3）机械控制设备系统。包括水轮机的调速设备，包括操作柜、油压装置及接力器，蝴蝶阀的操作控制设备等。

（4）电气控制设备系统。包括机旁盘、励磁设备系统、中央控制室、互感器、表计、继电器、控制电缆等。

（5）辅助设备系统。即为水轮发电机组安装、检修、维护、运行所必需的各种电气和机械辅助设备，包括厂用电系统、起重设备、油系统、气系统、水系统等。

图 8.8 给出了五大系统的示意图。

2. 厂区建筑物

水电站的发电、变电和配电建筑物常集中布置在一起，称为厂区。厂区建筑物一般可分为主厂房、副厂房、变压器场和高压开关站四部分。

（1）主厂房是厂区的核心建筑物，主要安装水轮发电机组及其控制设备、组装和检修机组主要部件。

（2）副厂房主要布置控制设备、电气设备、辅助设备、必要的工作和生活用房，为主厂房服务，一般紧靠主厂房。

（3）变压器场一般设在主厂房旁，场内布置主升压变压器、将发电机输出的电流升压

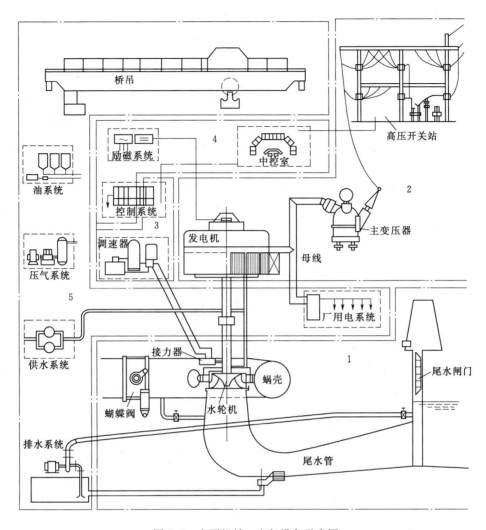

图 8.8　主要机械、电气设备示意图

1—水力系统；2—电流系统；3—机械控制设备系统；4—电气控制设备系统；5—辅助设备系统

至输电线电压。

（4）高压开关站一般布设在开阔场地，安装高压母线及开关等配电装置，向电网或用户输电。

8.1.3　厂房的内部布置[1]

水电站厂房的类型较多，但是布置设计的基本原理相近。限于篇幅，并考虑各类型厂房的布置设计的共性，从 8.1.3～8.7 节将以图 8.6 所示的湖南镇水电站引水式地面厂房为例，介绍厂房布置的一般原则及规律。8.8 节简要介绍其他类型厂房的布置特点。

图 8.6 所示，湖南镇水电站位于浙江省衢州市境内、钱塘江支流乌溪江上，是以发电为主，兼有防洪、灌溉、航运、供水等综合利用效益。电站于 1958 年开工，1962 年停工缓建，1970 年复工，1979 年第 1 台机组发电，1980 年 10 月 4 台机组全部并网投产。引水式地面厂房布置在拦河坝下游右岸 5km 处，共安装 4 台 4.25 万 kW 水轮发电机组，总

装机容量为 17 万 kW。主厂房设在靠山坡侧，副厂房分设在主厂房下游侧及端部。升压站及 110kV 开关站设在厂房上游进厂公路的内侧。220kV 开关站布置在厂房下游 200m 处。

湖南镇水电站厂区的四部分建筑物位置关系：压力管道在厂房前分为四支，将水流引入主厂房，厂房内安放了四台水轮发电机组，发完电的水流通过尾水渠排入厂房下游河道；副厂房主要由位于主厂房东端（简称端部副厂房）部分和位于尾水渠顶部（简称下游副厂房）部分构成；变压器场位于主厂房西端进厂公路旁；高压开关站由位于变压器场西侧的 110kV 开关站和位于主厂房东侧的 220kV 开关站构成。湖南镇水电站厂房机电设备的五大系统与厂房结构布置的关系如图 8.9～图 8.14 所示。

图 8.9 为通过机组中心的主厂房横剖面图，显示了主厂房、副厂房、水轮发电机组、主要机械电气控制设备和辅助设备在高度方向的布置特征。图中主厂房构架结构和厂房块

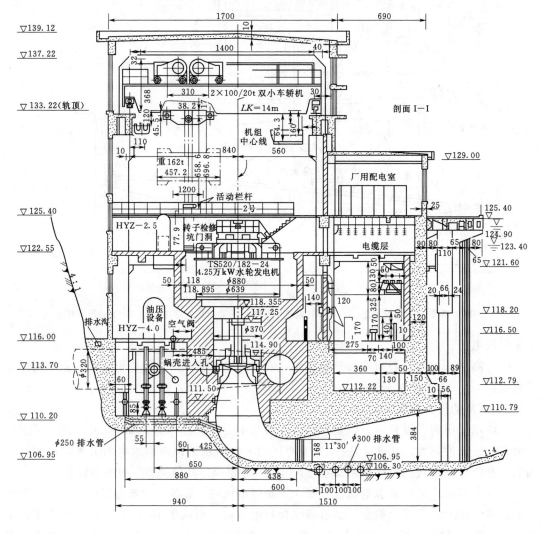

图 8.9 湖南镇水电站主厂房横剖面图（单位：cm）

体结构所构成的建筑物为主厂房，尾水管扩散段以上部分的建筑物为副厂房。主厂房在高度方向包括厂房屋顶（高程为139.12m）、屋顶大梁底面（高程为137.22m）、吊车轨顶（高程为133.22m）、安装间层（高程为125.40m）、发电机层（高程为122.55m）、水轮机层（高程为116.00m）、蜗壳层（高程为113.70m）、阀门层（高程为110.20m）和尾水管层（高程为106.95m）。一般情况下，发电机层以上的部分称为上部结构，发电机层以下的部分称为下部结构，水轮机层以下部分称为下部块体结构。与主厂房分层类似，副厂房在高度方向上也分了不同层。图8.10为安装间的厂房横剖面图，其主要是发电机转子、主变压器等大型部件检修的场所。

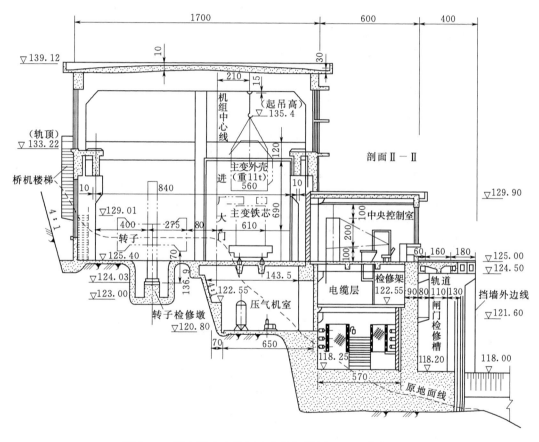

图8.10　湖南镇水电站厂房安装间横剖面图（单位：cm）

图8.11为安装间层平面布置图，主厂房沿其纵轴（各机组中心连线）方向可分为安装间和各个机组段，安装间位于主厂房西端，与进厂公路相接。安装间与机组段之间设贯穿至地基的伸缩缝。安装间是全厂主要部件安装、检修的场所，各设备可经过进厂公路直接运至安装间卸车，主变压器也可沿专用轨道推入安装间进行检修。安装间与主机房同宽，桥式吊车可自由通行，以便于安装检修。该安装间与公路同高，但比发电机层高2.5m，故在安装间与主厂房之间设置活动栏杆，沿机组段下游侧设置走廊，可俯视发电机层，并通过两座楼梯通向发电机层。尤其注意，一般情况下安装间层与发电机层应布置成同一高程，如若布置受限，可参考湖南镇水电站案例。

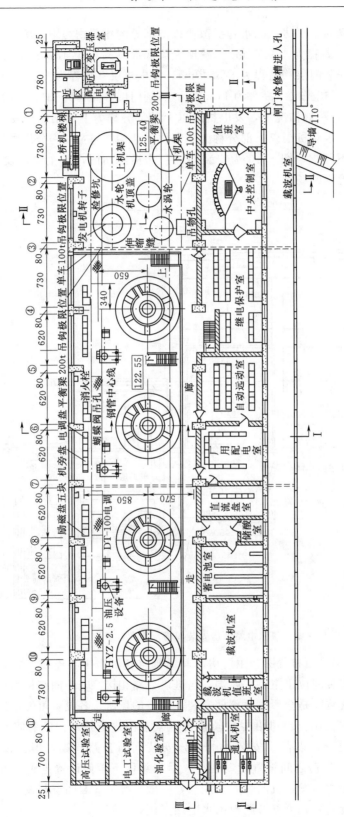

图 8.11 湖南镇水电站厂房安装间层（125.40 高程）平面布置图（单位：cm）

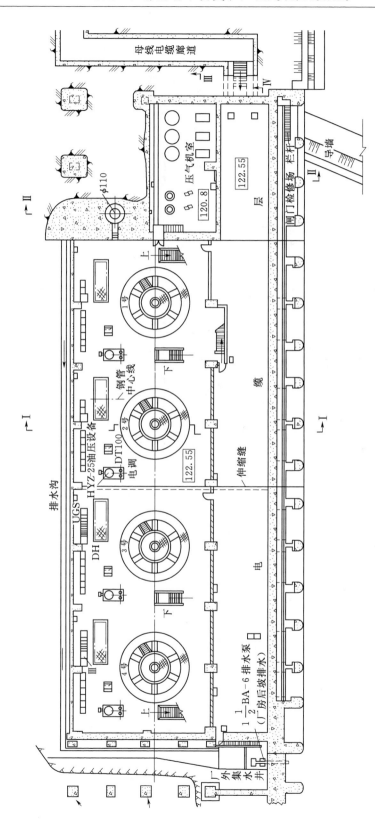

图 8.12 湖南镇水电站厂房发电机层（122.50 高程）平面布置图

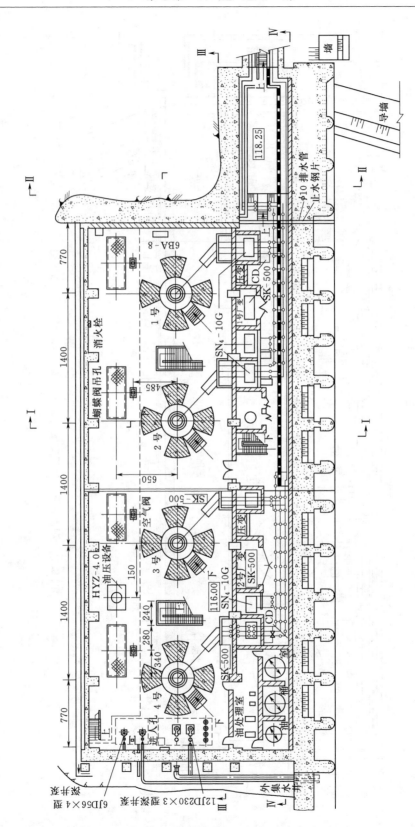

图 8.13 湖南镇水电站厂房水轮机层（116.00 高程）平面布置图（单位：cm）

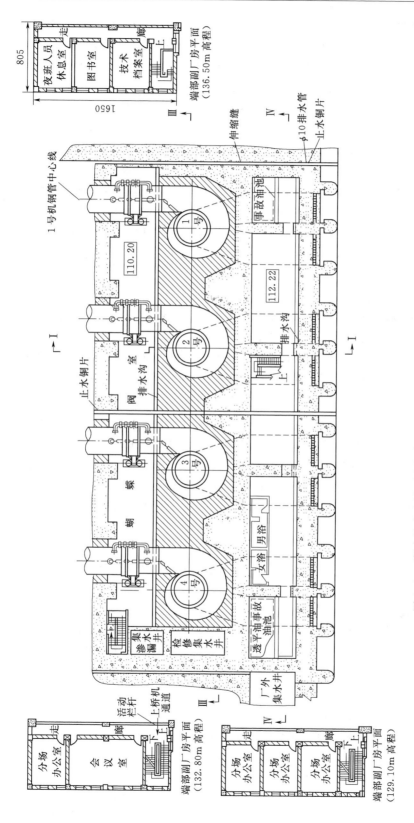

图 8.14 湖南镇水电站厂房蜗壳层 (113.70 高程) 平面布置图 (单位: cm)

图 8.12 为发电机层平面布置图。一般情况下，机组编号从靠近安装间的水轮发电机组开始，距离越远，编号越大。图中显示，主厂房内安装了 4 台发电机，每台发电机的上游侧（第二象限）布置 DT-100 型电调机械柜及油压装置，靠墙布置电调电气柜及机旁盘。上游侧（第一象限）针对蝴蝶阀中心设置了蝴蝶阀吊孔（兼吊物孔），靠墙布置了励磁盘。在 1 号、2 号和 3 号、4 号机组之间设贯穿至地基的伸缩缝。安装间底层为压气机室及发电机转子承台，均由发电机层进入。

图 8.13 为水轮机层平面布置图。由图可知，4 台机组的机座为环梁立柱式。每台机组上游侧（第一象限）设蝴蝶阀吊孔及空气阀，3 号、4 号机组之间的上游侧布置了蝴蝶阀操作用的油压装置（四阀合用）。每台机组下游侧（第四象限）布置发电机引出线，悬挂在水轮机层天花板上，通入下游副厂房。3 号、4 号机组旁各设 SK-500 型励磁变压器 1 台。主厂房东端布置了检修排水及渗漏排水用的深水泵各两台，西端布设有消防水泵 1 台。上游侧东端的楼梯下至蝴蝶阀室，1 号、2 号和 3 号、4 号机组间的楼梯上通发电机层。

图 8.14 为蜗壳层平面布置图。图中显示了蜗壳及尾水管的平面尺寸、4 台蝴蝶阀及其接力器、旁通管等。东端布设了 3 个集水井及 1 座楼梯。

图 8.11～图 8.14 还显示了下游副厂房的平面布置情况。下游副厂房分为 4 层，最低层高程为 112.22m（图 8.14），布置了两个事故油池及男女浴室。第 2 层与水轮机层同高（图 8.13），除在东端布设油处理室外，其余均用于布设发电机电压配电装置及母线，母线道延伸至变压器场。第 3 层与发电机层同高（图 8.12），全部用敷设各种电缆，通往上层各种表盘。第 4 层与安装间层同高（图 8.11），布置了值班室、中央控制室、继电保护室、自动远动室、厂用配电室、直流盘室、蓄电池室和载波机室等。

此外，图 8.11～图 8.14 还显示了端部副厂房的平面布置情况。端部副厂房也分为 4 层，第 1 层与安装间层同高（图 8.11），布置有高压试验室、电工试验室、油化验室及通风室。第 2～4 层（图 8.14）布置办公室、会议室、夜班人员休息室、图书室和技术档案室，其中第 3 层（高程 132.80m）可直接上桥吊。

8.2 厂房下部结构及水轮机层的布置

厂房下部结构是由水轮机层结构和水轮机层以下的块体结构所组成。在块体结构中主要有水轮机的进水钢管、进水阀、蜗壳、尾水管、尾水闸门及其启闭设备等。在水轮机层除发电机的支撑结构——机墩外，还布置有辅助设备和发电机出线。

8.2.1 水轮机的过流系统及厂房下部块体结构[2]

8.2.1.1 水轮机的蜗壳及尾水管

蜗壳和尾水管是水轮机的进水和出水设备，它们的形状和尺寸不仅影响着水轮机的效率，而且严重影响着下部块体的结构型式和尺寸。

对中高水头的水电站，常用混流式水轮机和金属蜗壳，蜗壳的断面为圆形、包角为 345°。蜗壳的尺寸由厂家提供并加工制作，先制成若干管段，然后运至现场进行焊接、安装并浇筑外围混凝土。对水头小于 40m 的坝后式水电站厂房或低水头河床式水电站厂房，为了节省钢材，经常采用混凝土蜗壳，蜗壳断面常采用平顶的梯形断面，包角常采用 $180°$。

大中型水电站尾水管常采用弯肘形，其尺寸也由厂家提供，在厂房布置时可根据需要对某些尺寸做必要的变更，但需征得厂家同意，例如，为了减小厂房基岩的开挖而将水平扩散段底板向上翘起 $6°\sim12°$；为了减小机组间距而将尾水管轴线向蜗壳进口断面一边偏转某一角度 α（图 8.15）；当尾水管顶部必须设置副厂房时而将水平扩散段加长（图 8.9）；为了减轻空腔蜗带对底板的冲击而将直圆锥段加高等。

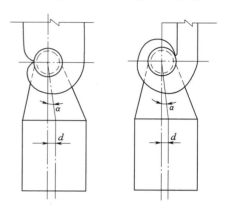

图 8.15 尾水管偏转示意图

8.2.1.2 进水阀及伸缩节的布置

当高压引水管道采用集中供水或分组供水时，在其支管末端必须装设进水阀；当水头小于 200m 时用蝴蝶阀，为了便于利用厂内的起重设备进行安装和检修，蝴蝶阀通常布置在主厂房内，但这样却增加厂房的宽度，如图 8.9 所示的厂房，蝴蝶阀廊道的净宽达 5.3m；在水头大于 200m 和具有长压力引水道的水电站上，常采用球形阀，为防止阀门处钢管爆破威胁厂房，也可将球形阀布置在专门的阀室内，但这样就需要增设房间和专用的起重设备，如图 8.16 所示的厂房，其中装设三台立式冲击式水轮发电机组，单机容量为 1.25 万 kW，设计水头 458m，其进水钢管上的球形阀就采用了上述布置方式；对地下式厂房，为了减小主厂房洞室宽度，也可将进水阀布置在专门阀室内。

对单元供水的坝后式厂房，一般不设下端进水阀，但在进水阀管穿越厂坝之间的永久缝处，应设置伸缩节以适应缝的位移，为此亦应设置专门的伸缩节廊道，以便进行伸缩节的安装、检修、检测。

8.2.1.3 尾水闸门与尾水平台的布置

尾水闸门是设在尾水管末端的平板闸门，机组检修时可关闭闸门，抽去积水，以便检修人员进去工作。大中型水电站尾水闸门的启闭设备常采用单向门机，当电站机组少于或等于四台时，各机组可共用一套尾水闸门。

尾水平台设在尾水闸墩的顶部，平台高程常与安装间同高并应高出最高尾水位。在结构上，尾水闸墩与厂房下游挡水墙相连，以改善挡水墙的受力条件。

尾水平台设在尾水闸门的启闭设备外，还常兼做尾水渠左右岸通道，有时该通道可能有通行车辆的要求。可兼做河道两岸公路连接的桥面，尾水平台上设单向门机以起吊尾水闸门；如图 8.6 所示的尾水平台上亦有公路通过，其尾水闸门用悬挂在平台下面大梁上的电动葫芦起吊。

8.2.1.4 下部块体的结构布置

厂房下部块体是指水轮机层以下的大体积混凝土，这部分混凝土量要占整个厂房混凝土量的 90% 左右，包括蜗壳层和尾水管外围的混凝土、主厂房上下游侧挡水墙及尾水闸墩。

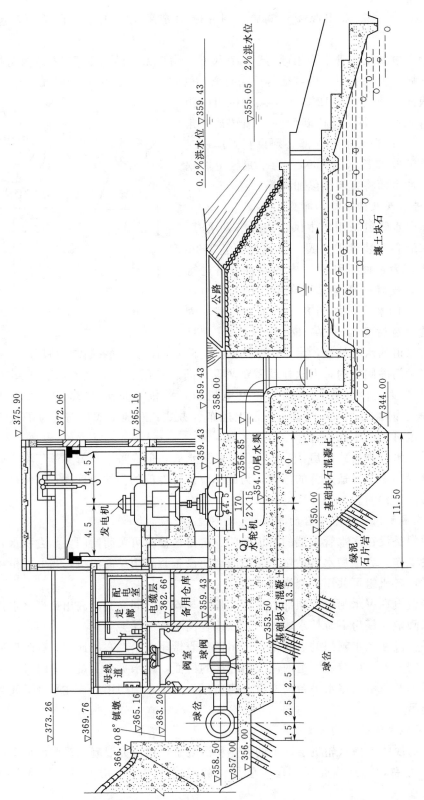

图 8.16 装置立式冲击式水轮机发电机组厂房横剖面图 (单位: m)

厂房下部块体混凝土的结构形状很不规则，其中除蜗壳与尾水管的空腔外，还设置了许多孔、洞及工作通道，如蝴蝶阀或伸缩节廊道、蜗壳进人孔、尾水管进人孔、集水井、集水廊道、事故油池等。

8.2.2 水轮机层的布置[2]

水轮机层是指发电机层地板以下、蜗壳混凝土以上的这部分空间。在水轮机层，机墩占去了大部分空间，因此必须充分利用机墩周围的空间和场地以布置有关的电气设备和辅助设备。

8.2.2.1 有关电气设备的布置

布置在水轮机层的电气设备主要有发电机引出线和中性点引出线。发电机引出线一般从发电机层地板下的机墩风罩壁引出，引出线的方向与主变压器的位置有关，引出线的距离应力求缩短，若须沿厂房纵向出线时可设置专门的母线廊道或出线层。中性点出线也是从发电层地板下的风罩壁引出的，一般可沿机墩向下将中性点设备布置在水轮机层地面上，并设置保护网。

8.2.2.2 油、气、水系统及其在水轮机层布置

1. 油系统

油系统的功用是向水电站的油压设备和装置供给相应的透平（润滑）油和变压器（绝缘）油，这两类油的用途和性质不同，须各自设置独立的油系统。油系统的运行包括进油、储油、用油、废油的回收储存和处理等环节，其设备包括油泵、滤油机、储油桶、废油槽、事故油槽、输油管路及油化验设备等。油系统各组成部分与用油设备之间用油管相连通，常沿厂房水轮机层一侧布置输油干管，再由干管向各用油设备引出支管。若电站的储油量小于 $100m^3$ 时，油库可考虑布置在厂内，若大于 $100m^3$ 时，油库可设在厂外。如图 8.6 所示，其储油量超过 $100m^3$，采用将透平油系统的油桶室、油处理室及事故油池布置在副厂房下层，而将绝缘油系统的油桶室和油处理室放在厂外，位于进厂公路旁的山坡上；透平油和绝缘油系统的油库和油处理室可布置在厂外，由进厂交通洞和施工支洞改建。

2. 压缩空气系统

压缩空气系统的功用是保证水力动力设备和电气设备所需的压缩空气。其系统一般分高压系统和低压系统；油装置压力油罐充气、高压空气开关用气为 $2.5\sim4.0MPa$ 的高压系统；机组停机制动闸、调组运行，油开关的风压传动装置，机组检修时风动工具等用气为 $0.5\sim0.8MPa$ 的低压系统。气压系统的设备由空压机、储气筒、耐压风管等组成，各组成部分与用气设备之间分别由高压风管和低压风管连通。空压机工作时噪声和振动较大，应远离中控室，常与储气筒一起布置在装备间下层或副厂房底层。

3. 技术供水系统

技术供水系统的功用是为了保证发电机冷却器和机组轴承油槽的冷却用水，在有些情况下还要保证水轮机导轴承的润滑用水和水冷却式变压器的冷却水。取水方式可采用上游坝前取水、厂内引水钢管取水、下游水泵取水及深井地下取水等，取用的水质和水温都应满足要求，为此有时需设置专门的水净化设备。发电机的冷却用水量较大，其供水环管及操作阀门一般布置在机墩外围。

4. 排水系统

厂内排水系统分为检修排水和渗漏排水两部分；检修排水是机组检修时排除水轮机过流部件内的积水，其特点是排水时间短（4～8 小时）、排水量大；渗漏排水是排除建筑物的渗水，水轮机顶盖、伸缩节、阀门等处的漏水，生活用水和技术用水，其特点是排水量较小而且水量随时间积累。为此常分别设置检修集水井，它们可布置在装配间下层，厂房另一端，或副厂房底层，井底高程应是全厂最低的地方，以便自流集水。排水泵安放在集水井顶部，两种集水井各分设两套水泵，一套工作，另一套备用。河床式水电站厂房，由于其检修排水量过大，常在厂房最低处沿纵向设一排廊道，由于廊道体积大，蜗壳和尾水管内的积水，可迅速直接排入廊道，以缩短检修时间，廊道中的水再以水泵排走。

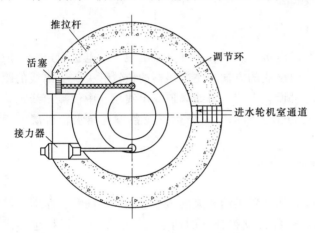

图 8.17 接力器布置示意图

8.2.2.3 接力器的布置

调速系统的接力器一般布置在厂房上游侧蜗壳较小断面的顶部，固定在机墩的孔洞中，如图 8.17 所示。若采用环形接力器时可直接固定在水轮机顶盖上。

8.3 水轮发电机及发电机层的布置

发电机层是安放水轮发电机、调速设备、机旁盘的场地，也是运行人员检查设备和监视机旁盘仪表的场所，因此要求发电机层布置的整洁、明亮、美观。发电机层的楼面由于孔洞多（如吊物孔、蝴蝶阀吊孔、楼梯孔、调速柜及油压装置的开孔等），形状很不规则，承受荷载大，当单机容量超过 10 万 kW 时，楼板的活荷载高达 30～50kPa，所以在梁板布置时应注意满足来自各方面的要求。

8.3.1 水轮发电机的类型及传力方式[2]

水轮发电机的型式主要是按发电机的额定出力和额定转速选定的。推力轴承是立式机组唯一的竖向支撑，承受机组转动部分的重量及水轮机的轴向水推力。推力轴承可支承在发电机的上机架或下机架上，按其支承方式的不同，水轮发电机组可分为悬式和伞式两大类。当机组额定转速大于 150r/min 时，多选用悬式发电机，小于 150r/min 时多选用伞式发电机。

悬式发电机（图 8.18）的构造特点是将推力轴承设在转子之上的上机架上面。机组转动部分的重量（发电机转子、励磁机转子、水轮机转轮及主轴）通过推力轴承传给上机架，上机架再通过定子外壳把力传给机墩，这样整个机组的转动部分好像悬挂在上机架上，所以称为悬式发电机。悬式发电机上机架尺寸较大，下机架尺寸较小，下机架的作用是支撑发电机的下导轴承和制动闸，下导轴承是发电机主轴的径向支撑，制动闸用于机组制动，在停机和安装检修时还可用以顶起转子。

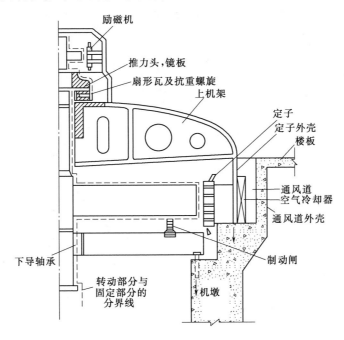

图 8.18 悬式水轮发电机传力示意图

伞式发电机（图 8.19）的构造特点是将推力轴承设在下机架上面，机组转动部分重量通过推力轴承传给下机架，再传给机墩，因而下机架尺寸较大，由此上机架只承受上导轴承和励磁机定子，结构比较轻便。这样发电机转子像是一把伞支撑在下面的推力轴承上，所以称为伞式发电机。伞式发电机的优点是利用了发电机转子下面的空间设置推力轴承，减小了上机架的高度和发电机轴长，这就相应地降低了厂房高度，而且在检修发电机转子时可不必拆除推力轴承，从而缩短了检修期。

8.3.2 发电机的支承结构——机墩[2]

机墩的作用是将发电机支承在预定的位置上，并给机组运行、维护、安装、检修创造有利条件。机墩结构承受水轮发电机传来的垂直荷载及扭矩，故要求机墩有足够的强度和刚度并避免出现共振现象。目前国内常用的机墩型式有以下几种。

8.3.2.1 圆筒式机墩

我国中型机组（单机容量为 1 万～15 万

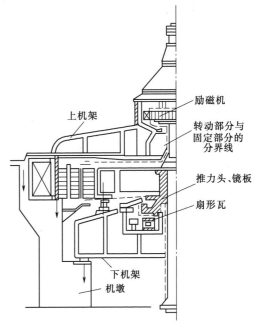

图 8.19 伞式水轮发电机传力示意图

211

kW 的立式机组）一般采用圆筒式机墩。圆筒内部称为水轮机井，外部呈圆形或八角形，筒壁厚常在 1.5m 以上，如图 8.20 所示。水轮机井的下部常设一段钢板里衬，由厂家制造，因而在机组订货后水轮机井的直径也由厂家提供。

8.3.2.2　环梁立柱式机墩

环梁立柱式机墩（图 8.21）的结构特点是将发电机支承在环形圈梁上，而环形梁支承在 4～6 根立柱上，立柱再把荷载传至下部块体结构。这种机墩与圆筒式机墩相比混凝土量减小，敞开的水轮机井使发电机的散热条件好，对机组的安装、维护、检修也提供了方便，但机墩的刚度较小，受扭性能也较差，它适用于中型机组。

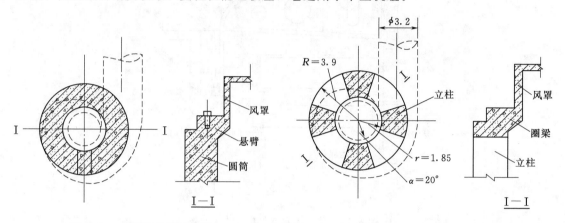

图 8.20　圆筒式机墩示意图　　　　　　图 8.21　环梁立柱式机墩示意图

8.3.2.3　框架式机墩

框架式机墩（图 8.22）由两个钢架及两根横梁组成，发电机支承在纵梁及横梁上，小型立式机组常采用这种形式。

8.3.2.4　矮机墩

矮机墩与蜗壳顶板连成一体，即在蜗壳顶板上设若干矮小的墩座，如图 8.23 所示。这种机墩的强度及刚度都很大，适用于大型水轮发电机组。如刘家峡水电站和龙羊峡水电站的机组采用的就是这种形式的机墩。

8.3.3　发电机层的布置[2]

布设在发电机层的设备主要有水轮发电机，调速系统的调速柜（对电气液压型调速器尚包括电调柜）及油压装置，操作控制系统的机旁盘、励磁盘。另外，为了发电机层以下各层设备的吊装和检修，常在该层地板上设置蝴蝶阀吊孔或吊物孔，还要设置楼梯孔作为通向水轮机层的垂直通道。发电机层的空间受机组大型部件安装、检修时吊运要求的控制。发电机层也是运行人员工作的场地，在布置上还必须为运行人员的巡回检查、仪表监视和各项运转操作创造必要的环境和条件。

8.3.3.1　水轮发电机的布置方式

发电机有三种布置方式，即定子外露式、定子埋入式和上机架埋入式。定子外露式也称为开敞式，即将发电机定子以上部分布置在发电机层地板以上，这种布置显得十分拥挤，目前已很少采用。后两种布置方式会使发电机层地板有所抬高，增加了厂房高度，可使发电机层显得比较宽敞，同时使水轮机层高度增加有利于设备布置及防潮。上机架还可采用部分埋入式或全部埋入布置，后者对低速大容量的伞式发电机，由于其上机架的高度很小，较易实现。葛洲坝水电厂的伞式发电机采用了上机架全埋式；而图8.9所示的厂房，发电机都采用了上机架半埋入式布置。由此可见，发电机层楼板高程受发电机布置的影响很大。

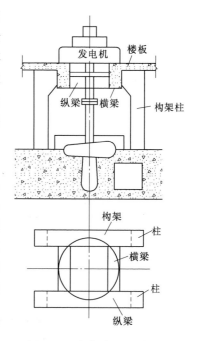

8.3.3.2 机旁盘、励磁盘、调速柜及油压装置的布置

机旁盘通常由机组自动操作盘、保护盘、测温盘、电液调速盘、制动盘等组成，中型机组一般为5块左右，大型机组可达9～10块。机旁盘主要是为了就近监视机组的运行情况并进行开停机操作，所以应布置在距发电机不远的地方，大中型水电站通常布置在主厂房构造柱之间的空当中，盘前留有1.5～2.0m的操作通道，盘后距墙壁应留有0.8～1.0m的检修过道。

励磁盘根据不同的励磁方式一般为5～10块，为了便于调试、监视并节省电缆，励磁盘可与机旁盘并排布置，有困难时亦可布置在与发电机层同高的副厂房中。

图8.22 框架式机墩示意图

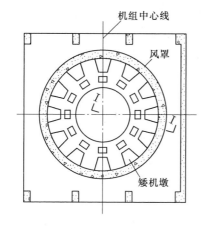

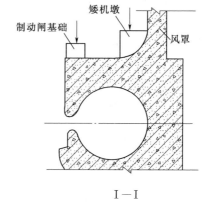

I—I

图8.23 矮机墩示意图

调速柜是调速系统的核心设备，它主要是控制机组的正常运行。为使运行人员能同时观测到调速柜和机旁盘上的仪表，调速柜应尽量靠近机旁盘布置，并位于接力器顶部。

油压装置的布置方式如图8.24所示，回油箱一般吊挂在发电机层的楼板上，压力油罐在其上方，用以供给调速系统的操作用油，故油压装置应布置得尽量靠近调速柜。

机旁盘、调速柜及油压装置对立式混流式机组厂房一般都布置在发电机层的上游侧，而轴流式机组的厂房也可能布置在下游侧。

8.3.3.3 发电机层吊孔的布置

在发电机层的楼板上，还必须设有供安装、检修下层设备的吊物孔。吊物孔的尺寸可

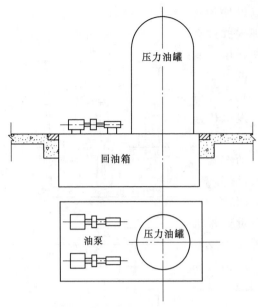

图 8.24　油压装置的布置方式

根据起吊部件大小确定。大型水电站厂房最好每个机组段设一个吊物孔，这样一台机组检修时不致影响邻近机组的正常工作。吊物孔宜布置在设备较少的一侧，平时用铁盖板盖住。若厂内设有蝴蝶阀，则可只在上游侧设置蝴蝶阀吊孔。吊物孔或蝴蝶阀吊孔都必须布置在桥式吊车吊钩的工作范围以内。

8.3.4　电气设备及中央控制室的布置[2]

水电站的主要电气设备包括发电机、发电机电压配电设备、厂用电配电设备、近区配电设备、主变压器和高压配电设备，各设备从发电到输出端的连接情况可用主接线图表示。各配电设备的布置应力求线路短、无干扰并便于维护检修，但由于一般厂房本身及其周围常没有足够的地方，故不同型式的厂房各配电设备的布置也各不相同。

中央控制室简称中控室，是全厂监测控制的中心，故要求中控室宽敞、安静、光线柔和，温度和湿度适宜，以利于各种仪表的正常工作并使运行人员处于良好的工作环境。中控室的位置应尽量靠近发电机层，其高程最好与发电机层同高，净高要求 4～5m。全厂各处的仪表、继电器和操作控制设备都用电缆与中控室和继电保护室相连，接入其中的表盘，故在中控室和继电保护室的下层应设电缆夹层，其净高应不小于 2.0m。

8.4　起 重 设 备 及 安 装 间

8.4.1　起重设备[1,2]

水电站主厂房的起重设备一般采用桥式吊车，建成桥吊，桥吊可沿主厂房纵向移动，桥吊上的小车可沿桥吊大梁在厂房横向移动，于是桥吊的主、副钩就可到达发电机层的绝大部分范围。主、副吊钩控制吊运的范围可用点画线绘在厂房发电机层和安装间的平面图上，以检验设备布置的合宜性。

桥吊有单小车、双小车两种，当起重量超过 75t 时可选用双小车桥吊，因为双小车桥吊与相同起重量的单小车桥吊相比，其总重量较轻而且外形尺寸也小，当起吊最重元件时，两台小车可借助平衡梁联合起吊。

桥吊是按要求的起重量和跨度来选择的。起重量决定于厂内需要吊运的最重元件，它一般是带轴的发电机转子；跨度是指其大梁两端轮子的中心距，它主要决定于厂房下部块体结构的尺寸和发电机层布置的要求，所选用的跨度要尽可能地符合制造厂的标准跨度。

8.4.2　安装间[2]

安装间也称装配间，是机组部件组装和检修的地方，也是全厂对外交通（设备运输和人员出入）的主要进出口。对大中型水电站，由于部件大而重，而且运输量也较大，除公路运输外，常建造专用的铁路。对外交通道路必须直达安装间，以便车辆直接开入并利用桥吊卸货，因而安装间大多布置在有对外交通的一端，有时根据电站的具体情况，安装间也可布置在厂房的两端或中间段。

1. 安装间的面积

安装间除进行机组部件的组装和检修外，一般也可用来检修主变压器，但两者不考虑同时检修。安装间应与主厂房同宽以便桥吊通行，所以其面积便决定于安装间的长度。安装间的面积应由一台机组扩大性检修所需要的场地来控制，通常可按装修一台机组的四大件来考虑，其他较小的或较轻的部件可灵活堆置于发电机层，这四大件分述如下：

（1）发电机转子。转子要在安装间进行组装和拆卸，因而在转子四周应留出 $1\sim2m$ 的工作场地，考虑到转子的吊运，必须将转子的起吊中心布置在桥吊主钩的工作范围以内，在安放转子的下面还应设置转子检修坑（图 8.25），使大轴能伸进地板并固定在支撑台上以利于组装和检修。

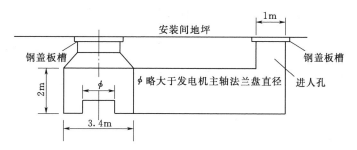

图 8.25　发电机转子检修坑示意图

（2）发电机上机架。一般上机架重量不大，但占地面积不小。

（3）水轮机转轮。其四周要留出 $1m$ 宽的工作场地。

（4）水轮机顶盖。

据统计，一般安装间长度约等于 $1.0\sim1.5$ 倍的机组段长度。当机组台数超过 8 台时，可在厂房两端分设安装间或另加副安装间，当安装间与发电机层不同高度时，上述面积会稍有增加。

2. 安装间的高程

安装间的高程最好与对外道路和发电机层地板同高并高于下游设计洪水位，这样交通运输方便、场地宽敞。往往由于地形、地质、水文、设备等原因，致使发电机层常常低于下游设计洪水位，从而也低于对外道路。对此，工程上常采取以下措施：

（1）安装间与对外道路同高，均高于下游设计洪水位和发电机层地板高程，如图8.11 所示。这样在洪水期仍可保持对外交通畅通，但须增大安装间的面积和增加厂房高度。

（2）安装间与发电机层同高，均低于下游设计洪水位。对此有两种处理方式：一种是在道路岸边筑挡水墙，与高于下游尾水位的尾水平台相接，安装间大门与厂外交通连接的路段采用斜坡段；另一种是厂房周围地势较低的情况下，可在厂区范围内设置防洪围墙，厂区大门采用防洪止水闸门。

（3）安装间与发电机层同高，而在安装间顶端设置卸货平台，此平台高出安装间与对外道路同高并高于下游设计洪水位。这样安装间的面积将有所增大，厂房高度也因卸货要求而有所加高。

以上这些措施，须结合工程实际进行全面分析和比较，选出合适方案。

安装间的基础最好坐落在岩基上。若安装间本身是在岩基中开挖而成，则安装间下部不应再开挖，只在必要的地方（如转子检修坑）进行局部开挖。若原地面线较低或岩基坐落较深，则安装间下层常有很大的空间，这可用以布置辅助设备，如油库、空压机室等工作条件差或运行噪声较大的设备，对这种情况须注意安装间楼板的结构，一般安装间的活荷载特别大，当单机容量大于 10 万 kW 时，楼面活荷载会高达 150～200kPa，因而梁板尺寸大，楼板钢筋密集，而且在汽车轮压和主变压器轨道等处需要设置加强梁及中间支柱。

8.5　主厂房轮廓尺寸的确定

主厂房的轮廓尺寸是指厂房的长度、宽度和高度，这主要决定于机组的型式和尺寸，现以立轴混流式机组的厂房为例，来说明厂房轮廓尺寸的确定方法。

8.5.1　主厂房的总长度[2,3]

主厂房的总长度 L 主要由机组段长度 L_0、端机组段长度 L_D 及安装间长度 L_z 等组成（图 8.26）。若水电站有 n 台机组，则主厂房的总长度为

$$L = nL_0 + L_z + L_D$$

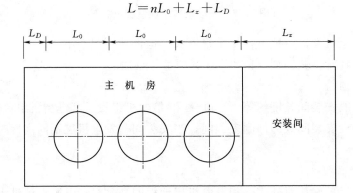

图 8.26　主厂房总长度示意图

1. 机组段长度 L_0

机组段长度 L_0 应考虑发电机、蜗壳及尾水管在厂房长度方向的外形尺寸，并结合各自的外围结构布置需要，分别计算一个单机长度（$L_{0发}$、$L_{0蜗}$ 和 $L_{0尾}$），然后取其最大值。机组段长度 L_0 的具体计算方法分述如下。

$$L_{0发} = D_风 + b \tag{8.1}$$

式中：$D_风$ 为发电机层风道壁外缘直径；b 为相邻两台发电机风道壁外缘之间通道的宽度。如图 8.27 所示。

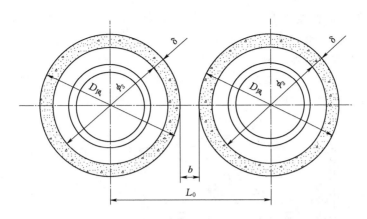

图 8.27 发电机层机组段长度尺寸示意图

$$L_{0蜗} = L_w + 2\Delta L \tag{8.2}$$

式中：L_w 为蜗壳沿厂房长度方向的外形尺寸；ΔL 为蜗壳外围混凝土厚度，一般不小于 0.8～1.0m，大型机组可再大一些。如图 8.28 所示。

$$L_{0尾} = B + 2d \tag{8.3}$$

式中：B 为尾水管扩散段宽度；d 为尾水闸闸墩厚度。如图 8.29 所示。

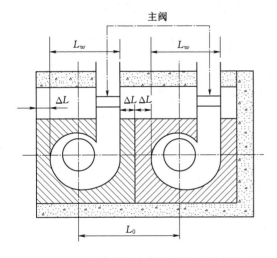

图 8.28 蜗壳层机组段长度尺寸示意图　　图 8.29 尾水管层机组段长度尺寸示意图

机组段长度取三者中的最大值，即

$$L_0 = \max\{L_{0发}, L_{0蜗}, L_{0尾}\} \tag{8.4}$$

2. 端机组段长度 L_D

端机组段长度 L_D 为主厂房的一个主要通道，一般取 $L_D \geqslant 1.5$m。

3. 安装间长度 L_z

安装间长度 L_z 的确定方法参见 8.4 节。一般情况下，L_z 约等于 1.0～1.5 倍的机组段长度。

8.5.2　厂房上部结构的宽度及下部块体的宽度[2,3]

如图 8.30 所示，厂房上部结构的宽度 B 是指包括构架柱在内的最大外围宽度，它是

217

上游侧宽度 B_3 和下游侧宽度 B_4 之和。厂房下部结构的宽度主要由以下因素确定：蜗壳宽度及其外围二期混凝土的厚度；发电机风罩壁的外径及发电机层的布置；检修时吊运发电机转子带轴的要求；蝴蝶阀廊道和边墙的宽度等。所确定的宽度还应以桥吊的跨度和吊钩的工作范围进行复核。厂房下部块体的上游侧宽度与 B_3 相同，其下游侧宽度主要取决于尾水管的长度、下游副厂房的布置和尾水闸墩的设置情况等。

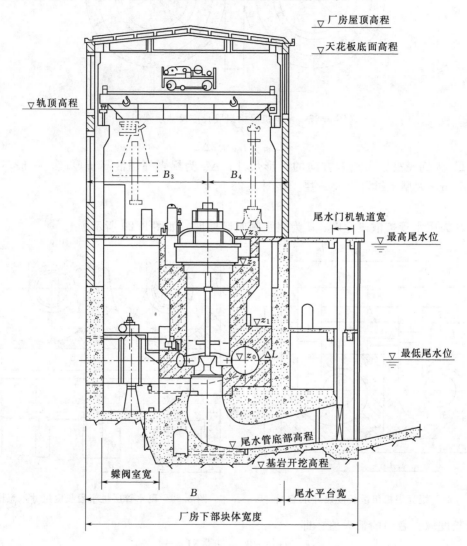

图 8.30　竖式机组厂房横剖面尺寸示意图

8.5.3　主厂房的高度[2,3]

1. 确定水轮机的安装高程

水轮机的安装高程是根据水轮机在运行中避免发生气蚀的条件所确定的，它是一个控制性的高程，厂房其他部分的高程都应由它推算。

竖轴反击式水轮机的安装高程是指导叶中心平面的高程，它可由式（2.63）或式（2.64）求得，式中水电站设计最低尾水位应按各水电站运行的具体情况确定。

2. 尾水管底板高程及基岩开挖高程

如图 2.61 所示,由确定的安装高程和选定的水轮机和尾水管尺寸,便可定出尾水管底板高程。再考虑尾水管底板厚度,便可定出基岩开挖高程。一般整体式底板厚 1~2m,分离式底板(底板与中墩、边墩分离)厚 0.5~0.6m。

3. 蝴蝶阀廊道地面高程

由安装高程(亦即进水钢管的中心线高程)减去钢管半径,再减去 2m 左右的通道高度即得蝴蝶阀廊道(或伸缩节廊道)的地面高程。

4. 水轮机层地面高程(∇Z_1)

水轮机层地面高程即为下部块体的顶部高程,一般取决于蜗壳顶板厚度。在初步设计中:对中型电站顶板厚度可取为 1~2m;对单机容量超过 10 万 kW 的水电站可取 2~4m。

5. 发电机层地板高程(∇Z_3)

在一般情况下,发电机层地板高程取决于机组尺寸、机墩型式和发电机的布置方式。当发电机采用埋入式布置时,还需要确定发电机定子的安装高程 ∇Z_2,因此

$$\nabla Z_2 = \nabla Z_1 + 2\text{m}(\text{水轮机井进入孔高度}) + (1\sim2)\text{m}(\text{深梁高度})$$

则

$$\nabla Z_3 = \nabla Z_2 + \text{发电机定子外壳高度} + \text{部分或全部上机架高度}$$

上述确定的发电机层地板高程,若因下游洪水位的影响或其他布置上的要求做少许抬高时,可适当增加主轴长度和深梁高度。

6. 桥吊安装高程(∇Z_4)

桥吊的安装高程是指吊车轨道顶面高程。机组部件在装修过程中需要在发电机层空间吊运,其中最大的部件是发电机转子带轴或是水轮机转轮带轴,吊运时要求不得碰撞建筑物和其他机组的设备,并保持有一定的安全距离:水平方向为 0.15~0.5m;垂直方向为 0.6~1.0m(如采用刚夹具为 0.25~0.5m)。按此可在厂房横剖面图上用虚线绘出吊运大部件的位置,如图 8.30 所示。根据吊车的起吊方式(用平衡梁、钢丝绳或用专门吊具起吊),再加吊件至轨顶的限制距离,便可得出轨顶高程。

大多数水电站的设计,都将主变压器沿轨道推入安装间利用桥吊进行检修,这是很方便的。目前主变压器的生产大都采用钟罩式结构,这样在检修时可先吊离上部外壳(钟罩)即可检修铁芯,如图 8.31 所示。若桥吊的起吊高度不能满足外壳的起吊时,由于外壳较轻,可在屋顶大梁上设置吊钩,采用临时起吊措施起吊。

7. 主厂房屋顶高程

由桥吊小车顶部至厂房天花板间的垂直净空高度(一般不小于 20cm),再依据屋架结构的型式尺寸和屋面的构造,即可得出厂房屋顶高程(图 8.30)。

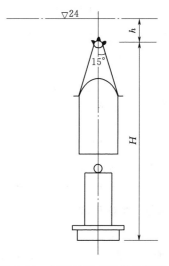

图 8.31 起吊钟罩式油箱示意图

8.6 厂 区 布 置

厂区布置是指水电站主厂房、副厂房、主变压器场、高压开关站、进水管、尾水渠、对外交通线路等相互位置的安排。布置时需按这些建筑物各自的要求因地制宜地进行合理的安排，一般须经过方案比较才能最后选定。

8.6.1 主厂房与进水管、尾水渠[2]

主厂房位置的确定除地形地质条件外，还应考虑与进水管和尾水渠之间保持平顺的水力条件。进水管一般采取正向引进厂房，尾水渠也采用正向自厂房引出。当尾水渠出水与泄洪有干扰或与河道主流接近于正交时，可加设导流墙。由于水轮机安装高程较低，尾水渠常以 1：3～1：5 的倒坡与河床衔接。

8.6.2 副厂房[2-3]

副厂房是指布置各种机电设备及工作生活的房间，它由生产性房间、检修试验用房和间接辅助生产用房组成。为了运行上的方便，副厂房应紧靠主厂房，它可布置在主厂房的上游侧或下游侧，也可能在厂房的端部。由于水电站的型式和规模不同，副厂房内房间的数量和尺寸也各不同。表 8.1 给出了中型水电站中，副厂房的各种房间及其所需要的面积，可供参考。

表 8.1　　　　　　　　　中型水电站副厂房的房间和所需的面积　　　　　　　单位：m²

副厂房名称	面积	副厂房名称	面积
Ⅰ. 直接生产用房		检修排水泵房	20～40
发电机电压配电室	按要求确定	渗漏排水泵房	20～40
厂用变压器室	20×厂变台数	Ⅱ. 检修试验用房	
厂用配电室	30～50	高压试验室	20～40
近区配电室	50～70	油化验室	10～30
中央控制室	80～110	电气试验室	15～35
继电保护室	100～130	仪表修理室	15～25
电子计算机室	40～70	电工修理室	20～40
蓄电池室	40～60	机械修理室	40～60
酸室及套间	10～20	工具间	15
充电机室	15～25	仓库	10～25
蓄电池室的通风机室	15～30	Ⅲ. 间接辅助生产用房	
直流盘室	15～20	图书资料室	30～40
载波通信室	20～50	厂长办公室	15～20
压气机室	50～80	主任工程师室	15～20
油桶室	40～80	会议室	20～40
油处理室	30～50	交接班室	20～25

8.6.3 主变压器场[2]

主变压器位于高、低压配电装置之间，起着连接升压作用，它的位置在很大程度上影响着厂房主要电气设备的布置，因此常先安置主变压器的位置，然后再确定发电机引出线及其他电气设备的布置。

一般河床式水电站有较长的尾水管，多将主变压器布置在厂房下游的尾水平台上。

坝后式水电站在厂坝之间往往有足够的空间安置副厂房及主变压器。

对引水式和混合式水电站的岸边厂房，为了减少开挖和保持山坡稳定，常将主变压器布置在厂房一端，最好布置在靠近安装间的岸边公路旁，以便于运输。但这样的布置将增加低压母线电缆的长度，并需设母线廊道。

8.6.4 高压开关站[2]

高压开关站一般设在户外，对河床式水电站，一般均布置在河岸上；对岸边式厂房，一般布置在岸边台地上，最好靠近主变压器场，有时为了节省开挖量可布置成阶梯式；对坝后式厂房，通常布置在厂坝之间，若场地不足时亦可设置在岸坡上，也可按不同的电压等级分开设置，并以道路连接。若采用六氟化硫组合式高压开关时，可在户内布置。

8.6.5 厂内对外交通[2]

根据需要与可能，可将公路或铁路直接引入安装间。公路坡度应不大于 8%～10%，转弯半径应不小于 20m，路宽不小于 4.0m。

图 8.6 为湖南镇水电站厂区总体布置图，厂房为岸边式厂房，可以看出：高压引水隧洞分支后正向引进厂房，由于后山坡陡峻且地质条件不够好，为了避免高边坡开挖而将副厂房布置在主厂房的下游侧和东端，为此加长了尾水管的长度；为了避开机组振动的影响而将中控室布置在安装间下游；尾水渠以倒坡与河床衔接，两边筑有导流墙，使其出水方向与河道主流斜交；进厂公路自西端通入安装间，在靠近厂房的公路边上布置有主变压器场（包括近区变压器在内）和 110kV 高压开关站；公路还可经尾水平台通向厂房东侧，与东侧布置的机械修配厂和 220kV 高压开关站相连接。

8.7 主厂房的结构布置

以发电机层地板为界，一般将水电站主厂房结构划分为上部结构和下部结构两部分。上部结构包括屋面体系、吊车梁、厂房构架及发电机层楼板，基本上与一般工业厂房相似。为了加快施工进度，其构件应尽量采用预制的装配式构建，大型水电站的屋架和吊车梁也有采用钢结构的。下部结构包括发电机的机墩、蜗壳、尾水管、上下游侧墙等，其特点是结构的截面尺寸大、形状不规则，均为现浇的钢筋混凝土结构。厂房上下部结构传力的情况大致如图 8.32 所示。

厂房结构布置主要包括厂房永久缝的设置和厂房上下部结构的布置，厂房混凝土施工主要包括一、二期混凝土的划分和混凝土浇筑的分层分块。厂房施工应密切结合厂房结构的特点，在保证质量的前提下应力争提前发电，提前收益，因而要求在继续施工的情况下能保证有部分机组提前投入运行，并考虑后期机组安装和投入运行的必要措施。

8.7.1 厂房的分缝[2]

厂房中的缝有好几种：按缝的作用可分为伸缩缝（也称为温度缝）、沉降缝和施工缝；按缝的方向可分为横缝（垂直于厂房纵轴）和纵缝（平行于厂房纵轴）；按缝的存在时间

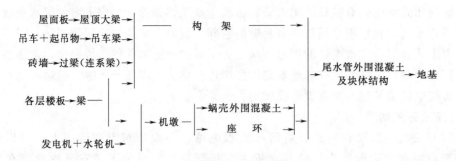

图 8.32　水电站主厂房结构系统示意图

可分为永久缝和临时缝。考虑温度和沉降影响而设置的缝是长久存在的，称为永久缝，在混凝土施工中因分层分块而临时存在的缝，称为施工缝。

1. 永久缝的设置

沉降缝和伸缩缝都属于永久缝，沉降缝自上而下贯穿至地基，伸缩缝则视地质条件有的只设在上部结构，有的也贯穿至地基与沉降缝合二为一。

若厂房坐落在岩基上（坝后式和岸边式厂房多属于这种情况），由于岩层的摩擦系数相当大（可达 0.5～0.65），则在下部混凝土中将会产生很大的收缩应力和温度应力，为了减小这种应力，则采取在厂房中设置伸缩缝并贯穿至基岩，缝的间距一般控制在 20～30m，经论证可达 40～50m，若岩石破碎，该伸缩缝也起沉降缝的作用，以适应地基的不均匀沉降。厂房中的伸缩缝有横缝和纵缝，横缝将厂房分成若干独立的区段，根据机组段长度的情况可采用一机一缝或两机一缝，由于安装间和主机室之间的岩层开挖高度有突变，而且荷载情况也不同，因而在两者之间必须设置沉降缝。厂房的上部结构在永久缝之间也应是独立的单元，一般在缝的两侧各设一构架，形成并列构架，使受力明确。纵缝一般设在厂坝之间，这样纵缝的存在还可简化主厂房的荷载，厂房可独立保持稳定，并便于施工，有时根据坝体稳定的要求，厂坝之间亦可不设纵缝，如图 8.33 所示，使厂房下部混凝土和坝体混凝土连成整体，厂坝共同保证抗滑稳定。

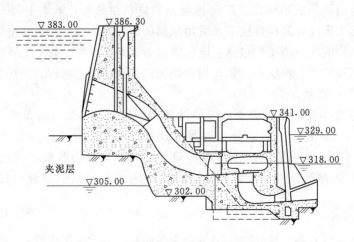

图 8.33　厂坝整体连接的坝后式厂房（单位：m）

若厂房坐落在可压缩的软基上（河床式水电站多为这种情况），由于地基摩擦系数较小（可达0.2～0.3），伸缩缝的间距可以增大。若地基为砂性土壤，其缝距可达60m，若为黏性土壤可达100～120m，此时伸缩缝亦起沉降缝的作用。当地基可能有不均匀沉降或沉降量过大时，亦可将厂房下部混凝土沿全长浇筑成一个刚性的整体结构，伸缩缝可只设在上部结构。

在岩基上伸缩缝的缝宽一般为1～2cm，在软基上伸缩沉降缝的缝宽可大一些，但不宜超过5cm。为了防止缝在施工中被硬物填死，缝中可充填弹性材料，一般是沥青和油毛毡互层，为了防止渗水，缝中尚应设置止水。

2. 缝间止水

永久缝间的止水应不影响缝的伸缩与沉降，并且要经久耐用，不透水。止水材料有塑料止水片、紫铜止水片，由于紫铜片价格贵，故只应用在缝的迎水面，止水的位置应分析水的来源设在靠近迎水面处。一般部位或施工缝部位，可只设一道塑料止水；对重要部位需做两道止水，必要时中间还可设沥青井。图8.34是某坝后式厂房的止水布置图，考虑到坝基渗漏，在厂房上游侧也设置了一道止水。两道止水的做法如图8.35所示。

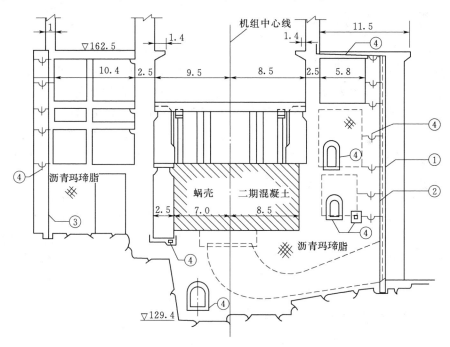

图8.34 某坝后式厂房止水布置图（单位：m）
①—紫铜片A；②—塑料止水片A；③—紫铜片B；④—塑料止水片B

8.7.2 主厂房的结构布置[2]

主厂房的下部结构主要由尾水管、蜗壳、机墩和边墙等组成，以现浇的钢筋混凝土块体结构为主，这些结构的型式、尺寸和布置，在本章前几节中已有所阐述。上部结构主要由发电机层楼板、构架、屋顶结构及吊车梁等组成，为了加快施工进度，可尽量采用预制的装配式混凝土结构，大型水电站的主厂房屋架和吊车梁亦可采用钢结构，下面主要讨论

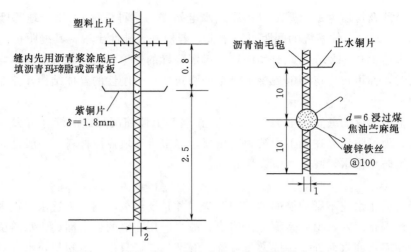

图 8.35 两道垂直止水的平面布置示例（单位：cm）

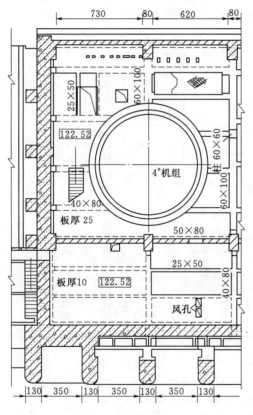

图 8.36 发电机层楼板梁格
布置示例（单位：cm）

这些结构的型式和布置，它们的尺寸在布置时可先参考已建成的类似厂房进行初估，待技术设计阶段再进行验算和修改。

1. 发电机层梁板结构

发电机层的梁板是主机室的主要楼面，由于机电设备的安放及运行上的需要，楼面上开孔多、荷载大，大多采用现浇的混凝土整体肋形结构。其布置往往很不规则，有主梁、次梁和小梁，也有不同形状的单向板、双向板和多跨连续板，对大中型电站板厚一般为 20～30cm。图 8.36 为湖南镇水电站厂房边机组段发电机层楼板梁格布置图。可以看出：主厂房楼板厚 25cm，板上大的孔洞周围布置有次梁或小梁，整个楼面结构支撑在发电机风罩壁、边墙及构架柱上，上下游构架柱之间的主梁尺寸为 60cm×100cm，由于跨度大，在其下设有 60cm×60cm 的立柱，固结在水轮机层下面的大体积混凝土上；副厂房楼板厚 10cm，设有 40cm×80cm 的主梁和 25cm×50cm 的次梁。

2. 主厂房构架及屋顶结构

厂房构架是上部结构的骨骼，是主要的承重结构，它由立柱与屋顶大梁横向构成 Π 形框架，在纵向则以连系梁、吊车梁连接，四周围以墙和门窗，下面还可能支撑着发电机层的大梁，构架固接在下部结构的一期混凝土上。

每一机组段一般设三榀构架,间距 6～10m,尽可能布置成相同间距,并避免布置在钢管、蜗壳和尾水管顶板上。在永久缝两侧一般应各设一构架,形成并列构架,使受力明确,如图 8.37(a)所示。厂房构架一般均为矩形断面的钢筋混凝土结构,构架结构有整体式和装配式两种:整体式结构的立柱屋顶大梁整体浇筑,形成刚性连接,称为钢架,其优点是结构刚度大,缺点是屋顶大梁施工困难,柱顶弯矩值较大;装配式构架是在立柱浇好后,将屋顶大梁预制后吊装,大梁与立柱可用螺栓连接,或将大梁与立轴的钢筋焊在一起,再用混凝土填缝,这样大梁与柱顶的结点形成铰接,称为排架。排架刚度较小,且需合用的吊装设备,排架无柱顶弯矩,施工较方便。

整体式钢架的屋顶大梁一般采用矩形断面,装配式排架的屋顶大梁常采用 T 形或工字形断面,大梁多做成双坡,当大梁跨度较大时可采用预应力结构或钢结构。屋面通常采用大型屋面板,铺设在相应的屋顶大梁上,在屋面板上再铺设隔热层和防水层。

图 8.37 为东江水电站厂房构架示意图,可以看出安装间和每个机组段都具有三榀构架,在伸缩缝两边各自以纵向连系梁(在柱顶和吊车梁处有两道连系梁)组成独立的空间框架。构架柱为矩形断面,在牛腿以下的断面尺寸为 120cm×250cm,牛腿以上断面尺寸为 120cm×180cm,屋顶大梁采用梯形钢桁架结构,与构架柱在顶端铰接。安装间构架柱的下端固结在 162.50m 高程的基岩上,而机组段构架柱的下端固结在 148.50m 处的块体混凝土上。

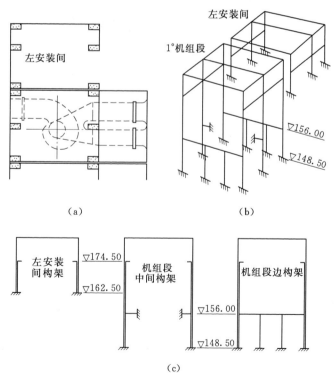

图 8.37 东江水电站厂房构架示意图(单位:m)
(a)构架平面布置图;(b)空间框架图;(c)构架横向立面图

3. 吊车梁

厂房吊车梁支承在构架立柱的牛腿上，用以承受桥吊轮压的移动荷载，一般大型桥吊的单个轮压可达 $70\sim80\mathrm{t}$。过去为了节约钢材和便于施工，多采用预制的单跨装配式吊车梁，T 形断面。近年来，在大中型水电站中当吊车的吨位及跨度较大时，都采用了实腹式钢吊车梁，以加快施工进度和便于吊装。

8.7.3 主厂房一、二期混凝土的划分[2]

厂房一、二期混凝土是指由机组安装要求划定的前期和后期浇筑的混凝土，如图 8.38 所示。

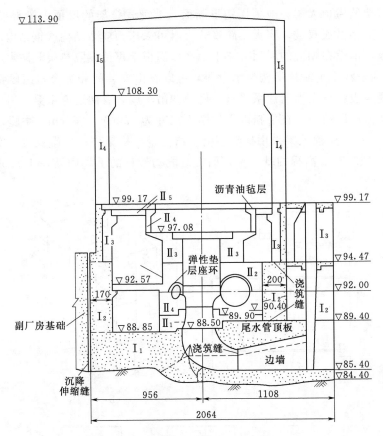

图 8.38 厂房一、二期混凝土的划分和浇筑分层（单位：cm）

一期混凝土一般包括尾水管直圆锥段以下的大体积混凝土、上游侧边墙、下游侧挡水墙及尾水闸墩、主厂房构架及屋顶、吊车梁、部分楼层的梁板等，如图 8.38 中 $\mathrm{I}_i(i=1,2,\cdots,5)$ 所示。先期浇筑的一期混凝土为桥吊的安装和机组部件的吊运与安装创造了条件。

二期混凝土是为了机组的安装和埋件的需要而预留的，通常要等到机组有关设备到货、尾水管直圆锥段钢板里衬和金属蜗壳安装完毕后再行浇筑。二期混凝土包括尾水管锥管段钢板里衬的外包混凝土、蜗壳外围混凝土、机墩、风罩壁及发电机层的梁板等，如图 8.38 中 $\mathrm{II}_i(i=1,2,\cdots,5)$ 所示。

对河床式厂房，钢筋混凝土蜗壳则属一期混凝土。

8.8　其他类型厂房简介

以上各节主要论述了坝后式和岸边式厂房的布置、结构和施工特点，还有其他类型的厂房如河床式、地下式、坝内式、厂顶溢流式、厂前挑流式和抽水蓄能电站厂房，都已广泛应用于我国的水电建设中，以下就这些厂房的特点做一简单介绍。

8.8.1　河床式厂房[2]

河床式厂房的型式有好多种，其中普遍采用的是装置竖轴轴流式机组的河床式厂房，现将其特点分述如下：

（1）河床式水电站的进水口与厂房的主机室连成整体，其横向尺寸较长，沿水流方向可分成进水口段、主厂房段和尾水平台段。在进口处布置有拦污栅、检修闸门和工作闸门，在尾水管出口处布置有尾水检修闸门，一般都采用门机启闭，由于河床式厂房的进口宽度和尾水管出口宽度都较大，常需设1～2个中间隔墩以减小闸门和顶板的跨度。轴流式水轮机尾水管的出口扩散段一般都比较长，于是常将副厂房布置在尾水管的顶板上（副厂房内布置有低压开关室），将主变压器布置在尾水平台上，这样发电机向下游出线，经开关室可直接向上引向主变压器，线路很短，布置上也很紧凑。

（2）由于河床式厂房还起着挡水作用，在主厂房上游往往设置有较高的挡水墙，上游侧吊车梁轨道可直接铺设在挡水墙伸出的带形牛腿上，于是形成厂房构架上游立柱短、下游立柱长的不对称框架。

（3）河床式厂房大都采用平顶的钢筋混凝土蜗壳，由于过流量大，厂房尺寸主要由蜗壳控制，调速系统的设备常布置在与发电机出线和低压开关室相反的一侧，以便于机电分侧布置。

（4）河床式水电站往往位于河面比较开阔的地段，地质条件一般较差，甚至有可能建在软基上，由于厂房直接承受着上游较大的水压力，使厂房的总体稳定问题比其他厂房更为严重，因此需特别重视厂房下部轮廓尺寸的设计、伸缩沉降缝的设置、基础处理等工作，以确保厂房稳定。

（5）河床式水电站一般属径流式开发，水库调节性能差、泥沙问题尤为突出，汛期洪水挟带大量泥沙而下，会形成厂前淤积和粗砂对水轮机的磨损，因此厂房必须设置有效的排沙措施。

图8.39是葛洲坝大江水电站厂房横剖面图。厂内装设单机容量为12.5万kW的大型轴流式水轮发电机组，水轮机的型号为ZZ560-LH-1020，发电机的型号为SF125-96/1560是新型伞式发电机。厂房上游挡水墙顶部与坝顶和进水口平台同高，比发电机层地板高出14.39m。在进口段设置了拦污栅、检修门槽和工作门槽，为了解决排沙问题，在厂房底部设有排沙底孔，底孔从蜗壳和尾水管之间通过，其工作门槽设在底孔出口，检修门槽设在底孔进口，进口拦污栅及各种闸门的工作由设在坝顶的门机操作，尾水检修闸门和底孔工作闸门的工作由设在尾水平台的门机操作，其工作均互不干扰。

厂房构架采用不对称的排架，高压出线架布置在屋顶上，又因厂房跨度大因而厂房屋

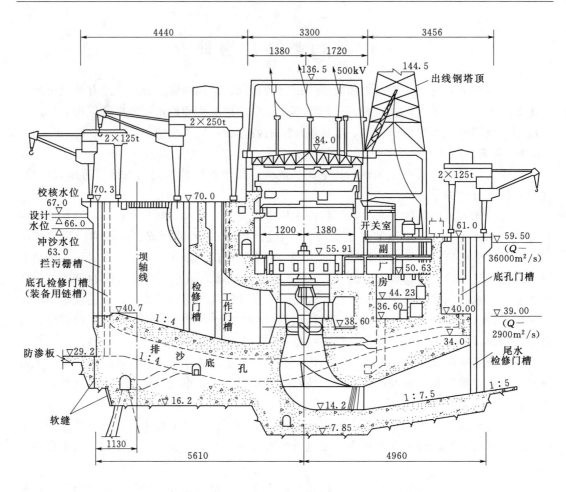

图 8.39 葛洲坝大江水电站厂房横剖面图（单位：cm）

架采用了钢桁架结构，厂内安装了 2 台 2×260t 的双小车桥吊和 2 台 2×80t 的双小车桥吊，以吊运各种不同的重物，为了工作时互不干扰，两种吊桥安装在不同的高程上。

副厂房布置在尾水管顶板上，其最上一层在尾水平台以上，为开关室，开关室下游平台上布置有主变压器（可沿轨道运送至安装间检修），这样发电机向下游侧出线，经开关室、主变压器至高压开关站，显得更加方便、紧凑。

8.8.2 地下厂房[2]

据不完全统计，目前世界上已建成的地下水电站约在 350 座以上，总装机容量已超过 4000 万 kW，其中最大的是加拿大丘吉尔瀑布水电站，单机容量为 47.5 万 kW，装机 11 台共 522.5 万 kW，地下厂房长 297m，宽 24.8m，高 45.8m，洞挖量达 45 万 m³。自新中国成立以来，我国也建了一些地下水电站，据统计，装机容量在 1 万 kW 以上的大中型地下水电站就有 30 余座，约占水电站总数的 23%。图 8.40 是我国白山地下式水电站枢纽布置图，图 8.41 为该水电站厂洞透视图，图 8.42 为该水电站主厂房横剖面图，可以看出该电站是由许多洞室立体交叉的洞室群组成，其规模在世界上也是比较大的。

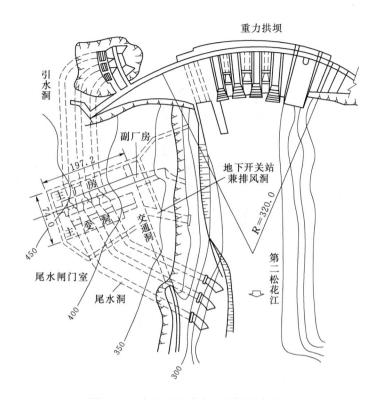

图 8.40 白山地下式水电站枢纽布置图

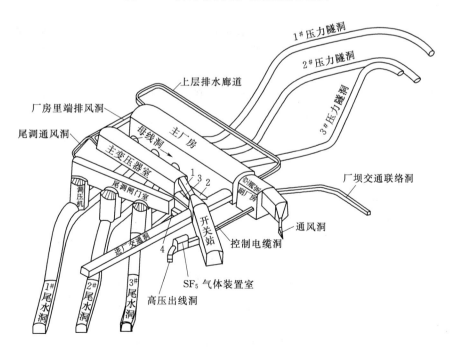

图 8.41 白山地下式水电站厂洞透视图

1—排风洞；2—主变搬运洞；3—高压电缆洞；4—尾闸搬运洞

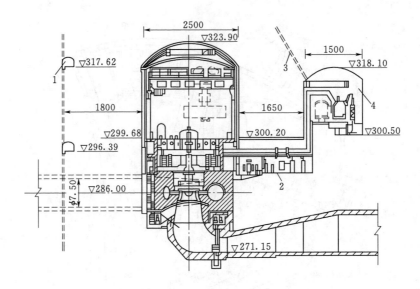

图 8.42 白山地下式水电站厂房横剖面图（单位：cm）

1—排水廊道；2—低压母线洞；3—主变事故排烟洞；4—主变洞

1. 地下厂房的优缺点

地下厂房的优点主要表现在：

（1）地下厂房可以避开不利地形，节省大量的高边坡开挖，也可以避开不利的地质条件，以保证工程安全。

（2）缩短调压井至厂房间高压隧洞的长度，使调节保证的要求容易得到满足。

（3）减小大坝和厂房之间的施工干扰，便于施工导流，并可避免厂房与泄洪建筑物的矛盾。

（4）当电站下游水位变幅大时，地下厂房与封闭式的地面厂房相比，可能会改善运行条件和降低工程造价，成为较好的方案。

地下厂房的缺点是洞挖量大，通风、防潮、采光条件差，当地质条件差时支护费用会很大。

2. 地下厂房的布置型式

根据地形、地质、施工、交通、运行等条件，地下厂房在压力引水系统中有不同的位置，如图 8.43 所示。

（1）首部地下厂房。厂房布置在进水口附近，压力隧洞短并可做成竖井，有利于机组的运行，当压力隧洞采用单元供水时，可不设下端阀门，只在进口设置工作闸门，因而可节省投资。这种布置方式的尾水隧洞可能很长，当为压力流时，需要设置尾水调压井，还可能有较长的交通洞、通风洞、出线洞等附属洞室。我国以礼河二级水槽子水电站装有两台机组，单机容量为 1.75 万 kW，是典型的首部地下厂房，如图 8.43（a）所示。

（2）尾部式地下厂房。这种厂房位于压力引水系统的尾部，靠近地表，尾水隧洞短，厂房洞室布置、电站运行及施工都较方便，因而世界各国的地下厂房中采用尾部布置的占多数，如以礼河三级盐水沟、四级小江，渔子溪，映秀湾等水电站的厂房都是尾部式地下

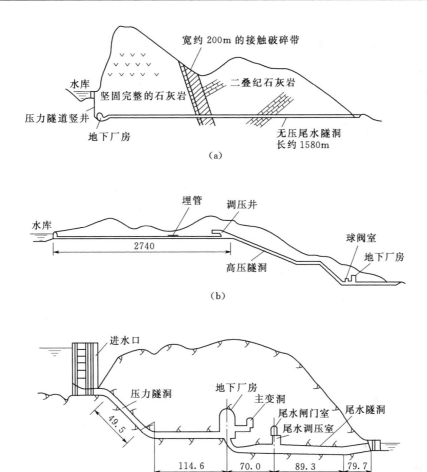

图 8.43 地下厂房的三种布置型式

厂房。图 8.43（b）即为盐水沟水电站纵剖面图。

（3）中部式地下厂房。当引水系统中部的地形地质条件适宜，施工、运行方便时，可采用这种布置的厂房，若厂房上、下游压力隧洞长时，可能要同时设置上游调压井和下游尾水调压井。图 8.43（c）是我国白山水电站中部设置的地下厂房。

3. 地下厂房的洞室布置

地下厂房洞室布置涉及很多方面的因素，其中地质条件往往起主导作用，由于地质构造和地应力状态复杂，因而对每个电站的洞室布置须结合具体情况进行分析和确定。

（1）主厂房纵轴方向的确定。按地质条件的控制，厂房纵轴方向应满足下述三个条件：

1）厂房洞室纵轴的轴线避免与大断裂系统的方向一致。

2）洞室轴线应尽可能地垂直于岩层走向。

3）洞室轴线最好与岩体中最大主应力的方向一致，否则亦应保持较小的夹角（一般

231

不大于 $30°$）。

（2）主变压器及开关站的布置。近年来修建的地下水电站趋向于将主变压器布置于地下，其基本布置方式有两种：一种是将主变压器放在专门的洞室中，与主厂房平行，由低压母线洞与主厂房连接；另一种是将主变压器置于主厂房端部。其中前一种布置方式应用较多。

随着全封闭组合电器和高压电缆的采用，高压开关站也趋向于布置在地下，由高压电缆洞与主变压器连接。当采用地面布置的高压开关站时，常采用竖井或斜井式电缆洞与主变压器连接。

（3）地下厂房附属洞室的布置。地下水电站厂房附属洞室较多，如交通洞、出线洞、通风洞、尾水洞、施工出渣洞等，所以这些洞室的布置以紧凑、简单与合理为原则，尽量做到一洞多用，以减少投资、加快施工进度。为了避免地下主厂房的跨度过大，一般都修建专门的主阀室。两洞之间的净距应控制为大洞高度的 $0.6 \sim 0.8$ 倍。

我国白山地下式水电站厂房的布置如图 8.40～图 8.42 和图 8.43（c）所示。该电站位于第二松花江上，拱坝坝高 150m，总库容 65.1 亿 m^3，装机容量 3×30 万 kW。坝址处河谷狭窄，泄洪量大，洪水位高，布置坝后式厂房或岸边式厂房都有很大困难，两岸边基岩为混合岩，岩石单一，质地坚硬，其抗压强度达 1250×10^5 Pa 左右，且节理间距大，断层很少，经比较最后选定为地下式厂房方案。地下厂房位于右岸坝下约 90m 的山体内，上覆岩石厚 60～120m，主厂房长 121.5m，宽 25m，高 55m，采用单元供水，每条尾水隧洞首部设有尾水调压井，并与尾水闸门室相结合。铁路由右岸 303.50m 高程经交通平洞直接进入安装间卸货平台。副厂房布置在主厂房一端，紧靠安装间，辅助设备布置在安装间下层，主变压器洞位于主厂房下游侧，高压开关采用封闭式组合电器，亦布置在地下，发电机出线经出线洞、主变压器洞、高压电缆洞、开关站引出、升高电压为 220kV。厂房靠近水库，厂内防渗、防潮问题严重，为此在厂房上游岩体内设置了排水孔和排水廊道，在主厂房和副厂房内设置隔墙与岩面分开，各主要洞室都有排水系统，并设置了进风洞、空调室及排风洞进行通风防潮。通风要求保持一定的温度、湿度和风速以保证运行人员的健康和电气设备的正常工作。

4. 地下厂房的开挖与支护

（1）地下厂房的开挖。地下厂房的开挖属大断面的洞室开挖，其开挖程序大多采用自上而下的分层开挖，首先开挖顶部中间导洞，由一端向另一端掘进，待顶拱全部挖完则立即做好顶拱支护；接着用台阶法开挖下一层，并及时做好该层的支护。施工方法大多采用钻孔爆破法，为了有利于岩层稳定和保证周边形状，在开挖周边时应严格控制钻孔方向、孔距和装药量，必要时可采取预裂爆破或打防震孔。

（2）洞室支护。洞室开挖引起了岩石应力的重新分布以及爆破时的振动和爆炸气体钻入岩石裂隙，引起岩体松动，造成洞室的不稳定和影响施工安全，因此必须设置钢筋混凝土衬砌或喷锚支护。

钢筋混凝土衬砌是一种刚性支护，主要用于拱顶衬砌，以承受上部的山岩压力，当岩体破碎，沿裂隙有地下水出现时，亦可做边墙衬砌。由于施工程序和施工条件的限制，刚性衬砌往往要在洞室开挖完成后方可进行，同时由于衬砌与岩体不能紧密结合，衬砌完工以后，岩体仍在变形，因而使衬砌被动地承受较大的山岩压力。

喷锚支护是一种柔性支护，就是及时地向围岩表面高压快速地喷上一层薄而具有柔性的钢筋网混凝土，并埋设一定数量的锚杆或锚索，使洞四周的围岩形成自承拱来承担由于岩石开挖后而重新形成的应力。

喷锚支护应和岩石开挖进行平行交叉作业，使岩体变形在一定范围内很快稳定下来，从而最大限度地保护岩体原有的结构和力学性质。与钢筋混凝土衬砌相比，岩石开挖量和钢筋混凝土用量均可减少，不用模板，工序简单，施工速度快，工程造价约降低50%，技术和经济上的优越性是很明显的。因此，近年来喷锚支护在大型地下厂房的设计和施工中得到了广泛的应用，如前面所介绍的白山水电站地下式厂房，一方面由于岩石较为完整坚硬，另一方面又采用喷锚支护加固，于是便取消了厚重的混凝土顶拱和边墙，再加上其他措施（隔墙、悬挂的顶棚等），使整个厂房设计非常合理、紧凑而经济。

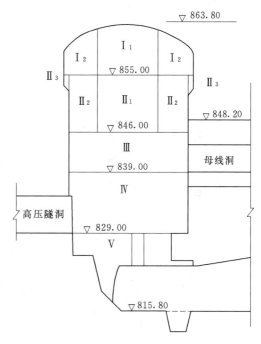

图 8.44 为我国乌江东风地下式水电站主厂房洞室开挖程序图。该水电站主厂房洞室的尺寸为 105.5m×20m×48m（长×宽×高），具有跨度大、边墙高的特点，地处缓倾角的灰岩地层，整个厂房均采用喷锚作为永久性支护。为了保证岩石的稳定和周边曲

图 8.44　乌江东风地下式水电站
主厂房洞室开挖程序图

线的形状，在厂房上部采用由上向下分层分区爆破开挖，顶拱和周边运用光面爆破法施工，开挖和支护分层同步进行。开挖时，先打通中间导洞（I_1）区，然后开挖两侧。第 II 层的开挖是在第一层开挖并进行永久性喷锚支护后进行的，厂房下部 III 层、IV 层、V 层均采用全断面爆破开挖，但在开挖时须控制其装药量以免影响上层岩面和混凝土喷层的稳定。

8.8.3　坝内式厂房[2]

当河谷狭窄、泄洪量大、溢流坝段长，布置坝后式厂房有困难，而坝高较大且允许在坝身内留出一定的空腔时，可将厂房布置在坝体空腔内而成为坝内式厂房。

坝体内空腔的大小和形状对坝体应力影响很大，因而在机组及附属设备的选型与布置上都必须与坝内所允许的空腔相适应。在满足电站正常运行的前提下，应尽可能地减小厂房尺寸，并选择适当的空腔形状，使坝体应力在允许范围以内而且在分布上也较均匀，这需要经过有限元应力分析和结构模型试验后方可确定。

图 8.4 是我国上犹江水电站坝内式厂房横剖面图，可以看出：厂房布置在重力式溢流坝内，为了减小空腔尺寸，厂内采用了两台 50t 的小型吊车以降低厂房高度，尾水管

的扩散段采用了窄而高的断面以减小机组段长度，并可改善应力状态；厂房的顶拱采用抛物线形，并把主、副厂房很好地结合在一起；厂房由设在闸墩中的出线洞出线，主变压器和高压开关站设在坝的顶部；进水口设在坝的迎水面上，为了避免与溢洪道闸门干扰，采用蝴蝶阀作为进口工作阀门，蝶阀室上面用盖板封闭，可以过水，在蝶阀安装或检修时可由坝顶门机起吊，起吊时须先放下溢流坝的检修闸门，再打开盖板进行。

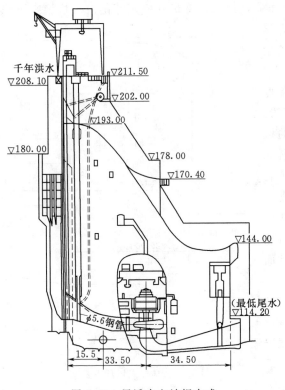

图 8.45　凤滩水电站坝内式
厂房横剖面图（单位：m）

图 8.45 是我国凤滩水电站坝内式厂房横剖面图，可以看出：厂房布置在重力拱坝的空腔内，进水口设在溢洪道孔口的闸墩内，进口高程较低，引水管道在坝底部横穿坝体引向水轮机，尾水管也采用窄而高的断面；在厂房上、下游两侧设置了纵向永久缝把厂房与坝体完全分开，这样改善了坝体下部的应力分布，而且使两者的受力也比较明确；厂内选用了双小车桥吊以降低厂房高度；坝内厂房的空腔形状接近于倾向下游的椭圆，这主要是为了与坝体主应力方向趋于一致。

坝内式厂房除了枢纽布置上的需要外，其优点还表现在：压力管道短，水头损失小；坝体空腔有利于坝体混凝土的散热，也有利于坝基排水。但也存在着一些缺点：坝体应力难以计算，施工导流复杂；厂、坝混凝土施工干扰大；厂内通风、照明、防渗、防潮和厂房对外交通问题需要妥善解决。

8.8.4　厂顶溢流式厂房[2]

厂顶溢流式厂房和坝内式厂房一样，也适用于高山峡谷和泄洪量大的情况，不同的是将厂房布置在溢流坝后，厂房顶板作为溢流面的一部分，汛期泄洪时可在厂顶溢流。这样厂房可不设在坝内，可改善坝体的应力条件，使坝体混凝土浇筑、施工导流和机电安装等方面更为方便。

图 8.3 是我国新安江水电站厂顶溢流式厂房横剖面图，可以看出：进水口亦布置在闸墩的下方，其应用可与溢流坝闸门的启闭互不干扰；厂房下部与坝体混凝土之间设置纵向伸缩缝，压力钢管通过缝时设有伸缩节；为提高厂房的抗震性能，厂房顶板用拉板与坝体连接，顶板采用挑流消能，使水舌远离厂房。

这种厂房的通风、照明、防潮、出线和对外交通亦需要妥善处理，并在设计时注意高速水流在厂顶可能引起的气蚀、振动破坏和对下游的冲刷。

8.8.5 厂前挑流式厂房[2]

为了消除厂顶溢流式厂房在高速水流情况下对厂房顶板引起的气蚀和振动破坏，可采用在厂房之前进行挑流，这样在泄洪时高速水流挑越厂房顶部，使水舌与厂房脱离，并直接落在厂房下游，这种厂房称为厂前挑流式厂房。

图8.2为我国乌江渡水电站厂前挑流式厂房横剖面图，可以看出：厂房布置在溢流坝的挑流鼻坎下面，泄洪挑流时，厂房可不受水舌的影响；由于下游最高洪水位高出厂顶达12m，同时为了适应小流量时水舌对厂房的撞击，因此厂房用很厚的混凝土顶拱和墙壁封闭；在厂坝之间用纵向伸缩缝分开，后因洪水期厂房在下游水压力的作用下不能保持稳定，因而在水库初期蓄水后，将水轮机层以下的伸缩缝用灌浆充填；厂房上部与坝体之间的空间较大，主变压器和副厂房均布置其中，高压开关站布置在闸墩顶部，闸墩内设有电缆井，主变压器高压侧出线可经电缆井引向高压开关站。

这种厂房的缺点是泄洪时水流挑落处距厂房较近，因此须注意厂房及下游河床的稳定，并注意在溢流坝闸门启闭时各种流态对厂房顶部所形成的脉动压力。当水电站的水头不高，单宽泄洪量小时，不宜采用这种厂房。

8.8.6 抽水蓄能电站厂房[2]

目前，抽水蓄能电站厂房中的机组最常采用的是立轴单级混流可逆式水轮发电机组，它由混流式水泵水轮机和发电电动机组成。混流式水泵水轮机的应用水头范围一般在30～500m，最高达677m（保加利亚茶拉抽水蓄能电站），最大单机容量达38万kW（美国巴斯康蒂抽水蓄能电站）。由于水泵水轮机的气蚀由水泵工况控制，吸出高常为负值，而且其绝对值很大，如茶拉电站 $H_s = -62$m，巴斯康蒂电站 $H_s = -25.3$m，致使水泵水轮机的安装高程很低，所以抽水蓄能电站的厂房多采用地下厂房，也有少数采用半地下式厂房。

抽水蓄能电站的地下厂房和常规发电的地下式厂房相比，它们在布置、结构和施工上的要求基本上是一样的，只是由于水泵水轮机的安装高程过低和机组运行情况的不同，抽水蓄能电站的厂房尚具有以下特点：

（1）进厂交通洞多成为斜洞（坡度一般小于7%～8%），而且很长（有时达700m以上），这样施工洞也就相应的增长。为了使一洞多用，进厂交通洞常和出线洞、通风洞结合在一起。

（2）尾水管末端须装设工作闸门，而且尾水隧洞往往很长，须设置尾水调压室，于是常采取将尾水闸门井和尾水调压室布置在一起，如图8.46所示。

（3）安装间有时设在主厂房中间（如我国十三陵抽水蓄能电站厂房），由于其开挖深度较深，下部岩石对高边墙有支承作用，而且对机组的安装和检修也较为有利。

（4）主变压器多布置在地下，以缩短低压出线长度，减小电能损失，有时高压开关站也布置在地下，当采用六氟化硫成套装置时可放在主变压器洞的上部。

（5）防水、防渗和防潮要求高，因而集水井、水泵和通风设备的容量都较大。

图8.47是我国广州抽水蓄能电站厂房横剖面图，主厂房洞室宽21m，高44.54m，长146.5m，厂内装有4台单级混流可逆式水轮发电机组，单机容量为30万kW。水轮机工况的最大水头为537.2m，水泵工况的最大扬程550.1m，水泵水轮机前装有球阀，考虑

到近代球阀的设计制造质量可靠，故将球阀安放在厂内，省去了专门的球阀廊道。厂房拱顶采用喷锚支护加固的岩石自承拱，薄拱顶棚支承在边墙的拱座上，并采用岩锚吊车梁，就是将吊车梁锚固在岩壁上，这样便省去了厂房两侧的立柱，减小了厂房跨度。在主厂房下游35m 处，设有主变压器洞，在标高218.75m 处安放主变压器，其上标高229.75m 处为高压开关站，在主厂房与主变压器洞之间设有母线廊道。

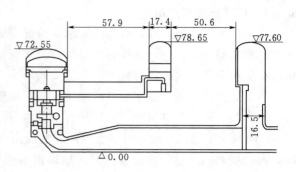

图 8.46　尾水闸门井与尾水调压室
结合的布置图（单位：m）

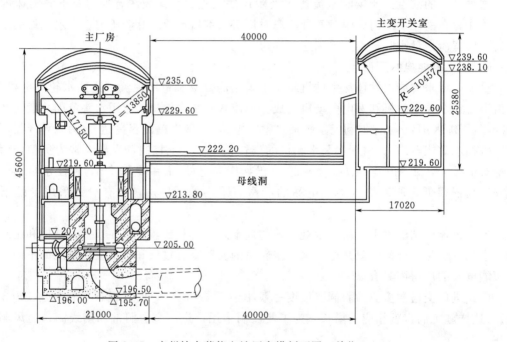

图 8.47　广州抽水蓄能电站厂房横剖面图（单位：mm）

图 8.48 是意大利普列森扎诺抽水蓄能电站半地下式厂房横剖面图。厂房上游侧有 4 条直径为 3.6m 的高压引水钢管，铺设在斜井内，下游侧有 4 条尾水隧洞，内径 5.5m，长 115m，向上倾角近 48°，出（进）水口为河岸式，布置有拦污栅和平板闸门。厂房内装有 4 台单级混流可逆式水轮发电机组，单机容量为 25 万 kW，水泵水轮机在水轮机工况下的最大水头为 489.4m，在水泵工况下的最大扬程为 500.67m，吸出高度 $H_s = -39.5m$。由于厂区为火山碎屑地层，故厂房采用半地下井式厂房，每个机组一个圆形竖井，其内径 21m，深 71m，井之间的中心距 20m，在标高 160.00m 以上各井彼此相通，形成一个地下场地，内设安装间和各种辅助设备，在标高 167.00m 处设有两台门机，起重量各为 250t。主变压器和高压开关站均为露天式，布置在门机上游的平台上。

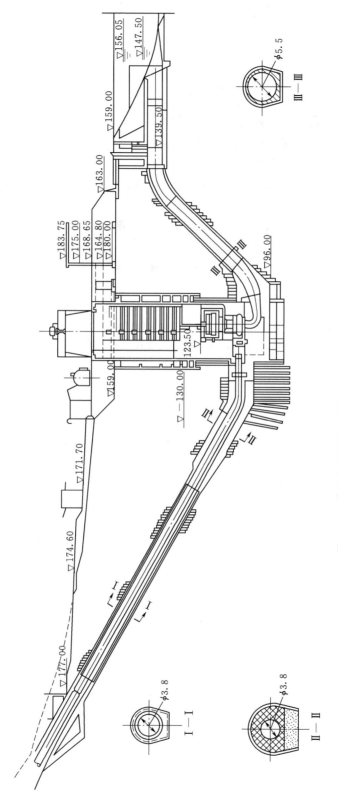

图8.48 普列森扎诺抽水蓄能电站半地下式厂房横剖面图

复 习 思 考 题

（1）试述水电站厂房的功用和基本类型。

（2）试述厂房的机电设备组成与建筑物组成。

（3）试述厂房下部块体结构的概念及布置要点。

（4）试述发电机层及水轮机层的布置要点。

（5）试述安装间的布置要点。

（6）试述影响主厂房机组段长度的主要因素。确定主厂房轮廓尺寸（长度、宽度及各层高程）的基本步骤。

（7）试述厂区布置设计的内容及应遵循的主要原则。

参 考 文 献

[1] 刘启钊，胡明. 水电站 [M]. 4 版. 北京：中国水利水电出版社，2010.

[2] 金钟元，伏义淑. 水电站 [M]. 北京：中国水利水电出版社，1994.

[3] SL 266—2014 水电站厂房设计规范 [S]. 中华人民共和国水利部发布，2014.

第9章　水电工程发展展望

9.1　水电工程发展的机遇

水能是清洁可再生能源，是人类开发利用能源资源的重要组成部分。我国拥有丰富的水力资源，这为我国大力发展水电奠定了良好的资源条件。随着科学技术的不断进步，水力发电在工程建设、设备制造和输配电等方面的技术水平也日趋完善，这为我国大力发展水电奠定了良好的技术条件。新中国成立60多年来，我国的水电事业有了长足的发展，取得了令人瞩目的成就。据统计[1]，截至2012年年底，我国水电总装机容量（含抽水蓄能电站）达到2.489亿kW，水电年发电量（含抽水蓄能电站）达到8641亿kW·h，水电总装机容量和年发电量均位居世界第一。但是，就开发程度而言，我国水力资源的技术开发度仅为31.9%[1]，远低于西方发达国家；另外，长期以来，水电装机容量在全国总电力装机中的比重一直处于20%~25%，水电发电量在全国总发电量中的比重一直徘徊在15%左右。

根据我国水电中长期发展规划，预计到2020年，水电装机容量将达到3.28亿kW，水力资源开发利用程度将达60%以上[2]。因此，未来我国水电还有很大的发展潜力。

目前，水电工程又迎来了新的发展机遇，这主要体现在[3]：

1. 大型水电项目成为拉动经济发展的亮点

全面建成小康社会需要强有力的电力支撑，大型水电工程建设带动了我国高电压、大电网的形成，推动形成了西电东送、南北互供、全国联网的电力能源格局，水电为国家经济发展建设和人民生活提供着源源不断的清洁电源，为建设资源节约型、环境友好型社会做出了重要贡献。同时，大型水电项目建设期间需要投入大量的人力、物力和财力，对促进劳动就业、带动相关建材和各类机械设备产供、拉动地方经济社会发展起到了巨大的推动作用。

2. 节能减排为水电发展提供了新机遇

我国积极采取措施共同遏制全球气候变暖，制定了严格的节能减排目标，努力争取到2020年非石化能源占一次能源消费比重达到15%左右。同时，我国把在做好生态保护和移民安置的基础上积极发展水电，开展农村水电增效扩容改造，优先调度水电等非石化能源发电上网等措施，正式纳入了国家节能减排工作的具体行动，这给水电发展提供了难得的机遇。

3. 能源结构加快调整明确了水电发展新任务

在我国关于可再生能源发展规划中，明确了加强流域水电规划，在做好生态保护和移民安置的前提下积极发展水电，优先开发水能资源丰富、分布集中的河流，建设10个千万千瓦级大型水电基地，重点推进金沙江中下游、雅砻江、大渡河、澜沧江中下游、黄河上游、雅鲁藏布江中游等流域（河段）水电开发，启动金沙江上游、澜沧江上游、怒江等流域水电开发工作。

4. 创新型国家建设为水电科技注入了新活力

近年来，我国进一步明确了以创新驱动发展战略，提升我国水电发展的重点任务为：一是构建国家水电科技新体系，提升我国水电科技自主创新能力；二是立足自主创新，加大战略性科技攻关投入，通过重大技术研究、重大装备研发，解决水电资源"安全、高效"开发与利用的技术瓶颈，带动生产力的跨越式发展，提升行业整体竞争能力；三是组织开展生态修复技术研究与工程示范，科学处理水电开发与生态环境之间的关系，开发建设生态友好的水电工程。水电科技的发展必将促进和保障水电工程建设、为水电事业的发展提供重要的技术支撑。

5. 新农村建设为小水电扩展了空间

我国提出了到 2020 年实现农业现代化和社会主义新农村建设的目标。近 10 年来农村小水电从 2600 万 kW 增加到近 6800 万 kW，为全面推进社会主义新农村建设做出了重大贡献。根据有关规划，未来农村小水电仍有很大的发展空间。

6. 国家对水电工作提出了新要求

建设生态文明是关系人民福祉、关乎民族未来的长远大计。要实现水电可持续发展，就要切实遵循"在保护好生态和做好移民安置前提下积极开发水电"的原则，贯彻"保护优先，在保护中开发、在开发中保护"的方针，着力研究并处理好水电发展与生态保护的关系，坚持科学规划、有序开发和健康发展，兼顾好生态保护和移民利益。

9.2　水电工程发展面临的挑战

9.2.1　制约水电工程发展的关键问题

根据国家对于水电工程发展提出的新任务和新要求，从宏观角度来看，在未来较长时期内，水电工程需要着力解决好制约其发展的以下几个关键问题[2,3]：

1. 水电开发与水资源综合利用的关系问题

随着经济社会的进一步发展，人们越来越深刻地认识到水是一种资源，而且是稀缺资源。对于水能的开发利用，既要发电，也要发挥水利功能，除水电带来的巨大经济效益外，还要兼顾区域经济、减少河道泥沙淤积、改善水质，以及防洪、灌溉、供水、养殖等方面的综合作用。为此，必须进行全局规划，不断提高水资源的综合利用程度，以实现水资源的最大综合效益。

2. 生态环境保护问题

长期以来，社会上一直有人质疑水电工程的生态保护和环境保护问题。但是人类的生存离不开水，只要人类发展就不可避免地要对水力资源进行开发，关键是如何处理好水电工程建设与生态环境的关系问题。国家对于水电开发已提出了"先规划、后开发"的原则，对工程建设各阶段的环境保护进行了严格规范，要求按照"开发中保护、保护中开发"的方针，不断提升水电开发过程中的生态环境保护力度。

3．水库淹没及移民安置问题

水能资源开发利用带来的水库淹没及移民安置不仅是一个经济问题，而且是一个重要的社会问题，将直接影响水能资源开发区域的社会稳定和经济社会的可持续发展。国家已将水库淹没及移民安置工作作为项目核准的重要前提条件，正在加快建立更为合理的水库淹没及移民安置的补偿和利益分享机制。从水电工程自身来讲，需要不断创新水库淹没及移民安置工作的运行机制，研究和探索多种有效补偿方式，真正使移民能够共享水电建设和经济社会发展的成果。

4．多种发电方式的联调联运问题

核电和风电的快速发展给抽水蓄能电站建设带来了大好机遇。核电站只要开机就不能轻易停机，风能、太阳能发电则具有间歇性和不稳定性等特点，经验表明，建设抽水蓄能电站正是弥补上述发电方式不足的有效途径。但目前抽水蓄能电站抽水要买电，由此导致其发电成本相对较高。因此，需要进一步研究解决多种发电方式的联调联运问题。

5．流域梯级水电站群的联合调度问题

通过流域梯级水电站群的联合调度，可充分发挥水电的合理利用价值，相当于用一次水流实现多次发电，真正提高水力资源的利用率。如目前黄河上游等都已经形成了流域梯级水电站群，联合调度的效益也已经显现。今后，要在保证防洪和电网安全运行的前提下，深入研究流域梯级水电站群的联合调度问题，通过妥善协调发电与供水、部分省（自治区、直辖市）电站与电网之间的利益关系，以寻求市场化开发管理和资源优势的最大化。

9.2.2　未来水电工程发展需要重点解决的关键技术难题

随着水电工程的进一步发展，工程建设规模越来越大、建设条件越来越复杂，这将是未来水电发展的一个基本特征。与此同时，随着社会经济发展水平的日益提高，社会公共安全又对水电开发提出了新的更高的要求，确保工程安全和大坝稳固将是贯穿水电建设始终的根本要求，是保障国家和人民生命财产安全的基本底线[3]。因此，未来水电工程发展将面临着日益艰巨的技术挑战。从技术角度来看，未来水电工程发展需要重点研究解决以下关键技术难题[2]：

1．高坝的力学性能与结构强度稳定分析方法问题

随着水电工程的进一步发展，我国已建并将规划建设数座坝高在300m以上的高坝（包括高混凝土坝及高土石坝等）。但现行设计方法仍停留在半经验、半理论方法阶段。随着坝高增大，荷载量级将相应增大，现行的结构强度分析方法已无法适应高坝安全评价的需要。因此，很有必要借助于现代计算力学和计算技术，通过深入研究高坝坝体及坝基耦联系统整体稳定、高坝坝体材料及施工仿真、高坝应力及开裂分析等专题，以寻求适用于高混凝土坝和高土石坝坝体及坝基应力、变形和稳定分析的理论与方法。

2．高坝泄洪消能问题

高坝枢纽的泄洪具有水头高、流速大、易产生特殊水流现象（如掺气、雾化、脉动、诱发振动、空化、空蚀）等特征，由此带来消能技术复杂、消能难度大的问题。300m级高拱坝坝身泄洪诱发振动对坝体结构的影响问题、高速水流问题、泄洪雾化对河谷两岸边坡稳定的影响问题等，是涉及水力学、结构力学、岩石力学和地质力学等多学科的综合问

题，需认真研究解决措施，以确保高坝安全运行。

3. 高地震烈度区高坝的抗震安全问题

在强震地区修建高坝，必须重视大坝抗震安全问题。高坝触发水库地震是建坝引发的环境问题。高坝抗震应重点研究高坝地震动响应、设防标准和地震输入、高坝筑坝材料及动力性能、高坝抗震工程措施、高坝强震观测、预警和应急处置关键技术等。

4. 高坝的地基稳定及基础处理问题

高坝地基稳定直接影响高坝运行安全。我国西部地区多数高坝坝址河床覆盖层深厚、地质构造活动剧烈，坝基不良地质处理难度大。高坝地基岩体受节理裂隙切割，为连续-非连续耦合介质，属黏弹塑性和接触非线性，蓄水与渗流改变了界面的荷载条件，其受力破坏特征是由小变形到大变形的破坏过程。因此，应通过地质力学、岩石力学、土力学、结构力学和建筑材料等学科深入研究，寻求高坝地基稳定计算理论及方法，提出对坝基不良地质能进行有效加固的处理措施。

5. 大型地下厂房与洞室群的围岩稳定及支护技术问题

我国西部建设的水电工程坝址河谷狭窄，大多采用地下式电站厂房，同时布置有导流隧洞、泄洪洞、放空洞等地下洞室。大型地下厂房与其相关洞室群不仅面临围岩稳定问题，还要面临高地应力、活动断层、岩溶、外水突水及泥石流等问题。对于这些问题，应综合研究分析岩体结构面、地应力、渗压及施工等因素对围岩稳定的影响，研究围岩稳定仿真计算方法、稳定性判别准则，确定合理的支护结构和防渗排水措施；同时还需研究建立大型洞室群安全监测系统，加强洞室群施工监测并对支护结构进行动态的调整和优化。

6. 高陡边坡的稳定及加固处理技术问题

以澜沧江小湾、金沙江溪洛渡、雅砻江锦屏二级等水电工程为例，坝址河谷深切，谷坡陡峻，天然岸坡高达 700~1000m，开挖边坡高达 500~700m。高陡边坡稳定直接影响工程施工和运行的安全。应针对各个工程的具体地质条件，研究边坡失稳机理，开发和完善适用于不同失稳模式的边坡稳定分析配套软件，尤其是在复杂边界条件下的三维分析软件系统，为分析评价高陡边坡稳定和处理提供依据。同时，还需深入研究高边坡开挖及加固处理技术以及各种加固处理措施的作用机制和效果，并建立高陡边坡安全监测系统，以确保高陡边坡加固处理措施安全可靠。

7. 深覆盖层坝基处理问题

我国西部地区不少水电工程坝址的河床覆盖层厚度达 30~70m，最厚超过 100m。深厚覆盖层分层结构复杂，增加了施工导流及围堰基础处理的难度。对深厚覆盖层应研究采用先进的勘探技术，查清覆盖层的分层特性、分布范围，为覆盖层渗控处理提供依据；同时需研究合理可行、安全可靠的渗控处理方案，并深入研究覆盖层加固处理措施，以确保大坝或围堰运行安全。

8. 大型金属结构和压力钢管的制造及安装问题

我国西部地区在建和待建的高坝泄流流量大、水头高，其泄洪孔口闸门尺寸大、启闭机容量大，压力钢管 HD 值高，大型金属结构设计、制造及安装难度大。因此，需结合工程具体特点，深入开展闸门结构和材料的制造与安装技术等问题的研究，以确保大型金属结构运行安全。

9.巨型水轮发电机组制造安装与特高压输电技术问题

我国西部在建及待建的水电工程，最大单机容量达 $700\sim1000MW$，巨型水轮机和发电机的制造难度指数均为当今世界之最。最大输电电压交流达 $750\sim1100kV$ 或直流达 $500\sim640kV$，特高压输电也为世界之最。对巨型水轮发电机组设计、制造及安装中的关键技术和特高压输电技术须组织攻关，加强试验研究，以策突破。

10.高坝寿命（大坝设计使用年限）问题

高坝寿命是直接关系到水电工程能否长期使用的问题。大坝设计使用年限是指在正常运行和维护检修条件下，其所有功能均能满足原设计要求的实际年限。我国目前对高坝寿命（设计使用年限）尚未颁布规程规范。因此，有必要针对各种坝型，深入研究其在自然环境下"老化"或"劣化"的机理，以及延缓其"老化"或"劣化"的工程措施。

复 习 思 考 题

（1）试述体现水电工程发展机遇的具体因素。

（2）试述制约水电工程发展的关键问题。

（3）试述未来水电工程发展需要重点研究解决的关键技术难题。

参 考 文 献

[1]　李菊根.水力发电实用手册 [M].北京：中国电力出版社，2014.

[2]　郑守仁.我国水能资源开发利用的机遇与挑战 [J].水利学报（增刊），2007.

[3]　郑合顺.我国水电面临的形势和任务 [J].小水电，2015（1）.